“十三五”国家重点出版物出版规划项目
卓越工程能力培养与工程教育专业认证系列规划教材
（电气工程及其自动化、自动化专业）

“十三五”江苏省高等学校重点教材（编号：2018-2-173）

嵌入式控制系统原理及设计

樊卫华　编著

机械工业出版社

本书以嵌入式系统在自动控制系统中的应用为背景，基于 ARM Cortex-M3 内核的 STM32 嵌入式微处理器，系统地介绍嵌入式控制系统的基础知识、软件设计技术、接口设计技术以及嵌入式控制系统的特殊需求和设计内涵。

本书共 7 章：第 1 章介绍了嵌入式控制系统的基础知识；第 2 章介绍了 ARM Cortex-M3 内核的基础知识；第 3 章介绍了嵌入式系统的汇编语言、C 语言程序设计、Thumb-2 指令集、嵌入式 C 语言及混合编程；第 4 章介绍了嵌入式控制系统的设计步骤和方法；第 5 章介绍了嵌入式控制系统接口技术；第 6 章介绍了嵌入式操作系统；第 7 章介绍了嵌入式控制系统的设计案例。

本书可作为普通高校电气工程自动化、电子信息、计算机等相关专业的本科教材，也可供有关专业的研究生使用，并对从事自动控制系统设计的技术人员有较高的参考价值。

本书配有免费电子课件和源程序代码，欢迎选用本书作教材的老师发邮件到 jinacmp@163.com 索取，或登录 www.cmpedu.com 注册下载。

图书在版编目（CIP）数据

嵌入式控制系统原理及设计 / 樊卫华编著. —北京：机械工业出版社，2020.2（2024.2 重印）
“十三五”国家重点出版物出版规划项目　卓越工程能力培养与工程教育专业认证系列规划教材. 电气工程及其自动化、自动化专业
ISBN 978-7-111-64576-4

Ⅰ. ①嵌…　Ⅱ. ①樊…　Ⅲ. ①微型计算机—系统理论—高等学校—教材②微型计算机—系统设计—高等学校—教材　Ⅳ. ①TP360.1②TP360.21

中国版本图书馆 CIP 数据核字（2019）第 295123 号

机械工业出版社（北京市百万庄大街 22 号　邮政编码 100037）
策划编辑：吉　玲　责任编辑：吉　玲　韩　静
责任校对：李　杉　封面设计：鞠　杨
责任印制：张　博
北京中科印刷有限公司印刷
2024 年 2 月第 1 版第 5 次印刷
184mm×260mm · 15 印张 · 368 千字
标准书号：ISBN 978-7-111-64576-4
定价：39.00 元

电话服务　　网络服务
客服电话：010-88361066　　机　工　官　网：www.cmpbook.com
010-88379833　　机　工　官　博：weibo.com/cmp1952
010-68326294　　金　书　网：www.golden-book.com
封底无防伪标均为盗版　　机工教育服务网：www.cmpedu.com

前　言

在自动控制领域，计算机控制和数字化控制技术的应用日益广泛。随着嵌入式系统技术的发展，由嵌入式微处理器构成的自动控制系统逐渐成为一种主流的技术解决方案，并且这个趋势越来越明显。

本书以嵌入式系统在自动控制系统中的应用为背景，系统地介绍嵌入式系统的基础知识、软件设计技术、接口设计技术以及嵌入式控制系统的特殊需求和设计内涵，使读者掌握基于嵌入式技术的数字化自动控制系统的基本原理以及系统设计的方法和技巧。

在嵌入式系统技术方面，本书以目前热门的基于 ARM Cortex-M3 内核的 STM32 嵌入式微处理器为基础，介绍相关的原理与技术。本书的主要内容如下：

第 1 章介绍了嵌入式控制系统的基础知识，包括嵌入式系统、嵌入式控制系统的定义和组成、工作原理、应用以及发展历史等。

第 2 章介绍了 ARM Cortex-M3 内核的基础知识，包括 ARM 微处理器的体系结构与特点、ARM Cortex-M3 内核及其编程模型。这里的编程模型并非程序设计过程中所用的各种数学模型，而是微处理器内核与编程相关的知识，如寄存器、操作模式、中断与异常等。

第 3 章介绍了嵌入式系统的汇编语言及 C 语言程序设计基础，系统地介绍了 ARM Cortex-M3 支持的 Thumb-2 指令集、嵌入式 C 语言及混合编程。

第 4 章介绍了嵌入式控制系统的设计步骤和方法，对嵌入式控制系统的设计流程及各阶段的主要工作、软硬件协同设计技术、嵌入式系统硬件设计的原则及软件架构等内容进行了系统的介绍。

第 5 章介绍了嵌入式控制系统接口技术，从嵌入式微处理器的最小系统开始，介绍了微处理器内部功能及外设，如 GPIO、USART、EXTI、Timer 等，介绍了外设的工作原理与使用，并给出了相应接口的示例代码。

第 6 章介绍了嵌入式操作系统，包括嵌入式操作系统的基本知识、常见的嵌入式操作系统，并以μC/OS-II 为例，介绍了嵌入式操作系统的基本功能、移植以及基于嵌入式操作系统的应用软件设计模式。

第 7 章介绍了嵌入式控制系统的设计案例，以双轴伺服转台的设计为例，系统地介绍了双轴伺服转台的工作原理、需求分析、总体方案设计、控制策略设计与仿真、主要硬件选型以及系统测试方法等。

通过对本书的阅读，读者可以系统地了解嵌入式系统的基本原理与设计技术，以及作为控制系统的主要部件，嵌入式系统所需具备的功能以及以控制应用为目标的系统设计技术。

因篇幅限制，本书并没有全面介绍 STM32 微处理器的资源和外设，也无法对所有控制系统需要的接口、算法等进行介绍。

本书的内容融入了南京理工大学自动化学院智能控制研究所团队多年来的宝贵经验和技

术积累，在此对团队的所有老师和研究生表示感谢。本书配套的实验装置为该团队与上海迪尚科技有限公司联合研制，在此感谢上海迪尚科技有限公司的技术人员，他们不仅在研制实验装置过程中给予作者许多技术方面的帮助，而且在本书编写过程中也提供了许多宝贵的建议和参考例程，这些对于本书顺利结稿起到了关键性的作用。

在本书的编写过程中，作者参考了国内外许多研究人员、技术人员的大量书籍、论文以及网络资料，在此对各位作者表示感谢。

由于作者水平有限，书中错漏难免，欢迎赐教并指正。

樊卫华

于南京

目　录

Contents

第1章 嵌入式控制系统基础

导读

近年来，嵌入式计算机技术飞速发展，应用越来越广泛，已经渗透到现代社会生产和生活的各个领域。嵌入式计算机系统与自动控制系统相结合诞生了嵌入式控制系统，它已经取代了原有的利用工业控制计算机所构成的计算机控制系统，在工业生产、航空航天、国防军事等领域得到了广泛的应用。

嵌入式控制系统作为一种特殊的嵌入式计算机系统，在系统构成、工作方式、性能指标、约束条件等方面与普通的嵌入式计算机系统都存在着细微的差别。

本章知识点

- 嵌入式系统的定义
- 嵌入式系统的组成及基本结构
- 嵌入式系统的应用领域
- 嵌入式控制系统的定义
- 嵌入式控制系统的组成
- 嵌入式控制系统的工作原理

1.1 嵌入式系统的概念

近年来，随着信息技术与网络技术的飞速发展，计算机系统已经从科学计算、信息化管理，逐渐走入人们日常生活的各个角落，给人们的生活带来了许多便利。那些在日常生活用品中存在的计算机系统，其外形、功能、特性与人们熟悉的通用计算机（PC）截然不同，已经形成了独特的领域——专用计算机，也称为嵌入式（计算机）系统。

在信息十分容易获取的今天，嵌入式（计算机）系统虽然早已成为各大搜索引擎的热点名词，也经常见诸各种学术期刊、网络等媒体，但对于初学者而言，嵌入式系统仍然是一个比较模糊的概念。有些人还经常对嵌入式系统、单片机、ARM、数字信号处理器（DSP）、片上系统（SoC）、Linux、Pad、智能芯片等词汇有所混淆，分不清这些词汇所指向的事物有何区别。因此有必要厘清概念，明确嵌入式系统的范畴。

1.1.1 嵌入式系统的定义

实际上，自嵌入式系统诞生并得到应用以来，其命名和定义也在不断地变化与发展。最初的几十年内，嵌入式系统并没有统一的概念和限定。嵌入式系统作为一个专业名词出现于21世纪初，并迅速为技术人员所接受。

目前，嵌入式系统的定义主要有以下两种。

【定义1】

嵌入式系统的第一个带有官方色彩的定义是由国际电气和电子工程师协会（IEEE）给出的，英文原文为："The devices used to control, monitor, or assist the operation of equipment, machinery or plants."，中文含义为：嵌入式系统是一个"控制、监视或辅助设备、机器和对象运行的装置"。

IEEE关于嵌入式系统的定义主要从应用角度给出了描述。该定义描述了嵌入式系统"专用性"这一基本特征，但未清晰给出其他的限定条件。例如，该定义并未要求嵌入式系统包含微处理器这一现在被认为本质的特征，因此容易造成理解上的困惑。

例如，教师常用的带有翻页功能的激光笔是否属于嵌入式系统呢？

如果根据IEEE的定义，带翻页功能的激光笔是用于辅助投影仪和计算机等教具操作的，应该是嵌入式系统。但从具体的产品技术方案来说，激光笔的翻页功能只需要简单的逻辑和编码电路即可实现，并没有使用类似微处理器的逻辑电路，因此从大众的接受程度上，这种激光笔并不属于嵌入式系统。

【定义2】

针对IEEE嵌入式系统定义的不足，国内嵌入式系统领域的技术专家及协会普遍认同的定义为：嵌入式系统是一个具有特定功能或用途的计算机软硬件综合体，即以应用为中心，以计算机技术为基础，软硬件可裁剪，适用于应用系统对功能、可靠性、成本、体积、功耗有严格要求的专用计算机系统。

该定义明确指出嵌入式系统是嵌入到被控对象中的专用计算机系统。从定义中不难理解，嵌入式系统应具备的基本特征，即"嵌入性""专用性"与"计算机系统"。

"嵌入性"是指嵌入式系统通常与对象密切结合，隐藏在各种对象、产品与系统中，作为应用对象的一部分存在。

"专用性"是指嵌入式系统的功能是受限的，以满足应用系统的功能和性能的需求为基本准则，不具备通用计算机系统的可扩展性。

"计算机系统"限定了嵌入式系统隶属于计算机的范畴，必须具备微处理器或具有计算能力的集成电路（Integral Chip，IC）。

不难发现，区分一个计算机系统是否属于嵌入式系统主要看其应用和功能，该计算机的硬件组成和软件结构并不是判断依据。

实际上，*Embedded Microcontrollers*一书的作者Todd D. Morton认为：**"嵌入式系统是一种电子系统，它包含微处理器或微控制器，但是我们不认为它们是计算机——计算机隐藏或嵌入在系统中。"**

这个描述十分形象地刻画了嵌入式系统的特征。一个嵌入式系统可以采用任何一种微处理器、操作系统或其他组件，这就回答了之前的疑问。ARM、DSP、单片机、SoC，甚至x86、PowerPC、MIPS等名词都可能和嵌入式系统发生关联，因为它们都可能作为嵌入式系统的微处理器出现。当然这些专业词汇并不能代表嵌入式系统的全部内涵。

另外，所谓的嵌入式计算机本身并不具备太多实际的意义，其需要和应用系统相互作用后产生某种用途，才具有实际的意义。

1.1.2 嵌入式系统的组成

嵌入式系统一般由嵌入式计算机系统和被控对象装置组成，如图 1.1 所示。

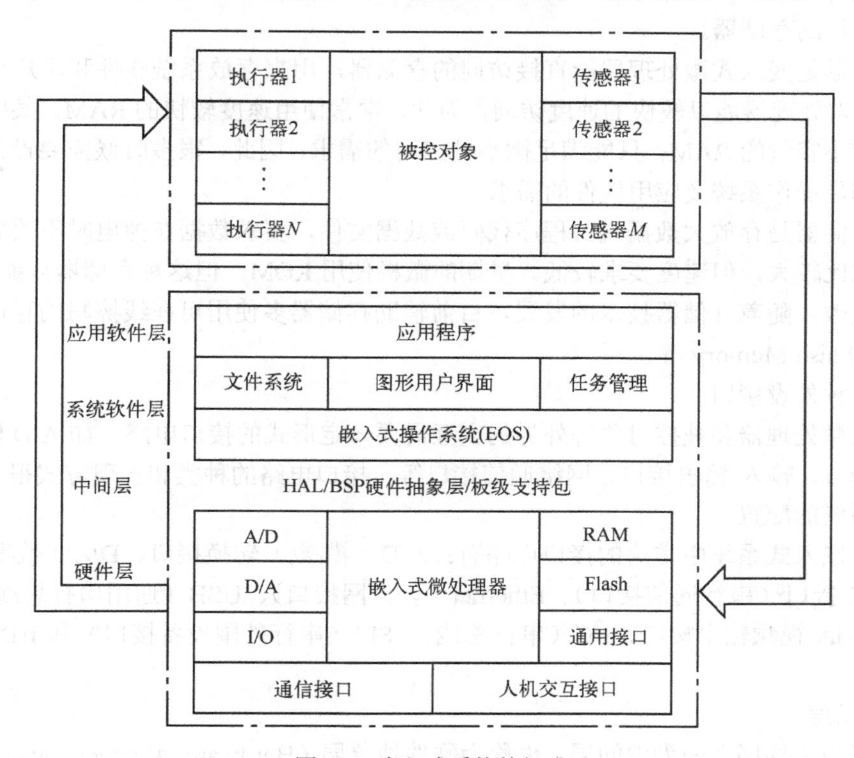

图 1.1 嵌入式系统的组成

被控对象是嵌入式系统所嵌入的宿主系统，它接收嵌入式计算机系统发出的控制指令，执行所规定的操作或任务。被控对象可以是一个很简单的执行装置，如电动机、电磁阀等；也可以是一个很复杂的装置，如机器人，集成了多个电动机和传感器，可执行各种复杂的动作，感知各种状态信息。

嵌入式计算系统是整个嵌入式系统的核心，由硬件层、中间层、系统软件层和应用软件层组成。

1．硬件层

硬件层主要指嵌入式计算机系统的硬件设备，可以包含嵌入式微处理器、存储器、通用接口、输入/输出接口、网络接口和人机交互接口等。

（1）嵌入式微处理器

嵌入式微处理器是嵌入式系统硬件层的核心部件。嵌入式微处理器与通用处理器最大的不同在于嵌入式微处理器大多工作在为特定用户群所设计的专用系统中，它将通用计算机系统中许多独立的硬件组件集成在微处理器芯片内部，有利于小型化、高效率和高可靠性。

有别于通用计算机领域的 Intel 和 AMD 双雄对峙局面，嵌入式计算机系统领域的微处理器呈现出百花齐放的态势。据不完全统计，目前全世界嵌入式微处理器已经超过 1000 多种，体系结构有 30 多个系列，其中主流的体系有 ARM、MIPS、PowerPC、x86 和 SH 等。

（2）存储器

存储器是嵌入式微处理器用来存放数据和代码，以及执行代码的器件。嵌入式系统的存储器体系包含 Cache、主存储器、辅助存储器等多种存储介质。通常意义上的存储器主要指主存储器和辅助存储器。

主存储器是嵌入式微处理器能直接访问的存储器，用来存放系统软件和用户程序及其中间数据，要求处理器能以较快的速度访问，因此，常常使用速度较快的 RAM。某些微处理器内部具备较小容量的 RAM，只能满足微小型应用的需求，因此，很多时候需要设计人员对其扩展，以满足操作系统及应用软件的需求。

辅助存储器是存放大数据量的程序代码或数据文件，要求数据在掉电时不丢失，因此对容量的需求比较大，但速度要求较低。早期的微机使用 ROM，但这种存储器只能写入一次，此后不可更改。随着存储器技术的发展，目前辅助存储器多使用可在线擦写的存储介质，如 E^2PROM、Flash Memory 等。

（3）各种外设接口

嵌入式微处理器和被控对象等外界的交互需要一定形式的接口电路，如 A/D 转换接口、D/A 转换接口、输入/输出接口、网络通信接口等。接口电路的种类和实现方式很多，主要取决于应用系统的配置。

目前，嵌入式系统中常用的接口电路有：A/D（模/数）转换接口、D/A（数/模）转换接口、RS-232 接口（串行通信接口）、Ethernet（以太网接口）、USB（通用串行总线接口）、音频接口、VGA 视频输出接口、I^2C（串行总线）、SPI（串行外围设备接口）和 IrDA（红外线接口）等。

2．中间层

硬件层与软件层之间为中间层，也称为硬件抽象层（Hardware Abstract Layer，HAL）或板级支持包（Board Support Package，BSP），它将系统上层软件与底层硬件分离开来，使系统的底层驱动程序与硬件无关，上层软件开发人员无须关心底层硬件的具体情况，根据 BSP 层提供的接口即可进行开发。该层一般包含相关底层硬件的初始化、数据的输入/输出操作和硬件设备的配置功能。

中间层具有以下两个特点：

（1）硬件相关性

因为嵌入式实时系统的硬件环境具有应用相关性，而作为上层软件与硬件平台之间的接口，中间层需要为操作系统提供操作和控制具体硬件的方法。

（2）操作系统相关性

不同的操作系统具有各自的软件层次结构，因此，不同的操作系统具有特定的硬件接口形式。

实际上，BSP 是一个介于操作系统和底层硬件之间的软件层，包括了系统中大部分与硬件联系紧密的软件模块。设计一个完整的 BSP 需要完成两部分工作：嵌入式系统的硬件初始化，设计硬件相关的设备驱动程序。

（1）嵌入式系统的硬件初始化

系统初始化按照自底向上、从硬件到软件的次序依次为：片级初始化、板级初始化和系统级初始化。

片级初始化完成嵌入式微处理器的初始化，包括设置嵌入式微处理器的核心寄存器和控制寄存器、嵌入式微处理器核心工作模式和嵌入式微处理器的局部总线模式等。片级初始化把嵌入式微处理器从上电时的默认状态逐步设置成系统所要求的工作状态。这是一个纯硬件的初始化过程。

板级初始化完成嵌入式微处理器以外的其他硬件设备的初始化。另外，还需设置某些软件的数据结构和参数，为随后的系统级初始化和应用程序的运行建立硬件和软件环境。这是一个同时包含软硬件两部分在内的初始化过程。

系统级初始化以软件初始化为主，主要进行操作系统的初始化。BSP 将对嵌入式微处理器的控制权转交给嵌入式操作系统，由操作系统完成余下的初始化操作，包含加载和初始化与硬件无关的设备驱动程序，建立系统内存区，加载并初始化其他系统软件模块，如网络系统、文件系统等。最后，操作系统创建应用程序环境，并将控制权交给应用程序的入口。

（2）设计硬件相关的设备驱动程序

BSP 的另一个主要功能是提供与硬件相关的设备驱动。硬件相关的设备驱动程序的初始化通常是一个从高到低的过程。尽管 BSP 中包含硬件相关的设备驱动程序，但是这些设备驱动程序通常不直接由 BSP 使用，而是在系统初始化过程中由 BSP 将它们与操作系统中通用的设备驱动程序关联起来，并在随后的应用中由通用的设备驱动程序调用，实现对硬件设备的操作。与硬件相关的驱动程序是 BSP 设计与开发中另一个非常关键的环节。

3．系统软件层

系统软件层由嵌入式操作系统、文件系统、图形用户接口（Graphic User Interface，GUI）、网络系统及通用组件模块组成。EOS 是嵌入式应用软件的基础和开发平台。

（1）嵌入式操作系统

嵌入式操作系统（Embedded Operating System，EOS）是指用于嵌入式系统的操作系统。嵌入式操作系统是一种用途广泛的系统软件，通常包括与硬件相关的底层驱动软件、系统内核、设备驱动接口、通信协议、图形界面、标准化浏览器等。嵌入式操作系统负责嵌入式系统的全部软、硬件资源的分配、任务调度，控制、协调并发活动。它必须体现其所在系统的特征，能够通过装卸某些模块来达到系统所要求的功能。

目前在嵌入式领域广泛使用的操作系统有：嵌入式实时操作系统 μC/OS-II、嵌入式 Linux、Windows Embedded、VxWorks 等，以及应用在智能手机和平板电脑的 Android、iOS 等。

值得注意的是，嵌入式操作系统并非嵌入式系统必需的软件组件，一些精简的系统中应用程序兼顾了操作系统的功能，故不使用嵌入式操作系统。

（2）文件系统

在嵌入式系统中使用的文件系统称为嵌入式文件系统。它由三部分组成：与嵌入式文件管理有关的软件、被管理的嵌入式文件以及实施嵌入式文件管理所需的数据结构。其中嵌入式文件是嵌入式文件系统中的核心，它是用户数据信息的存放形式，借此实现嵌入式系统的功能。

嵌入式文件系统比较简单，主要提供文件存储、检索和更新等功能，一般不提供保护和加密等安全机制。它以系统调用和命令方式提供文件的各种操作。

（3）图形用户接口

图形用户接口（Graphic User Interface，GUI）技术是一种人机接口技术，使用字符以外的图形、图标、图像和控件等界面与用户进行交互，极大地方便了非专业用户的使用。嵌入式 GUI 与常用的 PC 上的 GUI 有明显差异，主要特点体现在：轻型、占用资源少、高性能、便于移植、可配置等。

目前嵌入式系统上的 GUI 系统实现方法有：自行开发满足自身需求的图形用户界面系统；把图形界面放在应用程序中，图形用户界面的运行逻辑由应用程序自己负责；采用比较成熟的图形用户界面系统，如 Qt/Embedded、MiniGUI、MicroWindows 等。

4．应用软件层

应用软件层是由设计人员开发的若干应用程序组成的，用来实现对被控对象的控制功能。应用软件层是嵌入式系统的核心所在，也是研发工作的重点。

值得注意的是，在嵌入式系统中，嵌入式操作系统等软件层并不存在于所有的应用中，有些规模小的应用中，设计人员往往将操作系统、应用程序合二为一。

1.1.3　嵌入式系统的特点

1．系统内核小

由于嵌入式系统一般应用于小型电子装置，系统资源相对有限，所以内核较之传统的操作系统要小得多。例如加州大学伯克利分校开发的 TinyOS，主要应用于无线传感器网络，核心代码和数据大概在 400B 左右，相对于 Windows 等操作系统是不可相提并论的。

2．专用性强

嵌入式系统的个性化很强，其中的软件系统和硬件的结合非常紧密，一般要针对硬件进行系统的移植，即使在同一品牌、同一系列的产品中也需要根据系统硬件的变化和增减不断进行修改。同时针对不同的任务，往往需要对系统进行较大更改，程序的编译下载要和系统相结合，这种更改和通用软件的“升级”完全是两个概念。

3．系统精简

在实际应用中，嵌入式系统没有系统软件和应用软件的明显区分，不要求其功能设计及实现上过于复杂，这样一方面利于控制系统成本，同时也利于实现系统安全。同时，系统精简也是由于很多情况下，嵌入式系统配备的 RAM、Flash Memory 容量相对较小，系统软件必须与硬件配置相匹配。

4．嵌入式系统开发需要开发工具和环境

由于其本身不具备自主开发能力，即使设计完成以后用户通常也是不能对其中的程序功能进行修改的，必须有一套开发工具和环境才能进行开发，这些工具和环境一般是基于通用计算机上的软硬件设备以及各种逻辑分析仪、示波器等。

嵌入式系统软件开发时往往有主机和目标机的概念，主机用于程序的开发，目标机作为最后的执行机，开发时需要交替结合进行。

嵌入式系统与具体应用有机结合在一起，升级换代也是同步进行。因此，嵌入式系统产品一旦进入市场，就会具有较长的生命周期。

5．嵌入式系统中的软件一般都固化在存储器芯片中

为了提高运行速度和系统可靠性，嵌入式系统中的软件一般都固化在存储器芯片中。嵌入式系统一般支持 Flash Memory、SD 卡、TF 卡等存储设备，其中 Flash Memory 的速度高于其他存储设备，因此常作为嵌入式系统的主存储器。嵌入式系统的软件存储于其中，可以加快系统运行速度。

1.1.4 嵌入式系统的应用

嵌入式系统的应用十分广泛，涉及工业控制、日常生活、交通管理、航空航天等多个领域，而且随着电子技术和计算机软件技术的发展，嵌入式系统不仅在这些领域中的应用越来越深入，而且在其他传统的非信息类设备中也逐渐显现出其用武之地。

1．工业控制

工业控制领域是嵌入式系统最早应用的领域之一，也是嵌入式系统应用最为广泛的领域，目前已经有大量的8位、16位、32位嵌入式微控制器应用于各种工业设备中。嵌入式系统的应用大大提高了工业系统的自动化、智能化程度，提高了生产效率和产品质量，也使得工业系统具备了信息化能力，适应于工业4.0和智能制造2.25的发展趋势。具有代表性的应用有：工业过程控制、数字机床、电力系统、电网安全、电网设备监测、石油化工系统等。图1.2为工业控制的典型应用——工业机器人。

图1.2 工业控制典型应用——工业机器人

2．交通管理

在车辆导航、流量控制、信息监测与汽车服务方面，嵌入式系统技术已经获得了广泛的应用，内嵌GPS模块、GSM模块的移动定位终端已经在各种运输行业获得了成功。同时，越来越多的车载设备也是嵌入式系统应用的主要方向。图1.3为某城市的高清电子警察系统。

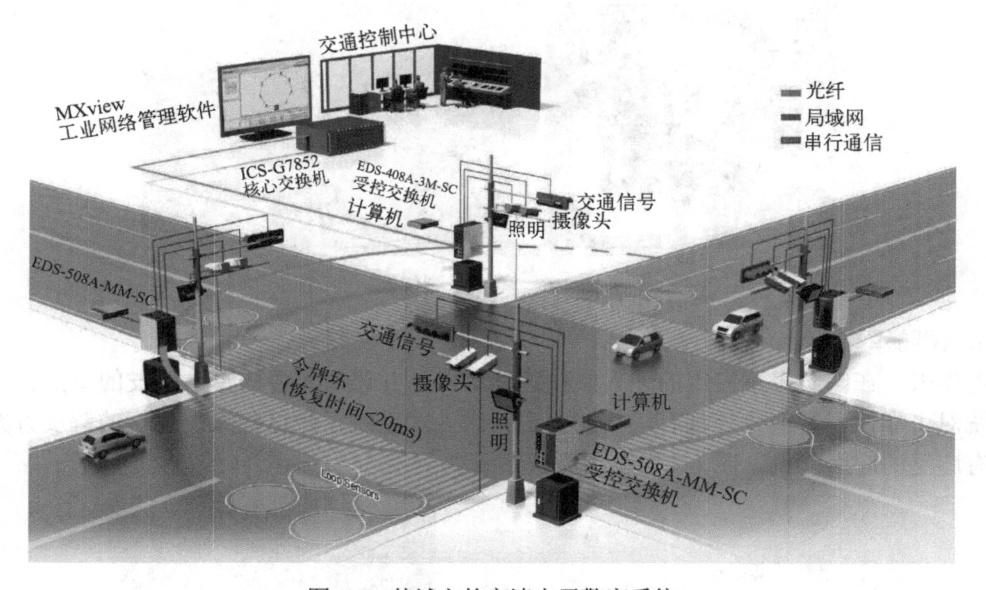

图1.3 某城市的高清电子警察系统

3．信息家电

家电将成为嵌入式系统最大的应用领域，冰箱、空调等网络化、智能化将引领人们的生活步入一个崭新的空间。即使不在家，也可以通过电话、网络对家电进行远程控制。在这些设备中，嵌入式系统将大有用武之地。图 1.4 为扫地机器人。

图 1.4　扫地机器人

4．POS 网络及电子商务

公共交通无接触智能卡（Contactless Smart Card，CSC）发行系统、公共电话卡发行系统、自动售货机等智能 ATM 终端已全面走进人们的生活，在不远的将来手持一张卡就可以行遍天下。图 1.5 为 POS 终端机和自动售货机。

a）POS 终端机

b）自动售货机

图 1.5　POS 终端机和自动售货机

5．环境工程与自然

在很多环境恶劣、地况复杂的地区需要进行水文数据实时监测、防洪体系及水土质量监测、堤坝安全与地震监测、实时气象信息和空气污染监测等时，嵌入式系统将实现无人监测。图 1.6 为环境监测仪器。

图 1.6　环境监测仪器

6．国防军事

近年来，在国防军事应用的无人系统逐渐增多，并已成为各国军事研发的重点。军用无人系统对可靠性、智能化等都有较高的要求，嵌入式系统正是这些系统理想的解决方案，因而具有广泛的应用前景。图 1.7 为军用无人系统。

图 1.7　军用无人系统

7. 健康医疗

随着生活质量的提高，人们开始越来越多地关注健康和医疗。除了医院大量引入高质量的医疗设备外，许多具有治疗和调理功能的电子设备开始进入大众家庭，这些设备也是嵌入式系统的应用案例。图 1.8 为家用电子血压计。

图 1.8　家用电子血压计

近些年嵌入式系统取得了巨大的发展，不难预见未来嵌入式系统将具有更加广泛的应用和市场。从技术角度来看，嵌入式系统的发展呈现如下趋势：

（1）从硬件平台的发展来看

随着应用市场和规模的不断扩大，软件和硬件的升级换代不会停止，会有性能和功能更强大的嵌入式微处理器出现，并在中高端市场得到应用。同时，由于嵌入式系统面向应用的特性，所谓追求高性价比的低端市场不会萎缩，甚至可能会得到进一步发展，市场上高中低端硬件平台并存的局面始终存在。同时，随着应用领域的细分，嵌入式微处理器为特定应用定制的趋势越来越明显，这可能导致微处理器的生产厂商和型号日益增多。

（2）从软件系统的发展来看

嵌入式操作系统的不断进步推动了自身的应用，在研发周期日益紧缩的市场条件下，基于嵌入式操作系统的应用日益增多。进一步来说，由于市场等因素的综合作用，嵌入式操作系统的模块化、通用性等特性会得到进一步强化。

（3）从国家安全等角度来看

嵌入式系统的发展对于国家安全层面的影响逐渐增强，我国对于研发国产的嵌入式微处理器、硬件平台以及操作系统的需求日益明显，但核心技术的突破不可能一蹴而就，仍需要大量的技术人员投身到嵌入式系统的核心技术研发领域。

1.2　嵌入式控制系统

1.2.1　嵌入式控制系统的概念

到目前为止，尚未形成嵌入式控制系统的统一定义。一般地，嵌入式控制系统指一个基于嵌入式系统技术的自动控制系统，其中嵌入式计算机可以嵌入到控制系统的某个或某些部件，这些部件可以是比较元件、校正元件、测量元件、执行元件，或者用于系统检测和故障诊断的部件。实际上，大部分嵌入式系统都可以归纳到嵌入式控制系统的行列，如智能扫地机器人、工业机器人、无人机等。

为理解嵌入式计算机如何应用于自动控制系统，本节首先回顾连续控制系统的组成。图 1.9 是一个传统的反馈控制系统，除了被控对象以外，系统部件均由模拟、数字等独立元件或集成器件构成，包括各种门电路、运算放大器、功率放大器等有源器件和电阻、电容、电感等无源器件。图中主要元件的功能如下：

（1）检测元件

其功能是检测被控量的物理量，如果这个物理量是非电量，则将其转换成电量。

（2）比较元件

其功能是把测量元件检测的被控量实际值与参考输入进行比较，求出它们之间的偏差。

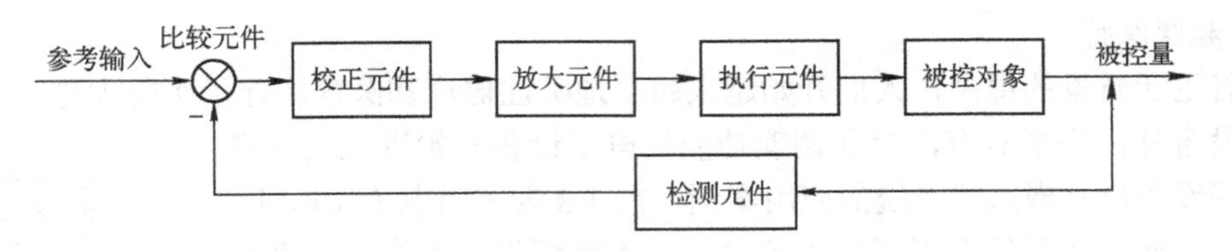

图 1.9　闭环控制系统的结构

（3）校正元件

它是结构或参数便于调整的元部件，对比较元件输出的偏差信号进行某种变换或运算，产生控制量，用于改善系统的性能。

（4）放大元件

其功能是将校正元件给出的信号进行放大，以推动执行元件去改变控制对象的被控量。

（5）执行元件

其功能是使被控对象的被控量按要求变化。

如图 1.10 所示，当嵌入式计算机取代图 1.9 中的比较元件和补偿元件，成为自动控制系统的控制装置核心部件后，控制系统将发生如下变化。

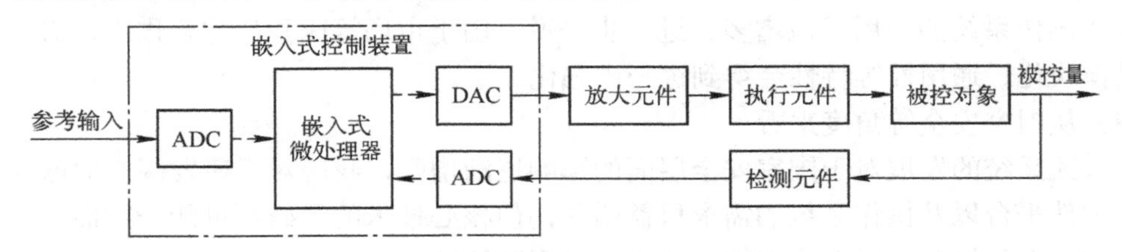

图 1.10　计算机控制系统的一般结构

首先，控制回路中传输的信号不再全部是模拟信号。因为嵌入式计算机只能处理数字量，所以常用模/数转换器（ADC）将检测元件输出的模拟电信号转化成计算机可以输出的数字信号；同时还需要用数/模转换器（DAC）将计算机输出的数字量转化为可以驱动放大元件的模拟信号，以使得后续的系统部件可以正常工作。

其次，由于嵌入式计算机（这里仅采用了单内核的嵌入式微处理器）只能串行地处理指令，因而控制回路中的信号更新也由原来的连续变为离散，即在嵌入式计算机输出更新后的信号时，控制回路的信号发生明显变化。

最后，控制系统的设计和分析方法也需要根据系统的变化进行调整，否则会造成理论研究结果和实际应用的脱节。例如，只有在系统具有固定、统一的控制周期，且控制周期远小于被控对象的主要时间常数时，连续系统的分析与设计方法才能应用于嵌入式控制系统的分析与设计；否则需要采用采样控制系统或混杂系统（Hybrid Systems）的相关理论和方法。关于混杂系统，有兴趣的读者可以自行阅读相关书籍。

1.2.2　嵌入式控制系统的工作原理

如前文所述，嵌入式计算机可以嵌入到自动控制系统的若干个系统部件中，但最为常见的情形是嵌入式计算机作为自动控制系统的比较元件和补偿元件，如图 1.10 所示。此时，嵌入式计算机最基本和核心的功能就是替代比较元件和

补偿元件。

比较元件的功能是获取指令输入信号和被控量之间的偏差；补偿元件最主要的功能是将比较元件求得的偏差，按照事先设定的控制律计算控制量。因此，以嵌入式计算机为核心的嵌入式控制器其所需完成的功能包含偏差（误差）量计算和控制量计算。由于嵌入式微处理器必须通过外设及接口电路才可能获取用于计算误差量的输入指令信号和被控量，故上述功能可以表述为下列几项：

1）读取输入信号。

2）读取被控量。

3）计算误差量。

4）计算控制量。

5）输出控制量。

嵌入式控制器完成上述功能的一般流程如图 1.11 所示，这个顺序也符合手工计算控制量的过程。

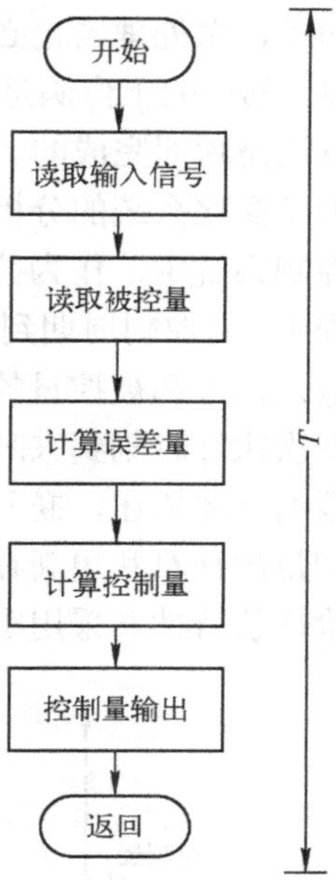

图 1.11　控制算法一般实现流程

注意：

当作为控制器存在于自动控制系统中时，微处理器除了需要完成上述 5 项核心功能外，还需要完成如下任务：

（1）系统初始化

系统初始化指微处理器执行核心功能之前，必须完成嵌入式计算机的软件和硬件设置，以便在执行上述功能时可以顺利调用相关的硬件设备，使用相应的变量。这部分工作通常在系统启动之后立即执行。

（2）系统状态与故障的检测与诊断

为保证系统的正常运行，达成包括控制在内的任务，嵌入式微处理器必须在系统运行过程中，检测其他部件的状态，以确保这些部件处于正常状态；当发现系统的部件（如传感器、执行器等）出现故障时，微处理器能够及时发现并定位故障，确定故障类型及部位，然后做出相应的应急处理。例如，系统执行元件出现故障时，应及时关闭执行元件，以避免因故障导致对象失控。

（3）人机交互

人机交互指当嵌入式控制系统处于人机协作状态或调试阶段时，操作和调试人员需修改系统的参数、控制系统的进程或其他一些操作。此时，嵌入式控制装置需要提供相应的功能。

人机交互可以通过多种技术手段来实现，常规的技术手段包括使用显示器、键盘、触摸屏等，非常规的技术手段包括语音交互、视觉交互以及脑电波等。

（4）通信

当嵌入式控制装置所在的自动控制系统需要和其余同时存在于大系统中的自动控制系统协作完成某些复杂的控制目标时，它需要和其他控制装置通信，以交互信息完成协作。

嵌入式控制系统之间的通信可以通过有线、无线以及混合网络的形式完成。

当然，还包括一些因控制系统的差异而带来的特殊功能，在此不再一一赘述。

由于微处理器是一种时序电路，上述功能是通过逐条执行程序代码实现的，因此需要花费一定的时间。执行时间的长短取决于控制算法的复杂性和微处理器的处理能力，但无论算法多简单，微处理器也必须花费若干个指令周期才能完成。而连续控制系统中一般认为信号的传输、部件的工作满足瞬时性和同步性的假设条件，如控制器的输出与输入是同步变化的，控制算法是瞬间完成的。

为了简化系统的分析与设计，同时也避免一些随机因素对系统性能、稳定性的影响，在自动控制系统中，作为控制器的嵌入式计算机往往以固定的周期执行这些步骤。即在系统运行过程中，当控制周期到来时（即控制器计算时刻到来时），微处理器立即执行核心控制任务，完成输入信号和被控量的读取、误差计算、控制量计算和输出，然后结束本次执行并返回，等待下次执行时刻到来时，再重复上述过程。

根据上述描述，嵌入式控制系统的基本工作时序如图 1.12 所示。可见，嵌入式控制系统中控制量的计算和更新在时间轴上是离散的，其输出的控制量在执行器的输入端往往呈现出一种阶梯状特性（采用零阶保持器 ZOH 时）。

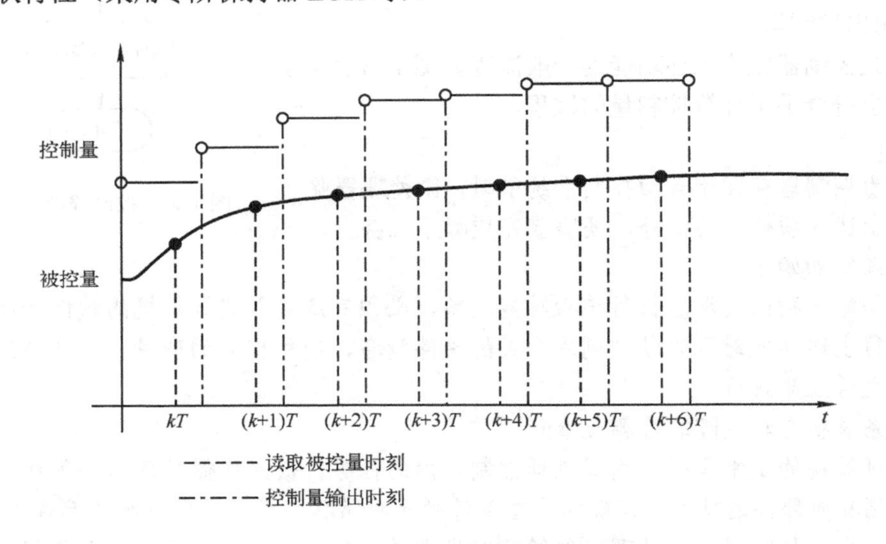

图 1.12　嵌入式控制系统基本工作时序图

从系统的组成来看，在控制系统中嵌入式计算机与一般的嵌入式系统并没有太多的区别，但在承担的任务、应用程序及性能要求上存在一些差异。

1）作为控制装置，嵌入式计算机的任务是读取被控对象的生产工况参数，按照人们预先安排的程序，自动地进行信息的处理、分析和计算，并做出相应的控制决策或调节，以控制量的形式输出给执行元件，驱动被控对象，使之处于最优工作状态；对事故进行预测和报警；编制生产技术报告，打印制表等。

2）嵌入式控制系统的硬件是完成控制任务的设备基础，而应用程序是履行控制系统任务的关键，是嵌入式控制系统的核心，而其中控制算法又是应用程序的核心，是经典或现代控制理论算法、智能控制算法的具体实现。在嵌入式控制系统中，每个控制对象或控制任务都配有相应的控制算法，而其他程序是为它服务的。不同的控制对象和控制任务在软件组成上有很大的区别，但通常必须满足控制实时性的要求，即必须在规定的时间内完成控制算法的执行，输出控制量给放大元件。因此，嵌入式控制系统一般是一个硬实时系统。

1.2.3 嵌入式控制系统的优势

相比传统的连续控制系统，由于嵌入式计算机具有大量存储信息的能力、强大的逻辑判断功能以及快速运算的本领，所以能够解决传统控制解决不了的难题，达到常规控制达不到的优异的性能指标，具体表现在以下几方面：

1．实现复杂、灵活的控制规律，提高控制质量，提高及实现系统的智能化。

常规的模拟电路只能实现比例-积分-微分（PID）调节规律、相角超前/滞后等比较简单的控制算法，计算机控制能够实现如多变量解耦控制、最优控制、神经网络控制等复杂的控制算法，可以在线调整控制算法的结构和参数，为控制质量的提高提供了良好的基础。

2．能够有效地克服随机扰动及器件老化等因素导致的参数漂移。

实际的控制系统运行过程中扰动因素很多，且多数扰动是难以预知的，模拟器件组成的控制器一旦投入运行，其参数很难实现随着环境动态调整。嵌入式计算机参与控制以后，可根据实时检测到的数据，用数值滤波、预估算法提高信号的信噪比，估计过程动态，进而实施控制，保证在扰动存在时仍能具有满意的控制效果。

另外，模拟电路构成的控制器由于采用的元器件参数本身就会随着使用环境的温度发生漂移，随着使用时间产生老化，因而模拟控制器很难保证控制质量始终如一。嵌入式计算机属于数字部件，数字信号对模拟噪声和干扰具有一定的容忍度，在一定的范围内，可以提供比模拟控制器更稳定的控制品质。即便因长时间使用和开关频率增高导致器件有部分老化，也不至于影响计算的准确性和精度。

3．精度高、稳定性好、抗干扰能力强。

模拟控制系统的精度由元件的精度决定，由于模拟元件的参数随着工作环境、工作时间不可避免地会出现漂移和变化，控制的精度达 10^{-3} 级别已属不易。嵌入式控制器的精度由字长决定，可根据系统要求确定和调整变量的类型和表示形式，达到所需要的精度，因而往往可以获得比模拟控制更好的精度。且嵌入式控制器的精度并不随工作环境和时间产生漂移，具有较好的稳定性。

4．符合控制与管理一体化的发展趋势，具有较强生命力。

现代化生产中，计算机不仅担负着生产过程的控制任务，而且，也肩负着工厂企业的管理任务，从收集商品信息、情报资料、制定生产计划、产品销售到生产调度、仓库管理都实现计算机化，使得工厂的自动化程度进一步提高。

当前，嵌入式控制系统实际上已经成为工业控制、国防军事和航空航天等众多领域的技术方案，正在潜移默化地改变着世界和未来，具有极其广泛的发展前景。

本章小结

本章从嵌入式系统的定义开始，讲述了嵌入式系统的组成、特点及应用，概述了嵌入式控制系统的基本概念、组成及其工作原理，分析了嵌入式控制系统与一般嵌入式计算机系统的区别，总结了嵌入式控制系统的优势所在。

通过对本章的学习，读者应该理解和掌握嵌入式系统、嵌入式控制系统的基本概念，了解嵌入式控制系统的组成及其特点，为进一步学习奠定基础。

思考题与习题

1-1　嵌入式系统的定义是什么？
1-2　嵌入式系统有哪些应用？
1-3　试举例说明嵌入式系统的组成与工作原理。
1-4　试举例说明嵌入式系统有哪些特点？
1-5　试简述嵌入式计算机在自动控制系统中如何应用？
1-6　试简述嵌入式控制系统的工作过程。
1-7　试比较嵌入式计算机系统与嵌入式控制系统的区别。
1-8　试举例分析嵌入式控制系统的优势所在。
1-9　试简述控制算法在嵌入式微处理器中的实现过程。
1-10　试分析嵌入式控制系统与常规控制系统的区别。
1-11　试分析嵌入式控制系统未来的发展。

第 2 章 ARM 微处理器基础

导读

嵌入式微处理器是嵌入式（控制）系统中运算和信息处理的核心器件，直接影响着系统性能指标的实现以及系统设计工作的成功与否。目前，市场上可以购买到的嵌入式微处理器已超过 1000 个品种，光体系结构就有 30 多个系列，其中应用比较广泛的包括 ARM、MIPS、PowerPC 等。不同于通用 PC，嵌入式（控制）系统的应用程序设计比较依赖于硬件，需要匹配所用嵌入式微处理器的资源。为帮助读者顺利掌握系统设计技术，本章从一个基本的微处理器开始，介绍嵌入式微处理器的体系结构及编程模式等基础知识，使读者对嵌入式微处理器内核有一个基本的认知，以避免系统设计过程中，特别是应用程序的设计过程中因不了解嵌入式微处理器内核而导致失误。

本章知识点

- 微处理器的基础知识
- 嵌入式微处理器的种类
- 嵌入式微处理器的特点
- ARM 微处理器的体系结构
- ARM Cortex-M3 微处理器的逻辑结构
- ARM Cortex-M3 微处理器的数据类型
- ARM Cortex-M3 微处理器的操作模式
- ARM Cortex-M3 微处理器的寄存器组织
- ARM Cortex-M3 微处理器的异常处理

2.1 微处理器的基础知识

微处理器的核心是中央处理单元（Central Processing Unit，CPU），是装配在单颗芯片上的一个完整的计算引擎。

1971 年问世的 Intel 4004 微处理器是世界上第一款商用计算机微处理器，就像当时的广告说的一样，它是“一件划时代的作品”。Intel 4004 微处理器片内集成了 2250 个晶体管，能够处理 4bit 的数据，只能执行加减运算，每秒运算 6 万次，运行的频率为 108kHz，前端总线为 0.74MHz，支持 8 位指令集及 12 位地址集，成本不到 100 美元。Intel 4004 的能力不算强大，但它的出现改变了计算机的形态。在 Intel 4004 出现之前，工程师们要么使用一堆芯片来制造计算机，要么使用零散部件来搭建计算机。

使计算机进入寻常百姓家的第一款微处理器是Intel 8080，它是一个完整的8位计算机芯片，于1974年问世，主频为2MHz，集成了6000个晶体管，每秒运算29万次，拥有16位地址总线和8位数据总线，包含7个8位寄存器，支持16位寻址，同时它也包含一些输入/输出端口，有效地解决了外部设备在内存寻址能力不足的问题。

而迅速在市场中走红的第一款微处理器则是1979年推出的Intel 8088。Intel 8088在芯片内部采用16位数据传输，所以称为16位微处理器。Intel 8088的外部采用8位数据传输，以兼容当时大部分设备和芯片。Intel 8088采用40针的DIP封装，工作频率为6.66MHz、7.16MHz或8MHz，集成了大约29000个晶体管。1981年，IBM公司将Intel 8088芯片用于其研制的PC中，从而开创了全新的微机时代，个人计算机（PC）的概念开始在全世界范围内发展起来。

图2.1给出了从Intel 4004微处理器以来在PC领域的系列代表产品。

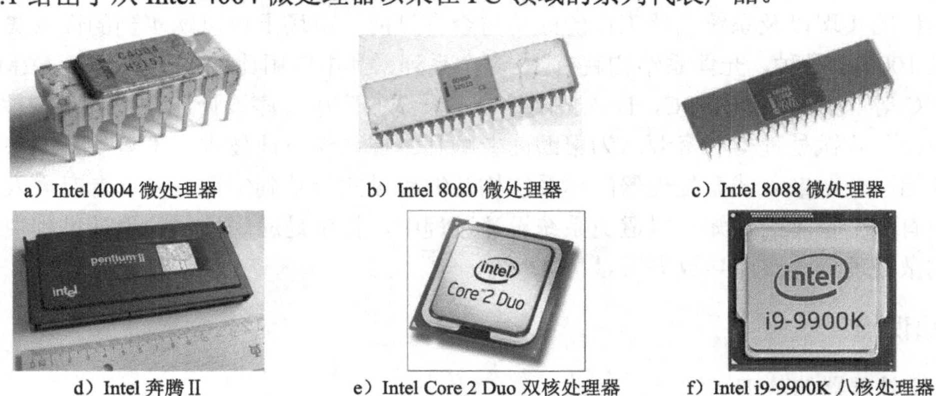

a）Intel 4004微处理器　b）Intel 8080微处理器　c）Intel 8088微处理器

d）Intel 奔腾Ⅱ　e）Intel Core 2 Duo双核处理器　f）Intel i9-9900K八核处理器

图2.1　Intel微处理器系列

随后出现的Intel 8086是第一款16位微处理器，使用第一版x86指令集架构，这是日后AMD、Intel和几乎所有微处理器的基石。即便到了今天，PC的微处理器已经具有64位数据宽度，主频也涉足5GHz，但其指令集架构仍是x86的延续和拓展。

与PC领域微处理器AMD和Intel两家争雄局面不同，嵌入式系统领域的微处理器更多地呈现出百花齐放的局面，在市场上出现过的体系架构就不下十几种。尽管近年来ARM颇有一枝独秀的架势，但其他技术架构和品牌（如RISC-V、MIPS、PowerPC等）仍在一些领域占有一席之地。

概括地看，嵌入式微处理器的发展可以分为4个阶段。

1．单片微型计算机阶段

单片微型计算机（Single Chip Microcomputer，SCM）阶段主要是单片微型计算机的体系结构探索阶段。Zilog公司的Z80等系列单片机的“单片机模式”获得成功，走出了SCM与通用计算机完全不同的发展道路。

2．微控制器阶段

微控制器（Micro Controller Unit，MCU）大发展阶段主要的技术方向是：为满足嵌入式系统应用不断扩展的需要，在芯片上集成了更多种类的外围电路与接口电路，突显其微型化和智能化的实时控制功能。80C51微控制器是这类产品的典型代表型号。

3．网络化阶段

随着互联网的高速发展，各个系统，不论是手持型还是固定式的嵌入式电子产品都希望能连接互联网。因此，网络模块集成于芯片上就成为一个重要发展趋势。

4．软件硬化阶段

随着微处理器产品应用的普及，市场对微处理器速度、性能等方面的需求日益提高，产品开发周期越发紧凑，但系统和软件功能却越来越复杂，实时性要求越来越高，有的还需要实时在线快速改变逻辑功能，这些需求导致仅仅采用软件解决方案已不能满足这些实际需求。而软件硬化借助逻辑电路实现软件功能，可以实现在一定程度上的并行计算，系统的安全性和可靠性也能得到改善，因此逐渐成为新兴的技术解决方案。对于批量极大的低成本高性能产品，这一方案尤其具有吸引力。

2.1.1 微处理器的基本结构

为了方便理解，本节以一个非常简单的微处理器为例，介绍微处理器的工作原理，简化后的该微处理器的内部逻辑结构如图2.2所示。

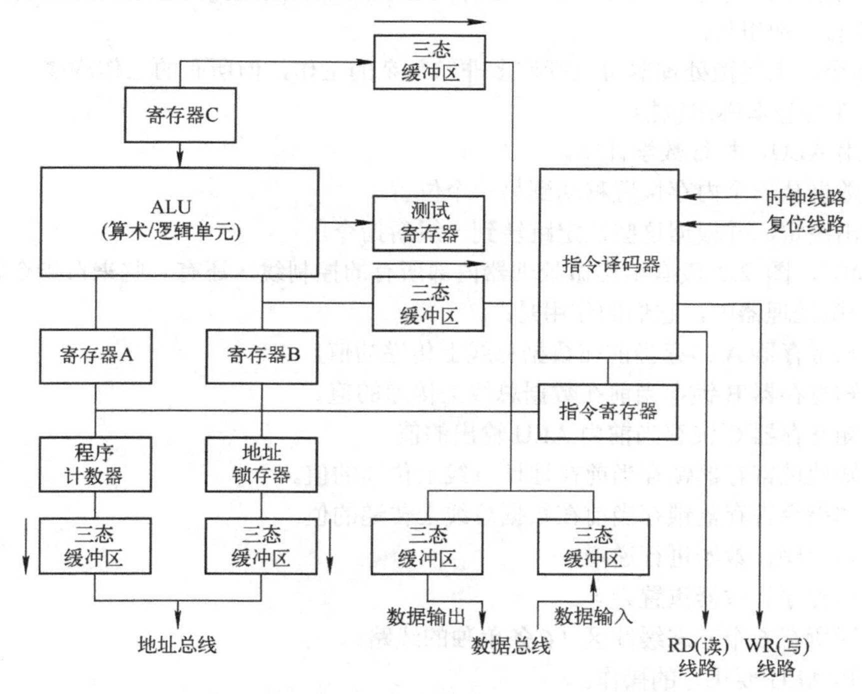

图2.2　简化后的微处理器的内部逻辑结构

由图2.2可知，该微处理器包括如下接口线路：

1）**一条地址总线**：总线宽度可以是8位、16位或32位，用于向内存发送一个地址。

2）**一条数据总线**：总线宽度可以是8位、16位或32位，用于将数据发送到内存或从内存取得数据。

3）**一条RD（读）和WR（写）线路**：通知内存，CPU希望写入某个地址位置还是获得某个地址位置的内容。

4）**一条时钟线路**：将时钟脉冲序列发送到处理器。

5）**复位线路**：用于将程序计数器重置为零（或其他内容）并重新开始执行。

除外部接口线路之外，该微处理器还包括如下组成部分：

1）**寄存器 A、B 和 C**：用来暂时存放参与运算的数据和运算结果。

2）**地址锁存器**：这是一个暂存器，根据控制信号的状态，将总线上地址代码暂存起来。

3）**程序计数器**：这是一个特殊的锁存器，在执行每条语句后将计数器自动加一，并在接收到重置信号时将计数器的值重置为零（0x0）。

4）**算术/逻辑单元**（ALU）：用来执行加、减、乘、除以及寄存器中数值之间的逻辑运算。

5）**测试寄存器**：这是一种特殊的锁存器，存放在 ALU 中执行的比较运算的结果，或者保存加法器上一次计算产生的进位或借位（减法运算）。它将这些值存放在触发器中，随后指令解码器可以使用这些值做出决定。

6）**6 个三态缓冲区**：三态缓冲区可以输出 1（高）、0（低）或者彻底断开其输出（高阻态）。三态缓冲区能够将多种输出连接到电路中，但线路上的某一个输出实际上代表的是 1 或 0。

7）**指令寄存器**：临时存放从内存里取得的程序指令的寄存器。

8）**指令解码器**：从输入的指令码中分解出各个指令字段，生成地址、数据和控制等信号，负责控制所有其他组件。

根据指令，上述微处理器可执行许多非常复杂的工作，但所有的工作均属于 3 种基本操作的范畴，3 种基本操作包括：

1）使用 ALU，执行数学计算。

2）将数据从一个内存位置移动到另一个位置。

3）做出决定，并根据这些决定跳转到一组新指令。

限于篇幅，图 2.2 没有给出微处理器内部所有的控制线，还有一些来自指令解码器的控制线存在于微处理器中，它们的作用是：

1）通知寄存器 A 锁存当前在数据总线上传递的值。

2）通知寄存器 B 锁存当前在数据总线上传递的值。

3）通知寄存器 C 锁存当前由 ALU 输出的值。

4）通知地址寄存器锁存当前在地址总线上传递的值。

5）通知指令寄存器锁存当前在数据总线上传递的值。

6）通知程序计数器进行递增。

7）通知程序计数器重置为零。

8）激活所有 6 个三态缓冲区（6 条单独的线路）。

9）通知 ALU 要执行的操作。

10）通知测试寄存器锁存 ALU 的测试位。

11）激活 RD 线路。

12）激活 WR 线路。

来自测试寄存器和时钟线路（以及指令寄存器）的数据位会进入到指令解码器中，以帮助指令解码器做出决定。地址总线、数据总线、RD 和 WR 线路同时连接到随机存取存储器（RAM）或只读存储器（ROM）。

假设本微处理器有一个宽度为 8 位的地址总线和一个宽度为 8 位的数据总线。即该微处理器可以寻址 256（2^8）个字节（字节常用字母 B 表示）的内存空间，可以向内存读取或写入 8 位的数据。假设这个微处理器有 128B 的 ROM，其地址从 0（0x0）开始，到 127（0x7F）结束；此外还有 128B 的 RAM，其地址从 128（0x80）开始，到 255（0xFF）结束。

ROM 中存放的一般是程序和数据，相当于 PC 中的硬盘（HDD）。地址总线通知 ROM 芯片应取出哪些字节并将它们放在数据总线上。当 RD 线的状态更改后，ROM 芯片会将选择的字节放在数据总线上。

RAM 相当于 PC 中的内存，可以存放多个字节的信息。微处理器可以读取或写入这些字节，而具体操作取决于信号是由 RD 线路还是 WR 线路给出的。

2.1.2 微处理器的工作原理

在了解微处理器基本组成和结构的基础上，本节介绍该微处理器是如何执行指令，完成操作的。

所有能输入微处理器并能被其正确识别（合法）的指令集合就称为指令集。指令集通过位模式的方式实现，每一个位模式在加载到指令寄存器后都有不同的含义。由于人们无法精确、快速地记住这些位模式，所以定义了一些简短的单词（助记符）来表示不同的位模式，这些单词（助记符）的集合称作处理器的汇编语言。汇编语言的编译器将这些单词翻译成它们的位模式，然后将汇编程序的输出放在内存中供微处理器执行。

假设表 2.1 是为图 2.2 中微处理器建立的一组汇编语言指令。

表 2.1　汇编指令一览表

指令助记符	指令功能
LOADA mem	将某个内存地址（mem）的数据加载到寄存器 A 中
LOADB mem	将某个内存地址（mem）的数据加载到寄存器 B 中
CONB con	将一个常量值（con）加载到寄存器 B 中
SAVEB mem	将寄存器 B 的内容保存到某个内存地址（mem）
SAVEC mem	将寄存器 C 的内容保存到某个内存地址（mem）
ADD	将 A 和 B 相加并将结果保存在 C 中
SUB	将 A 和 B 相减并将结果保存在 C 中
MUL	将 A 和 B 相乘并将结果保存在 C 中
DIV	将 A 和 B 相除并将结果保存在 C 中
COM	将 A 和 B 进行比较并将结果保存在测试寄存器中
JUMP addr	跳转到某个地址（addr）
JEQ addr	如果相等则跳转到某个地址（addr）
JNEQ addr	如果不相等则跳转到某个地址（addr）
JG addr	如果大于则跳转到某个地址（addr）
JGE addr	如果大于或等于则跳转到某个地址（addr）
JL addr	如果小于则跳转到某个地址（addr）
JLE addr	如果小于或等于则跳转到某个地址（addr）
STOP	停止执行

为帮助读者理解程序编译、微处理器执行指令的完整过程，下面以一个 C 语言代码编写的简单程序为例进行说明。这段简单的 C 语言代码实现了 5 的阶乘（即 5！），详细代码如下：

```
# include <stdio.h>                      //编译所需包含的头文件声明
# include <math.h>
int ifactorial ()                         //函数声明，具有返回值
{
    int idata=1;                          //声明变量并赋初值
    int iresult=1;
    while (idata<=5)
    {
        iresult=iresult*idata;            //计算过程
        idata=idata+1;
    }
    return iresult;                       //返回计算结果
}
```

C 语言代码可以在 Turbo C、Visual C++等集成编译环境中编辑，也可以利用 UltraEdit、Edit 等支持纯文本的编辑器编辑，但在保存文件时指明文件的扩展名为.C。

代码编辑完成后，可使用 C 编译器将这段代码编译为汇编语言。如前文假设，此微处理器 ROM 的地址从 0 开始，则编译后的汇编语言如下：

```
地址  指令              注释
//假定 idata 位于地址 128（0x80）处，iresult 位于地址 129（0x81）处
0   CONB 1              //idata=1;
1   SAVEB 128
2   CONB 1              //iresult=1;
3   SAVEB 129
4   LOADA 128           //如果 idata>5，则跳转到 17
5   CONB 5
6   COM
7   JG 17
8   LOADA 129           //iresult=iresult*idata;
9   LOADB 128
10  MUL
11  SAVEC 129
12  LOADA 128           //idata=idata+1;
13  CONB 1
14  ADD
15  SAVEC 128
16  JUMP 4              //进行循环，返回到比较部分
17  STOP
END
```

编译成汇编语言后，现在的问题是：这些指令如何存储在 ROM 中？

首先应该能够理解的是，所有这些汇编语言指令将以二进制数字的形式表示并存储。假定每条汇编语言指令具有一个唯一的编号，如表 2.2 所示。

表 2.2　汇编指令代码表

汇编指令	操作代码	汇编指令	操作代码	汇编指令	操作代码
LOADA	1	SUB	7	JNEQ addr	13
LOADB	2	MUL	8	JG addr	14
CONB	3	DIV	9	JGE addr	15
SAVEB	4	COM	10	JL addr	16
SAVEC mem	5	JUMP addr	11	JLE addr	17
ADD	6	JEQ addr	12	STOP	18

这些数字称作操作代码（或机器码，opcode）。这样，上述程序代码在 ROM 中的存储形式如下所示：

```
//假定 a 位于地址 128 处，假定 F 位于地址 129 处
地址 opcode 值      对应的汇编助记符
0    3              //CONB 1
1    1
2    4              //SAVEB 128
3    128
4    3              //CONB 1
5    1
6    4              //SAVEB 129
7    129
8    1              //LOADA 128
9    128
10   3              //CONB 5
11   5
12   10             //COM
13   14             //JG 17
14   31
15   1              //LOADA 129
16   129
17   2              //LOADB 128
18   128
19   8              //MUL
20   5              //SAVEC 129
21   129
22   1              //LOADA 128
23   128
```

```
24  3         //CONB 1
25  1
26  6         //ADD
27  5         //SAVEC 128
28  128
29  11        //JUMP 4
30  8
31  18        //STOP
```

在经过编译等操作后，7 行 C 语言代码被编译成 18 行汇编语言，最后变成了 ROM 中的 32 个字节。

上述机器码存储在 ROM 中以后，CPU 从 ROM 中按照顺序将指令读取到指令解码器中，然后指令解码器将每个操作代码转换为一组能够驱动微处理器内部各个部件的信号。以 ADD 指令为例，解码器执行了如下工作：

Step 1（**取指**）：在第一个时钟周期，CPU 实际载入该指令。

指令解码器进行如下工作：

➢ 激活程序计数器的三态缓冲区；

➢ 激活 RD 线路；

➢ 激活 data-in（读入数据）三态缓冲区；

➢ 将指令锁存在指令寄存器中。

Step 2（**译码**）：在第二个时钟周期中，对 ADD 指令进行解码。

这步所需的工作有：

➢ 将 ALU 的操作设置为加法；

➢ 将 ALU 的输出锁存到 C 寄存器中。

Step 3（**执行**）：在第三个时钟周期中，程序计数器会进行递增。

所有指令都会分解成一组有序操作，按照正确的顺序操作微处理器的各个组件。这样上述程序可在微处理器中完成所有的处理和计算，输出正确的结果。

2.2　嵌入式微处理器概述

2.2.1　嵌入式微处理器的特点

嵌入式微处理器与 PC 的微处理器在基本原理上相似，但工作稳定性更高，功耗较小，对环境（如温度、湿度、电磁场、振动等）的适应能力更强，体积更小，且集成的功能较多。在 PC 领域，处理器的主要指标就是主频（速度）和核心数，普通用户最关心的是处理器速度的提升和核心的数量，但在嵌入式领域，情况则完全不同。嵌入式微处理器的选择必须根据设计的需求，在性能、功耗、功能、尺寸和封装形式、SoC 程度、成本、商业考虑等等诸多因素之中进行折中。

嵌入式微处理器作为嵌入式系统的核心，担负着控制系统工作的重要任务，使宿主设备功能智能化、设计灵活且操作简便。为合理高效地完成这些任务，嵌入式微处理器应具有以下 4 个特点：

1．对实时多任务有很强的支持能力

能完成多任务并且有较短的中断响应时间，从而使内部的代码和实时内核的执行时间减少到最低限度。

2．具有功能很强的存储区保护功能

由于嵌入式系统的软件结构已模块化，而为了避免在软件模块之间出现错误的交叉作用，需要设计强大的存储区保护功能，同时也有利于软件诊断。

3．具有可扩展的处理器结构

能通过良好的可扩展性，以最快的速度、最短的周期开发出满足产品应用的高性能嵌入式微处理器。

4．功耗低

嵌入式微处理器必须功耗很低，尤其是用于便携式的、靠电池供电的无线及移动计算和通信设备时，需要功耗只有 mW 甚至μW 级。

2.2.2 嵌入式微处理器的分类

根据微处理器芯片内的配置，可以分成 5 类：微控制器、嵌入式微处理器、数字信号处理器、片上系统和片上多核处理器。

1．微控制器

微控制器（Micro-Controller Unit，MCU）也称为单片机，是将整个计算机系统集成到一块芯片中。MCU 一般以某种微处理器内核为核心，根据典型的产品应用，在芯片内部集成了 ROM、RAM、总线、总线逻辑、定时/计数器、看门狗、I/O、串行口、脉宽调制输出、A/D、D/A、Flash RAM、E^2PROM 等各种必要功能部件和外设。同时为适应不同的应用需求，对功能的设置和外设的配置进行必要的修改和裁减定制，使得一个种类的单片机具有多种衍生产品，每种衍生产品的处理器内核都相同，不同的是存储器和外设的配置及功能的设置。这样可以使单片机最大限度地和应用需求相匹配，从而减少整个系统的功耗和成本。

和嵌入式微处理器相比，微控制器的单片化使应用系统的体积大大减小，功耗和成本大幅度下降，可靠性提高。目前，MCU 在产品的品种和数量上是所有种类嵌入式处理器中最多的，而且上述诸多优点也使得微控制器成为嵌入式系统应用的主流技术方案。

通常，MCU 可分为通用和半通用两类，比较有代表性的通用系列包括 8051、P51XA、MCS-251、MCS-96/196/296、C166/167、68300 等。而比较有代表性的半通用系列，如支持 USB 接口的 MCU 8XC930/931、C540、C541；支持 I^2C、CAN 总线、LCD 等的众多专用 MCU 和兼容系列。

2．嵌入式微处理器

嵌入式微处理器（Embedded Micro-Processor Unit，EMPU）一般是由 PC 领域的通用 CPU 演变而来，可视为增强型通用微处理器。由于嵌入式系统通常应用于环境比较恶劣的环境中，因而 EMPU 在工作温度、电磁兼容性以及可靠性方面的要求较通用的标准微处理器高。但是，EMPU 在功能方面与标准的微处理器基本上是一样的。根据实际嵌入式应用要求，将 EMPU 装配在专门设计的主板上，只保留和嵌入式应用有关的主板功能，这样可以大幅度减小系统的体积和功耗。

和工业控制计算机相比，EMPU 组成的系统具有体积小、质量轻、成本低、可靠性高的优点，但在其电路板上必须包括 ROM、RAM、总线接口、各种外设等器件，从而降低了系统的可靠性，技术保密性也较差。

嵌入式处理器的代表有 AM186/88、386EX、SC-400、Power PC、68000、MPIS、ARM 系列等。

3．数字信号处理器

数字信号处理器（Digital Signal Processor，DSP）是专门用于信号处理方面的处理器，其在系统结构和指令算法方面进行了特殊设计，具有很高的编译效率和指令执行速度。

在数字信号处理应用中，各种数字信号处理算法很复杂，这些算法的复杂度可能是 O(n^m)的，甚至是非确定性（Non-deterministic Polynomial，NP）的，一般结构的处理器无法实时地完成这些运算。由于 DSP 对系统结构和指令进行了特殊设计，使其适合于实时地进行数字信号处理。在数字滤波、快速傅里叶变换（FFT）、谱分析等方面，DSP 算法正大量进入嵌入式领域，DSP 应用正从在通用单片机中以普通指令实现 DSP 功能，过渡到采用嵌入式 DSP。另外，在智能设备和系统的应用中，也需要嵌入式 DSP 处理器，例如各种带有智能逻辑的消费类产品、生物信息识别终端、带有加解密算法的键盘、ADSL 接入、实时语音解压系统、虚拟现实显示等。这类智能化算法一般都是运算量较大，特别是向量运算、指针线性寻址等较多，而这些正是 DSP 处理器的优势所在。

注意：

算法复杂度是指算法在编写成可执行程序后，运行时所需要的资源，资源包括时间资源和内存资源。一个算法的评价主要从时间复杂度和空间复杂度来考虑。算法的时间复杂度反映了程序执行时间随输入规模增长而增长的量级，在很大程度上能很好地反映出算法的优劣与否。O（n^m）意味着需要计算的式子中最高次幂为 n^m，类似于计算 $T(n)=1+n+\cdots+n^m$ 这样一个多项式的计算量。

嵌入式 DSP 处理器有两类：①DSP 处理器经过单片化、EMC 改造、增加片上外设成为嵌入式 DSP 处理器，TI 公司的 TMS320C2000/C5000 等属于此范畴；②在通用单片机或 SoC 中增加 DSP 协处理器，例如 Intel 公司的 MCS-296 和 Infineon（Siemens）公司的 Tricore。

嵌入式 DSP 处理器比较有代表性的产品是 TI 公司的 TMS320 系列和 Motorola 公司的 DSP56000 系列。TMS320 系列处理器包括用于控制的 C2000 系列、移动通信的 C5000 系列，以及性能更高的 C6000 和 C8000 系列。DSP56000 目前已经发展成为 DSP56000、DSP56100、DSP56200 和 DSP56300 等几个不同系列的处理器。

4．片上系统

片上系统（System on Chip，SoC）也称为系统级芯片，它是一个有专用目标的集成电路，其中包含完整系统并有嵌入软件的全部内容。设计主旨与 MCU 类似，都是试图在单个芯片内实现一个完整的计算机系统。嵌入式 SoC 成功实现了软硬件无缝结合，可直接在处理器片内嵌入操作系统的代码模块。而且 SoC 具有极高的综合性，可在一个硅片内部实现一个复杂的系统。用户不需要像传统的系统设计一样，绘制庞大复杂的电路板，逐点焊制芯片引脚，只需要使用 VHDL 等逻辑描述语言，在器件库中调用各种通用处理器的标准，然后通过仿真之后就可以直接交付芯片厂商进行生产。

SoC 有两个显著的特点：一是硬件规模庞大，通常基于 IP 设计模式；二是软件比重大，需要进行软硬件协同设计。与其他类型的微处理器解决方案相比，SoC在性能、成本、功耗、可靠性，以及生命周期与适用范围各方面都有明显的优势，因此它是集成电路设计发展的必然趋势。目前在性能和功耗敏感的终端芯片领域，SoC已占据主导地位；而且其应用正在扩展到更广的领域，是IC产业未来的发展方向。

目前，手机、平板电脑等领域的处理器基本上都采用了SoC技术方案，例如：华为（Huawei）麒麟系列（950/960/970/980/990）、高通（Qualcomm）骁龙800系列（骁龙855/845/835/821/820/810/808/805/801/800）、联发科（MediaTek.Inc）Helio系列（X30/X25/X10）等。在多媒体、网络安全等领域也有专用芯片，例如：龙芯2K1000系列等。

5．片上多核处理器

自1996年美国斯坦福大学首次提出片上多核处理器（Chip Multi-Processor，CMP）思想和首个多核结构原型，到2001年IBM公司推出第一个商用多核处理器POWER4，再到2005年Intel和AMD多核处理器的大规模应用，最后到现在多核成为市场主流，片上多核处理器经历了近20年的发展。目前，片上多核处理器的应用范围已覆盖了多媒体计算、嵌入式设备、个人计算机、商用服务器和高性能计算机等众多领域，多核技术及其相关研究也得到了充分的发展。

多核处理器将多个完全功能的处理器核心集成在同一个芯片内，整个芯片作为一个统一的结构对外提供服务。首先，多核处理器通过集成多个单线程处理器核心或集成多个多线程处理器核心，使得整个处理器可同时执行的线程数或任务数是单处理器的数倍，这极大地提升了处理器的并行性能；其次，多个处理器内核集成在片内，极大地缩短了核间的互连线，降低了核间通信延迟，提高了通信效率和数据传输带宽；第三，多个处理器内核有效地共享资源，提高了片上资源的利用率，降低了系统整体的功耗；最后，多核结构灵活，易于优化设计，扩展性强。这些优势最终推动了多核的发展并逐渐取代单核处理器成为主流。

按照集成的处理器内核的数目，片上多核处理器可以分为多核处理器和众核（Manycore）处理器。

按照集成的处理器内核对等与否，片上多核处理器又可以分为同构多核处理器和异构多核处理器。

1）同构多核处理器的各个核心的结构相同，地位对等。例如：Intel Celeron J4105微处理器包含了4个64位x86架构的处理器内核，其中每两个内核共享4MB L2 Cache。AMD Excavator系列嵌入式微处理器包含了4个64位x86架构的处理器内核，在配置上与Celeron J4105处于同等水平。

2）异构多核处理器的各个核心的结构不同，功能也不同，地位也不同，分为主处理器和协处理器。例如：IBM、索尼、东芝联手推出的Cell处理器就是一个典型的代表，Cell由一个Power主处理器单元（Power Processor Element，PPE）和8个协同处理单元（Synergistic Processing Elements，SPE）组成，8个SPE结构不同，不同的SPE可以快速完成不同类型的运算。NIVIDA近期发布了新一代Jetson X2开发平台，使用了带Parker的Tegra处理器，包含了4个ARM Cortex-A57和自研的2个Denver（丹佛）核心，另外配备了具有256个CUDA核心的GPU，可以进行科学计算。

片上多核处理器的出现使得在一个处理器上并发地执行多个进程（或线程）成为可能，大大增加了处理器的吞吐量（Throughput）。一些吞吐量大的应用，如web应用，可以充分地利用片上多核处理器的优势。但是，对于一些对延时敏感，需要高性能的应用，多核处理器带来的性能提升并不那么明显。

目前，嵌入式系统领域的 SoC 产品线中绝大多数也是 CMP。例如，华为麒麟 980 设计了 2 个超大核（基于 Cortex-A76 开发）、2 个大核（基于 Cortex-A76 开发）、4 个小核（基于 Cortex-A55 开发），搭载寒武纪 1M 的人工智能 NPU 以及掌管拍照性能的双 ISP，采用台积电的 7nm 工艺制造，性能可以与高通晓龙 845 相媲美。

2.3 ARM 微处理器概述

ARM（Advanced RISC Machines）常见于嵌入式系统的各种书籍和教材，与嵌入式系统有着不可分割的联系。严格来讲，ARM 既可认为是一个公司的名字，也可认为是对一类微处理器的通称，还可认为是一种技术的名称。

ARM Holdings 公司于 1990 年 11 月在英国伦敦成立，前身为 Acorn 计算机公司，现已成为全球领先的 16/32 位嵌入式 RISC 微处理器解决方案供应商。ARM 公司的商业模式主要涉及 IP 的设计和许可，而非生产和销售实际的半导体芯片。ARM 公司向合作伙伴网络（包括世界领先的半导体公司和系统公司）授予 IP 许可证。这些合作伙伴可利用 ARM 公司的 IP 设计创造和生产片上系统，但需要向 ARM 公司支付原始 IP 的许可费用并为每块生产的芯片或晶片交纳版税。除了处理器 IP 外，ARM 公司还提供了一系列工具、物理和系统 IP 来优化片上系统设计。

目前，全世界有几十家著名的半导体公司都使用 ARM 公司的授权，其中包括：Atmel、Broadcom、Cirrus Logic、Freescale、Qualcomm、富士通、英特尔、IBM、英飞凌科技、任天堂、恩智浦半导体、OKI 电气工业、三星电子、Sharp、STMicroelectronics、德州仪器和 VLSI 等，从而保证了大量的开发工具和丰富的第三方资源，它们共同保证了基于 ARM 处理器核的设计可以很快投入市场。ARM 公司已成为移动通信、手持设备、多媒体数字消费嵌入式解决方案的 RISC 标准。在智慧财产权工业，ARM 是广为人知最昂贵的 CPU 内核之一。

2016 年 7 月 18 日消息，日本软银已经同意以 234 亿英镑（约合 310 亿美元）的价格收购英国芯片设计公司 ARM。

2.3.1 ARM 微处理器的体系结构

ARM 微处理器从最初开发至今，经历了多次重大改进，不断地完善和发展。到 2017 年 12 月为止，ARM 体系结构共定义了 8 个版本，以版本号 v1～v8 表示。

1．版本 1

v1 版处理器内核是 ARM 公司的第一版内核，基本性能包括：26 位地址总线，基本数据处理指令（不包括乘法）、字节、字以及半字加载/存储指令、分支指令，包括用于子程序调用的分支与链接指令，以及软件中断指令，用于进行操作系统调用。

使用此版本的处理器核：ARM1。

该处理器内核实际上并未销售，只存在于 ARM 公司的实验室中。

2．版本 2

与版本 1 相比，版本 2 增加了乘法和乘加指令。在稍后的 ARM v2a 版本中，集成了内存管理单元（MMU）、I/O处理器，以及SWP和SWPB指令。

使用此版本的处理器核：ARM2 v2、ARM2aS、ARM3 v2a。

3．版本3

版本3较以前的版本发生了大的变化，首次支持32位寻址能力，将程序状态寄存器分为CPSR（Current Program Status Register，当前程序状态寄存器）和SPSR（Saved Program Status Register，备份的程序状态寄存器），增加了两种异常模式，增加了MRS指令和MSR指令，修改了原来的从异常中返回的指令。

使用此版本的处理器核：ARM6、ARM600、ARM610、ARM7、ARM700、ARM710。

4．版本4

版本4在版本3的基础上引入了3级流水线，增加了有符号、无符号的半字和有符号字节的load和store指令；增加了T变种，处理器可工作于Thumb状态；增加了处理器的特权模式。

另外，在版本4中还指明了哪些指令会引起未定义指令异常，并不再强制要求与以前的26位地址空间兼容。

使用此版本的处理器核：ARM7TDMI、ARM710T、ARM720T、ARM740T v4T、Strong ARM、ARM8、ARM810 v4、ARM9TDMI、ARM920T、ARM940T v4T。

这个版本的内核成功为ARM公司打开了市场，为该公司取得现有的市场地位奠定了基础。

5．版本5

与版本4相比，版本5提高了T变种中ARM/Thumb指令混合使用的效率；增加了前导零计数（CLZ）指令；增加了 BKPT（软件断点）指令；为支持协处理器设计提供了更多的可选择的指令；更加严格地定义了乘法指令对条件标志位的影响。

使用此版本的处理器核：ARM9E-S v5TE、ARM10TDMI、ARM1020E v5TE。

6．版本6

版本6发布于2001年，在降低耗电的同时，强化了图形处理性能。通过追加有效多媒体处理的SIMD（Single Instruction Multiple Data Stream，单指令流，多数据流）功能，将语音及图像的处理功能提高到了原机型的4倍。ARM体系版本6首先在2002年春季发布的ARM11处理器中使用。除此之外，v6还支持多微处理器内核。

使用此版本的处理器核：ARM11、ARM1156T2-S、ARM1156T2F-S、ARM1176JZF-S、ARM11JZF-S。

7．版本7

版本7发布于2005年，是在ARM v6架构的基础上诞生的。该架构是在ARM的Thumb代码压缩技术的基础上发展起来的，保持了对之前 ARM 解决方案的代码兼容性。Thumb-2技术比纯32位代码少使用31%的内存，减小了系统开销，还能够提供比基于Thumb技术的解决方案高出38%的性能。

ARMv7架构还采用了NEON技术，将DSP和媒体处理能力提高了近4倍，并支持改良的浮点运算，满足下一代 3D 图形、游戏物理应用以及传统嵌入式控制应用的需求。此外，ARMv7 还支持改良的运行环境，以迎合不断增加的 JIT（Just In Time）和 DAC（Dynamic Adaptive Compilation）技术的使用。另外，ARMv7架构对于早期的ARM处理器软件也提供很好的兼容性。

在这个版本中，内核架构首次从单一款式变成3种款式。

1）**款式A**：适用于具有高计算要求、运行丰富操作系统以及提供交互媒体和图形体验的应用领域。

2）**款式R**：为要求可靠性、高可用性、容错功能、可维护性和实时响应的嵌入式系统提供高性能计算解决方案。

3）**款式M**：针对成本和功耗敏感的MCU和终端应用（如智能测量、人机接口设备、汽车和工业控制系统、大型家用电器、消费性产品和医疗器械）的混合信号设备进行过优化。

使用此版本的处理器核：ARM Cortex A/R/M系列，结尾以数字区分，如ARM Cortex-A57、ARM Cortex-R52、ARM Cortex-M7等。

8．版本8

ARMv8-A是ARM体系结构中最新的一代内核版本，目前只有A系列，其最主要的进化史将64位架构支持引入ARM架构中，其中包括：

1）64位通用寄存器、SP（堆栈指针）和PC（程序计数器）。

2）64位数据处理和扩展的虚拟寻址。

3）两种主要执行状态，分别称为AArch64和AArch32。

AArch64执行状态支持A64指令集，可在64位寄存器中保存地址，并允许基本指令集中的指令使用64位寄存器进行处理。AArch32执行状态指32位执行状态，它保留了与ARMv7-A体系结构的向后兼容性，并增强了该体系结构，可以支持AArch64状态中包含的某些功能。

这些执行状态支持3个主要指令集：

1）A32（ARM指令集）：32位固定长度指令集，通过不同架构变体增强，部分32位架构执行环境现在称为AArch32。

2）T32（Thumb指令集）：以16位固定长度指令集的形式引入，随后在引入Thumb-2技术时增强为16位和32位混合长度指令集。部分32位架构执行环境现在称为AArch32。

3）A64（A64指令集）：新增指令集，提供了对64位整数寄存器和数据操作的访问，并能够使用64位指针指向内存。

2.3.2 ARM微处理器的特点

作为一种先进的RISC处理器，ARM系列微处理器有如下共同特点：

1）体积小、功耗低、成本低、性能好。

2）支持Thumb（16位）/ARM（32位）双指令集，能很好地兼容8位/16位器件。

3）大量使用寄存器，指令执行速度更快。

4）大多数数据操作都在寄存器中完成。

5）寻址方式灵活简单，执行效率高。

6）指令长度固定。

2.3.3 ARM Cortex-M3微处理器内核

本书所介绍的嵌入式控制系统在实时性、可靠性、安全性以及系统成本等方面具有较高要求，但对于多媒体处理、多用户、复杂的操作系统等方面要求较低，因此本书主要以ARM

Cortex-M3 为内核的嵌入式微处理器为对象，介绍嵌入式控制系统的接口技术、软件设计等。为此，本节首先介绍 ARM Cortex-M3 的内核结构。

ARM Cortex-M3 于 2004 年 10 月发布，ARM 公司于 2006 年推出了 ARM Cortex-M3 微处理器核，是首款基于 ARM v7-M 架构的处理器，是专门为了在汽车车身系统、工业控制系统和无线网络等对功耗和成本敏感的嵌入式应用领域实现高系统性能而设计的，它大大简化了可编程的复杂性，使 ARM 架构成为各种应用方案的优选。

ARM Cortex-M3 的内核架构如图 2.3 所示。

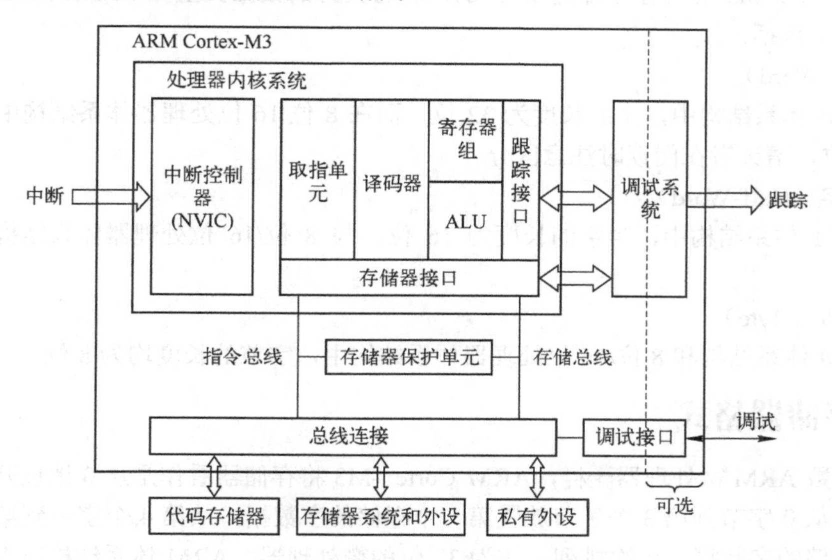

图 2.3　ARM Cortex-M3 内核架构图

ARM Cortex-M3 是 32 位的微处理器，具有 32 位数据总线、一个 32 位寄存器组，以及 32 位存储器接口。其处理器内核采用哈佛架构（Harvard Architecture），具有独立的指令总线和数据总线，指令和数据访问可以同时进行。不过，由于指令总线和数据总线共用相同的存储器空间（一个统一的存储器系统），其可访问的存储器空间最大只能为 4GB（2^{32}），换句话说，它不会因为具有分离的总线接口就能拥有 8GB 的存储器空间。为此 ARM Cortex-M3 处理器提供了一个可选的存储器保护单元（MPU），在必要的情况下可使用一个外部缓存。

ARM Cortex-M3 处理器内核包含一个支持 Thumb 和 Thumb-2 指令的译码器、一个支持硬件乘法和硬件除法的先进 ALU、控制逻辑和用于连接处理器其他部件的接口。

ARM Cortex-M3 处理器包含多个固定的内部调试部件，提供对调试操作的支持和特性，如断点和监视点等。另外，可选部件提供了其他调试特性，如指令跟踪以及多种调试接口。

ARM Cortex-M3 首次在内核上集成了嵌套向量中断控制器（NVIC）。ARM Cortex-M3 的中断延迟只有 12 个时钟周期，使用尾链技术，使得背对背（Back-to-Back）中断的响应只需要 6 个时钟周期。

ARM Cortex-M3 采用了基于栈的异常模式，使得芯片初始化的封装更为简单。

ARM Cortex-M3 还加入了类似于 8 位处理器的内核低功耗模式，支持 3 种功耗管理模式：

1）通过一条指令立即睡眠。

2）异常/中断退出时睡眠。

3）深度睡眠，使整个芯片的功耗控制更为有效。

2.4 ARM Cortex-M3 的编程模型

2.4.1 数据类型

ARM Cortex-M3 的寄存器都是 32 位的，但它支持的数据类型并不局限于 32 位，它所支持的数据类型包括：

1．字（Word）

在 ARM 体系结构中，字的长度为 32 位，而在 8 位/16 位处理器体系结构中，字的长度一般为 16 位，请读者在阅读时注意区分。

2．半字（Half-Word）

在 ARM 体系结构中，半字的长度为 16 位，与 8 位/16 位处理器体系结构中字的长度一致。

3．字节（Byte）

在 ARM 体系结构和 8 位/16 位处理器体系结构中，字节的长度均为 8 位。

2.4.2 存储器格式

如大多数 ARM 微处理器一样，ARM Cortex-M3 将存储器看作是从 0 地址开始的字节的线性组合。从 0 字节到第 3 个字节放置第一个存储的字数据，从第 4 个字节到第 7 个字节放置第二个存储的字数据，依次排列。作为 32 位的微处理器，ARM 体系结构所支持的最大寻址空间为 4GB（2^{32} 字节）。

ARM 体系结构可以用两种方法存储字数据，称之为大端格式和小端格式，具体说明如下：

1．大端格式

在这种格式中，字数据的高字节存储在低地址中，而字数据的低字节则存放在高地址中，如图 2.4 所示。

2．小端格式

与大端存储格式相反，在小端存储格式中，低地址中存放的是字数据的低字节，高地址存放的是字数据的高字节，如图 2.5 所示。

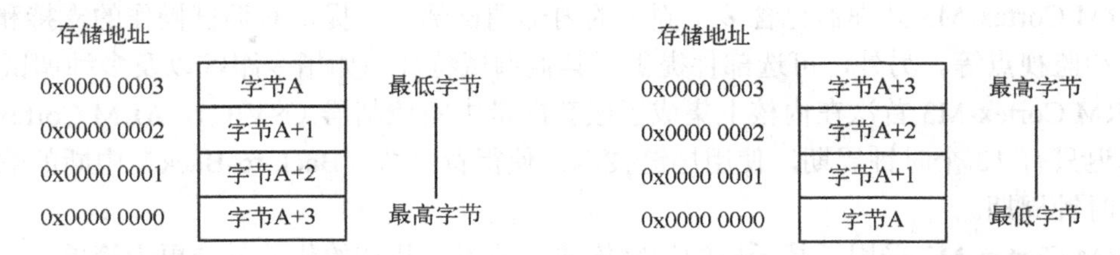

图 2.4 以大端格式存储字数据　　图 2.5 以小端格式存储字数据

虽说大小端格式都支持，但依然建议在绝大多数情况下使用小端格式。如果一些外设是大端格式，可以通过 REV/REVH 指令便可轻松完成端格式的转换。

注意：

在某些版本的 ARM 微处理器中，存储格式并不能通过指令进行转换，而需要通过外部硬件电路（跳线）完成设置。

2.4.3 寄存器组织

ARM Cortex-M3 微处理器具有 24 个 32 位的物理寄存器，如图 2.6 所示，分为 16 个通用目的寄存器 R0～R15 和 7 个特殊功能寄存器。

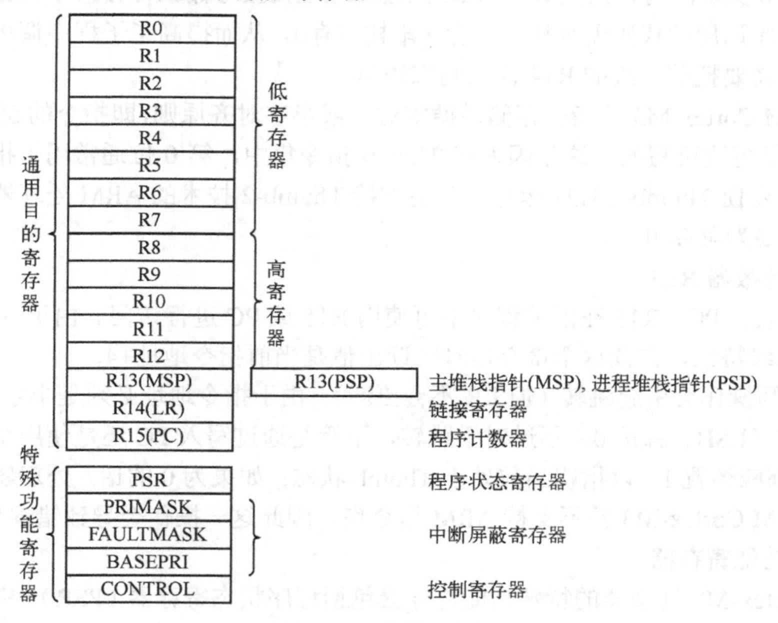

图 2.6　寄存器组织图

1．通用目的寄存器 R0～R7

R0～R7 也被称为低寄存器，用于数据操作。所有指令都能访问这些寄存器。它们的字长全是 32 位，复位后的初始值是不可预知的。

2．通用目的寄存器 R8～R12

R8～R12 也被称为高寄存器，也可用于数据操作，只有很少的 16 位 Thumb 指令能访问它们，而 32 位的 Thumb-2 指令则不受限制。它们也是 32 位字长，且复位后的初始值是不可预知的。

3．堆栈指针 R13

R13（或写作 SP）为堆栈指针，ARM Cortex-M3 处理器内核中共有两个堆栈指针，即支持两个堆栈。当引用 R13 时，引用的是当前正在使用的那一个，另一个必须用特殊的指令来访问（特殊指令包括：MRS 指令、MSR 指令）。这两个堆栈指针分别是：

（1）主堆栈指针（MSP），或写作 SP_main

MSP 是复位后默认的堆栈指针，它由操作系统（OS）内核、异常处理程序以及所有需要特权访问的应用程序代码来使用。

（2）进程堆栈指针（PSP），或写作 SP_process

PSP 用于常规的应用程序代码（不处于异常处理程序中时）。

注意：

1）并不是每个应用都必须用齐两个堆栈指针。简单的应用程序只使用 MSP 就够了。堆栈指针用于访问堆栈，并且 PUSH 指令和 POP 指令默认使用 SP。

2）堆栈指针的最低两位永远为 0，因为堆栈总是 4 字节对齐的。

4．链接寄存器 R14

在汇编程序中，链接寄存器 R14 可写为 R14 或 LR。LR 用于子程序或函数调用时保存返回地址。为了减少访问内存的次数，ARM 把返回地址直接存储在寄存器中。这样足以使很多只有 1 级子程序调用的代码无须访问内存（堆栈内存），从而提高了子程序调用的效率。如果多于 1 级，则需要把前一级的 R14 值压到堆栈里。

尽管 ARM Cortex-M3 的指令存储遵循字对齐或半字对齐原则，即指令的起始地址总是 0，LR 的第 0 位是可读可写的。这是因为在 Thumb 指令集中，第 0 位通常用于指明 ARM 或者 Thumb 状态，要使 Thumb-2 程序运行在其他支持 Thumb-2 技术的 ARM 处理器上，这个最低位（LSB）需要为可读可写。

5．程序计数器 R15

程序计数器（PC）R15 在汇编程序中可使用 R15 或 PC 进行访问。由于 ARM Cortex-M3 处理器的流水线特性，在读这个寄存器时，读出值是当前指令地址+4。

对 PC 的写操作会引起跳转（但 LR 不会更新），由于指令地址必须是半字对齐的，PC 读出值的最低位（LSB）总是 0。不过对于跳转，不管是通过写入 PC 还是使用跳转指令，目标地址的 LSB 都应该置 1，以指明当前处于 Thumb 状态；如果为 0 的话，处理器会试图切换至 ARM，而 ARM Cortex-M3 并不支持 ARM 指令集，因此这一操作会导致错误异常。

6．特殊功能寄存器

ARM Cortex-M3 处理器的特殊功能寄存器包括程序状态寄存器（PSR）、中断屏蔽寄存器（PRIMASK、FAULTMASK、BASEPRI）、控制寄存器（CONTROL）。特殊寄存器只能通过指令 MSR 和 MRS 访问，它们没有存储器地址。

（1）程序状态寄存器 PSR

PSR 可以分为 3 个状态寄存器：

1）应用程序状态寄存器（APSR）。

2）中断程序状态寄存器（IPSR）。

3）执行程序状态寄存器（EPSR）。

这 3 个 PSR 可以通过特殊寄存器访问指令 MSR 和 MRS 进行整体操作或分开操作，整体操作时，使用寄存器名 xPSR。若分开使用，APSR 可以通过 MSR 修改，但 EPSR 和 IPSR 是只读的。

PSR 的位域描述如图 2.7 所示，xPSR 的位域描述如图 2.8 所示，其含义如表 2.3 所示。

	31	30	29	28	27	26:25	24	23:16	15:10	9	8	7	6	5	4:0
APSR	N	Z	C	V	O										
IPSR											异常编号				
EPSR						ICI/IT	T		ICI/IT						

图 2.7　程序状态寄存器 PSR 位域描述

	31	30	29	28	27	26:25	24	23:16	15:10	9	8	7	6	5	4:0
xPSR	N	Z	C	V	O	ICI/IT	T		ICI/IT		异常编号				

图 2.8　组合程序状态寄存器 xPSR 位域描述

表 2.3　程序状态寄存器

位	描　述
N	负
Z	零
C	进位/借位
V	溢出
Q	饱和标志
ICI/IT	中断配置指令（ICI）位，IT-THEN 指令状态位
T	Thumb 状态，总是 1，清除此位会引发错误异常
异常编码	表示处理器正在处理的异常

（2）中断屏蔽寄存器 PRIMASK、FAULTMASK 和 BASEPRI

中断屏蔽寄存器（PRIMASK、FAULTMASK、BASEPRI）用于禁止异常，如表 2.4 所示。

表 2.4　ARM Cortex-M3 中断屏蔽寄存器

寄存器名	描　述
PRIMASK	仅有 1 位，置位时，允许不可屏蔽中断和硬件错误异常，其他所有中断和异常都会被屏蔽，默认为 0，不屏蔽中断
FAULTMASK	仅有 1 位，置位时，只允许 NMI，所有的中断和硬件错误处理异常都禁止，默认为 0，不屏蔽中断
BASEPRI	寄存器中最多 8 位（取决于优先级的实际位宽），定义了屏蔽优先级。置位时，相同或更低等级的所有中断都被屏蔽，更高优先级的中断仍可执行。默认为 0，屏蔽功能禁止

PRIMASK、FAULTMASK、BASEPRI 可以使用 MRS 和 MSR 指令访问，但无法在用户访问层级进行设置操作。

（3）控制寄存器 CONTROL

控制寄存器有两种用途：

1）用于定义特权级别。

2）用于选择当前使用哪个堆栈指针。

控制寄存器的定义如表 2.5 所示。

有关说明如下：

① CONTROL [1]：对于 ARM Cortex-M3，CONTROL [1]位在处理模式中总是为 0，在线程模式中可以为 0 或 1。

该位只有在内核处于线程模式及特权状态下才可写，其他场合禁止写入此位。在异常返回时修改 LR 的第 2 位可以修改这个位。

② CONTROL [0]：对于 ARM Cortex-M3，CONTROL [0]位只有在特权状态下才允许写，一旦进入用户状态，必须通过触发一次中断并在该中断的异常处理程序中进行修改。

表 2.5　Cortex-M3 控制寄存器

位	描　述
CONTROL[1]	状态位： 1=使用其他的栈 0=使用默认栈 若在线程或基本等级，PSP 为另外一个栈，处理模式没有另外的栈，因此在处理模式下该位必须为 0
CONTROL[0]	状态位： 0=线程模式的特权状态 1=线程模式的用户状态 在处理模式（非线程模式），处理器运行在特权等级

2.4.4　操作模式

为提供一个更为安全和健壮（Robust）的架构，ARM Cortex-M3 具备所谓“操作模式”和“特权等级”的概念。通过给不同的程序模块赋予不同的权限，来实现和提高系统的安全性。这样当处于低权限等级的用户程序发生错误时，不会对存储器保护单元（MPU）禁止用户程序访问的存储器区域造成破坏。

ARM Cortex-M3 支持两种操作模式，还支持两种特权级别。

两种操作模式分别为**处理**（Handler）**模式**和**线程**（Thread）**模式**，这两种模式是为了区别正在执行代码的类型。处理模式表明处理器在执行异常处理程序的代码，而线程模式为非异常处理程序的应用程序代码。

两种特权级别分别是**特权级**和**用户级**，是为存储器访问提供的一种保护机制。在特权级下，程序可以访问所有范围的存储器（如果有 MPU，还要在 MPU 禁用的区域之外），并且能够执行所有指令。在用户级下，程序不能访问系统控制空间（SCS，包含配置寄存器及调试组件的寄存器），且禁止使用 MSR 访问特殊功能寄存器（APSR 除外）；如果访问，则产生错误（Fault）异常。

操作模式和特权等级之间的关系如图 2.9 所示，线程模式可以是特权级，也可以是用户级。处理模式总是特权级的。复位后，处理器处于特权级的线程模式。

	特权级	用户级
执行异常处理代码	处理模式	错误的用法
未执行异常处理代码	线程模式	线程模式

图 2.9　ARM Cortex-M3 中的操作模式和特权等级

处于特权级的程序可以使用控制寄存器（CONTROL）将程序切换至用户级；当异常发生时，处理器会切换至特权级的处理模式。在异常返回时恢复之前的状态。用户级的应用程序无法通过写控制寄存器，将程序切换至特权状态，只能在异常处理返回现场模式时，编程控制寄存器才能返回特权状态。各模式与等级的切换模式如图 2.10 所示。

在简单的应用中，无须区分特权和用户访问等级，也无须使用用户访问等级及设置控制寄存器。可以将用户应用程序的栈和处理模式使用的栈分开，即用户应用程序（运行于线程模式）使用 PSP，而异常处理程序（运行于处理模式）使用 MSP。此时，模式与特权的切换方式如图 2.11 所示。

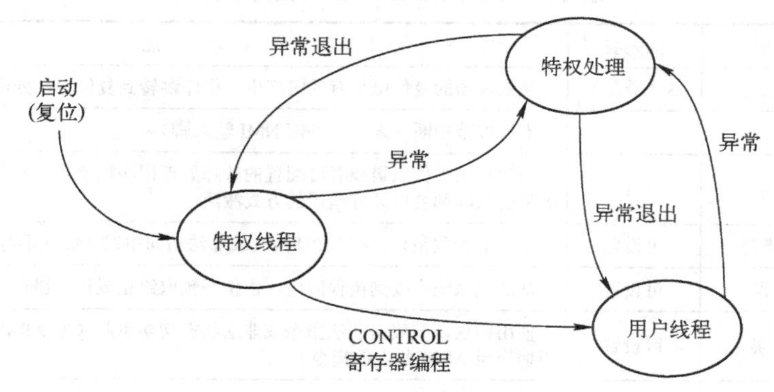

图 2.10　ARM Cortex-M3 允许的操作模式切换

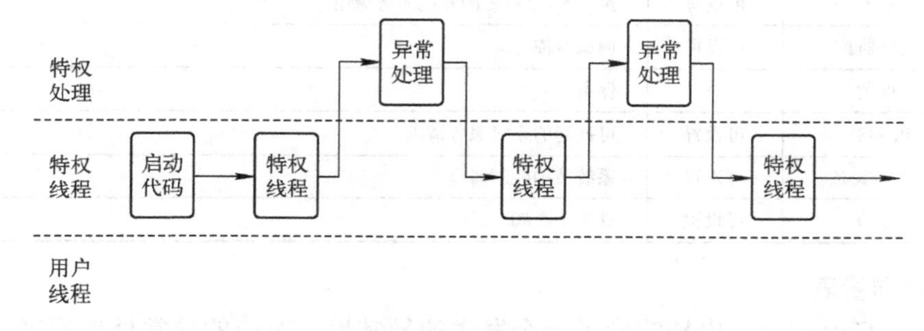

图 2.11　简单应用程序中的模式与特权切换

2.4.5　异常和中断

1．异常和中断的基本概念

异常在嵌入式系统中是一个比较重要的概念。异常的作用是指示系统的某个地方发生一些事件，需要引起处理器（包括正在执行中的程序和任务）的注意。当异常发生时，典型的结果是迫使处理器从当前正在执行的程序转移到另一个叫作异常处理程序的程序中去。

与异常类似的概念是中断。中断是包含于异常范畴内的一种特殊事件，包括硬件中断和软中断。硬件中断是由外围硬件设备发出的中断信号引发的，以请求处理器提供服务。硬件中断完全是随机产生的，与处理器的执行并不同步。当中断发生时，处理器在执行完当前的指令后，对中断进行处理。

软中断是由软中断指令引发的中断处理，即事先在程序中安排特殊的指令，CPU 执行到该类指令时，转去执行相应的一段预先安排好的程序，然后再返回来执行原来的程序。

ARM Cortex-M3 支持 256 个异常（包括中断），包括 11 个系统异常和最多 240 个外部中断（IRQ）。具体使用了这 240 个中断源中的多少个，则由芯片制造商（如 ST、NXP）决定。例如，STM32F103 定义了 60 个中断源，而 STM32F107 定义了 68 个中断源。

外设产生的中断，除了系统节拍定时器（SYSTICK）外，全都连接到中断控制器（NVIC）的中断输入信号上。处理器一般支持 16～32 个中断，当然有些微处理器的中断输入可能会更多（或更少）。

ARM Cortex-M3 支持的异常及具体含义如表 2.6 所示。

表 2.6　ARM Cortex-M3 所支持的异常

编号	异常类型	优先级	功　　能
1	复位	−3（最高）	当处理器的复位电平有效时产生，程序跳转到复位异常处理程序处执行
2	NMI	−2	不可屏蔽中断（来自于外部 NMI 输入脚）
3	硬件错误	−1	当故障由于优先级或者可配置的故障处理程序被禁止的原因而无法激活时，所有类型的故障都会以硬件错误的方式激活
4	存储器管理	可设置	存储器管理错误，有 MPU 冲突或非法访问引发（如从不可执行区域取指）
5	总线错误	可设置	从总线系统中收到错误回应，由指令预取终止或访问错误引起
6	使用错误	可设置	使用错误，一般由非法指令或非法状态切换引起（如 ARM Cortex-M3 中试图使用切换至 ARM 状态的指令）
7～10	保留	—	保留
11	SVC	可设置	执行 SVC 指令的系统服务调用
12	调试监控	可设置	调试监控
13	保留	—	保留
14	PendSV	可设置	可挂起的系统服务请求
15	SYSTICK	可设置	系统节拍控制器
16～255	IRQ	可设置	外部中断#0～239

2．中断向量表

当 ARM Cortex-M3 内核响应了一个发生的异常后，对应的异常处理程序（Exception Handler）就会执行。为了决定异常处理程序的入口地址，ARM Cortex-M3 使用了“向量表查表机制”。向量表其实是一个 WORD（32 位整数）数组，每个下标对应一种异常，该下标元素的值则是该异常处理程序的入口地址。向量表在地址空间中的位置是可以通过 NVIC 中的一个重定位寄存器设置的。在复位后，该寄存器的值为 0。因此，在地址 0 处必须包含一张向量表，用于初始时的异常分配。复位后的向量表定义如表 2.7 所示。

表 2.7　复位后的向量表定义

异常类型	地址偏移	异常向量
18～255	0x48～0x3FF	IRQ＃2～239
17	0x44	RQ＃1
16	0x40	RQ＃0
15	0x3C	SYSTICK
14	0x38	PendSV
13	0x34	保留
12	0x30	调试监控
11	0x2C	SVC
7～10	0x1C～0x28	保留
6	0x18	使用错误
5	0x14	总线错误
4	0x10	存储器管理错误
3	0x0C	硬件错误
2	0x08	NMI
1	0x04	复位
0	0x00	MSP 的起始地址

例如：发生了异常 11（SVC），则 NVIC 会计算出偏移量是 11×4=0x2C，然后从那里取出异常处理程序的入口地址并跳入。

注意：

0 号类型并不是什么入口地址，而是给出了复位后 MSP 的初值。

3．异常的进入与退出

当一个异常出现以后，ARM Cortex-M3 处理器通过硬件自动将程序计数器（PC）、程序状态寄存器（xPSR）、链接寄存器（LR）和 R0～R3、R12 等寄存器压进堆栈。在数据总线（Data Bus）保存处理器状态的同时，ARM Cortex-M3 处理器通过指令总线（Instruction

Bus）从中断向量表中识别出异常向量，并获取中断服务程序（Interrupt Service Routine，ISR）函数的地址，也就是保护现场与取异常向量是并行处理的。一旦压栈和取异常向量完成，中断服务程序或异常处理程序就开始执行。执行完中断服务程序或异常处理程序后，硬件进行出栈操作，中断前的程序恢复正常执行。

图 2.12 为 ARM Cortex-M3 处理器的异常处理流程。由硬件通过数据总线保存处理器状态，同时通过指令总线读取向量表中的 SP，更新 PC 和 LR，执行异常处理子程序。

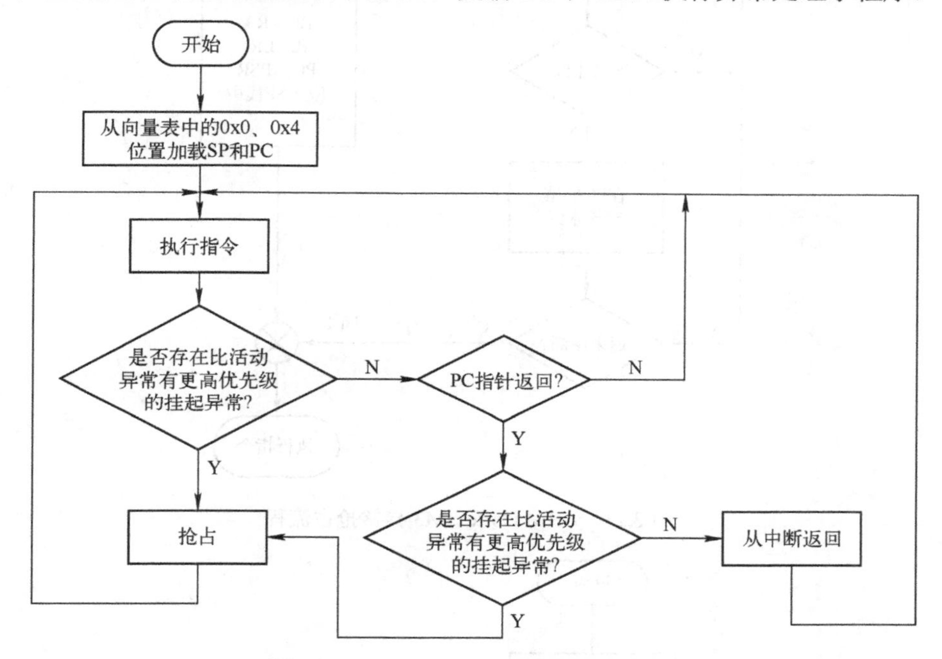

图 2.12　ARM Cortex-M3 异常处理流程

为了应对堆栈操作阶段到来后的更高优先级异常，ARM Cortex-M3 支持迟到和抢占机制，以满足高优先级异常的实时性要求。抢占是一种对更高优先级异常的响应机制，指高优先级异常可以打断低优先级异常处理程序的执行，占用 CPU，直至该异常对应的处理程序执行完成后再将 CPU 释放给被打断低优先级异常处理程序。ARM Cortex-M3 异常抢占的处理过程如图 2.13 所示。当新的更高优先级异常到来时，处理器打断当前的流程，执行更高优先级的异常操作，这样就发生了异常嵌套。

迟到是处理器用来加速抢占的一种机制。如果一个具有更高优先级的异常在上一个异常执行压栈期间到达，则处理器保存现场状态（即压栈）的操作继续执行，因为被保存的现场状态对于两个异常都是一样的。但是，NVIC 马上获取的是更高优先级的异常向量地址。这样在处理器现场状态保存完成后，开始执行高优先级异常的处理程序。

ARM Cortex-M3 异常返回的操作如图 2.14 所示。当从异常中返回时，处理器可能会处于以下情况之一：

1）尾链到一个已挂起的异常，该异常比栈中所有异常的优先级都高。

2）如果没有挂起的异常，或是栈中最高优先级的异常比挂起的最高优先级异常具有更高的优先级，则返回到最近一个已压栈的异常处理程序。

3）如果没有异常已经挂起或位于栈中，则返回到线程模式。

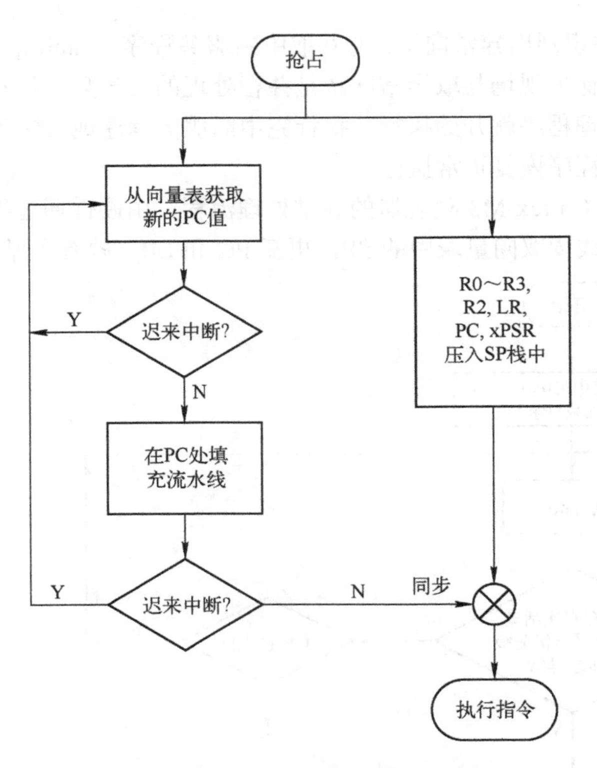

图 2.13　ARM Cortex-M3 异常抢占流程

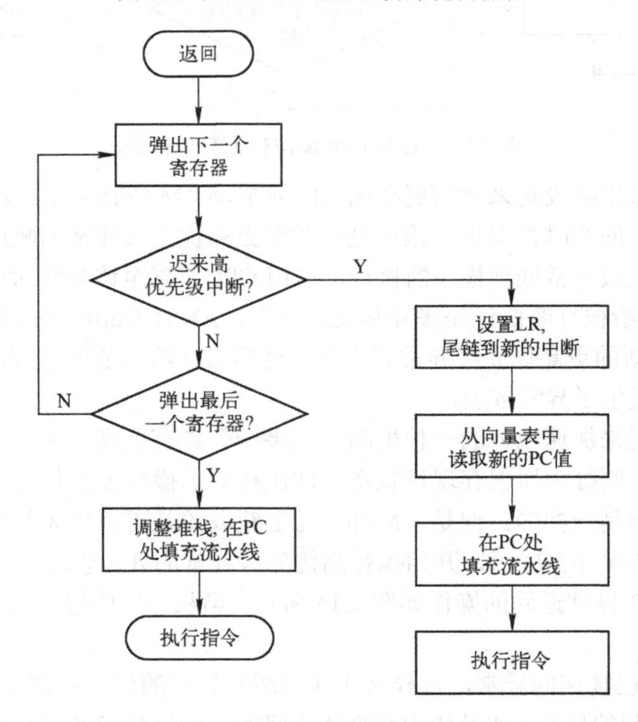

图 2.14　ARM Cortex-M3 异常的返回流程

为了应对异常返回阶段可能遇到新的更高优先级异常，ARM Cortex-M3 支持完全基于硬件的尾链机制，以简化激活的和未决的异常之间的切换，在两个异常之间没有多余的状态保存和恢复指令的情况下实现背对背处理。尾链的发生需要满足以下两个条件：

1）异常返回时产生了新的异常。

2）挂起的异常的优先级比所有被压栈的异常的优先级都高。

尾链发生后，ARM Cortex-M3 处理过程如图 2.14 中尾链分支所示。这时，ARM Cortex-M3 处理器终止正在进行的出栈操作并跳过新异常进入时的压栈操作，同时通过指令总线立即取出挂起异常的向量。在退出前一个异常处理程序返回操作 6 个周期后，开始执行尾链的异常处理程序。

本章小结

本章介绍了嵌入式微处理器的内部结构与工作原理、嵌入式微处理器的特点与分类、ARM 嵌入式微处理器的特点、体系结构等。重点对 ARM Cortex-M3 内核的嵌入式微处理器的编程模型进行了介绍，主要内容包括：数据类型、存储格式、寄存器组织、操作模式、异常与中断等基本概念。通过本章的学习，读者应该理解和掌握嵌入式微处理器的工作原理，并对嵌入式微处理器的特点与内部资源有所了解，这些内容是嵌入式系统软硬件设计的基础。

思考题与习题

2-1　请简要介绍 ARM 微处理器的体系结构及各版本适用的领域。

2-2　请简述 ARM 微处理器的特点。

2-3　请简要叙述 ARM Cortex-M3 微处理器内核所包含的部件以及各自的作用。

2-4　请列举 ARM Cortex-M3 微处理器所支持的数据类型。

2-5　请分别给出大端格式和小端格式下，存储数据 0x12345678 和 0x43546678 的形式。

2-6　请简述 ARM Cortex-M3 微处理器的寄存器组织及其使用注意事项。

2-7　请简述 ARM Cortex-M3 微处理器的异常概念，所支持的异常种类及其优先级。

2-8　请简述 ARM Cortex-M3 微处理器进入和退出异常的过程。

2-9　现需要向寄存器 PC 中写入一个字，以下哪几个写入是合法的？请给出理由。

（a）0x 80000000　（b）0x 80000001　（c）0x 80000002　（d）0x 80000003

2-10　请简述如何理解 ARM Cortex-M3 微处理器的操作模式。

2-11　试简述线程模式切换至处理模式的条件以及反向切换的条件。

2-12　在 ARM Cortex-M3 微处理器内核响应异常的过程中，执行了哪些操作？

2-13　请结合实际应用，举例说明中断优先级嵌套在处理外部事件中的作用与优势。

第 3 章 编程基础

导读

本章以 ARM Cortex-M3 微处理器所支持的指令集开始，介绍使用汇编和 C 语言进行嵌入式软件开发的基本规则和方法。通过本章的学习，读者可以较为完整地了解 ARM Cortex-M3 微处理器所支持的指令集、汇编编程的基本规则和语法、嵌入式 C 语言程序设计的基本规则以及 C 与汇编混合编程的基本规则。

本章知识点

- ARM Cortex-M3 微处理器的汇编基础
- ARM Cortex-M3 微处理器的汇编指令
- ARM Cortex-M3 微处理器的嵌入式 C 语言
- ARM Cortex-M3 微处理器的汇编与 C 混合编程

3.1 汇编基础

3.1.1 汇编语言：基本语法

汇编语言最常用的指令格式：

```
Label（标号）
opcode（操作码） operand1（操作数 1），operand2（操作数 2），…    ；注释
```

其中，标号是可选的，如果有必须顶格写。标号的作用是帮助确定指令的地址。

操作码是指令的助记符，它的前面必须有至少一个空白符，通常使用〈Tab〉键来产生。

操作码后面可以跟若干个操作数，通常第一个操作数给出指令执行结果的存储地。不同指令需要不同数目的操作数，且操作数的格式也有所不同。例如，立即数的格式一般是：# number：

```
MOV R0,#0x12                        ；设置 R0=0x12（十六进制）
```

注释均以“;”开头，它不影响汇编程序操作，只是让程序员更加容易地理解代码。

可以使用 EQU 定义常量，并在程序中使用这些常量，例如：

```
NVIC_IRQ_SETEN0      EQU 0xE000E100
NVIC_IRQ0_ENABLE     EQU 0x1
…
LDR R0,=NVIC_IRQ_SETEN0             ；这里的 LDR 是伪指令
```

```
                                ; 汇编器会将其转换为 PC 相关的加载
    MOV R1,# NVIC_IRQ0_ENABLE   ; 将立即数送到寄存器 R0
    STR R1,[R0]                 ; 通过写 R0 中的地址使能 IRQ0
```

除了 EQU 以外，数据定义的伪指令还有定义常量指令 DCI、定义常量字 DCD，它们的用法如下：

```
    DCI 0xBE00                  ; 断点（BKPT 0），16 位指令
                                ; 使用 DCI 定义指令编码的前提是已知指令的二进制代码

    MY_NUMBER
    DCD 0x12345678
    HELLO_TXT
    DCB "Hello\n",0             ; 空字符串
    …
    LDR R3,=MY_NUMBER           ; 读取 MY_NUMBER 的地址
    LDR R4,[R3]                 ; 将 0x12345678 放入 R4
    LDR R0,=HELLO_TXT           ; 获取 HELLO_TXT 的起始地址
    BL PrintText                ; 调用函数 PrintText 显示字符串
    …
```

需要注意的是，根据所使用的汇编器工具不同，汇编器的语法可能有所区别。

3.1.2 汇编语言：后缀的使用

在 ARM 处理器的汇编器中，指令可以添加后缀。指令中可用的后缀如表 3.1 所示。

表 3.1 指令中的后缀

后 缀	描 述
S	更新应用程序状态寄存器（APSR）（标志） 例如：ADDS R0，R1；这样会更新 APSR
EQ、NE、LT、GT 等	条件执行，EQ=相等，NE=不等，LT=小于，GT=大于 例如：BEQ <Label>；若相等则跳转

对于 ARM Cortex-M3，条件执行后缀通常用于跳转指令。若指令在 IF-THEN 指令块中，则它们也可以使用条件执行后缀。在这种情况下，也可以同时使用 S 后缀。

3.1.3 汇编语言：统一汇编语言

为了支持 Thumb-2 指令集且最大程度地发挥其功能，统一汇编语言（UAL）被开发出来，它支持 16 位和 32 位指令，且使用相同的语法，便于 ARM 代码和 Thumb 代码之间的应用程序移植。

汇编文件中的伪指令决定了指令翻译为传统的 Thumb 代码还是新的 UAL 语法。例如，对于传统的 ARM 汇编工具，若程序头上包含“CODE16”伪指令，则表示代码为传统的 Thumb 语法，而“THUMB”伪指令则表示代码为新的 UAL 语法。

在重用传统的 Thumb 代码时需要注意，即使没有使用 S 后缀，有些指令还是会改变 APSR 中的标志。不过在使用 UAL 语法时，该指令是否修改标志位则由 S 后缀决定，例如：

```
AND R0,R1                    ; 传统的 Thumb 语法
ANDS R0, R0, R1              ; 等同的 UAL 语法（增加了 S 后缀）
```

使用 Thumb-2 技术的新指令，某些操作可以由一个 Thumb 指令或一个 Thumb-2 指令完成。例如，R0=R0+1 可以由 16 位 Thumb 指令或 32 位 Thumb-2 指令实现。利用 UAL，用户可以通过增加后缀指定要使用的指令：

```
ADDS R0,#1                   ; 默认使用 16 位 Thumb 指令，减小代码体积
ADDS.N R0,#1                 ; 使用 16 位 Thumb 指令（N=Narrow）
ADDS.W R0,#1                 ; 使用 32 位 Thumb 指令（W=Wide）
```

W（Wide）后缀用于指定 32 位指令。若没有使用后缀，汇编器工具可选择任何指令，通常默认选择 16 位 Thumb 指令以减小代码体积。该语法是用于 ARM 汇编器工具的，其他的汇编器工具则可能会不同。

多数情况下，应用程序用 C 语言编写，若可以减小代码体积的话，C 编译器会选择 16 位指令。但当立即数超过一定范围或使用 32 位 Thumb-2 指令的操作效果更好时，编译器就会使用 32 位指令。

32 位 Thumb-2 指令可以是半字对齐的，例如，32 位指令可以位于半字对齐的位置上：

```
0x1000: LDR r0,[r1]          ; 16 位指令（地址为 0x1000～0x1001）
0x1002: RBIT.W r0            ; 32 位 Thumb-2 指令（地址为 0x1002～0x1005）
```

多数 16 位指令只能访问寄存器 R0～R7，32 位 Thumb-2 指令则没有这个限制，但某些指令不允许使用 PC（R15）。

3.1.4 指令列表

ARM Cortex-M3 支持的指令如表 3.2～表 3.9 所示，更为具体的信息请参考《ARM Cortex-M3 权威指南（第 2 版）》和《ARM Cortex-M3 与 Cortex-M4 权威指南（第 3 版）》，作者 Joseph Yiu 等。

表 3.2　16 位数据处理指令

指　令	功　能
ADC	带进位的加法
ADD	加法
ADR	将 PC 与立即数相加后放到寄存器中
AND	逻辑与
ASR	算数右移
BIC	位清除（与另一个数值的逻辑取反进行逻辑与）
CMN	负比较（将一个数与另一个数的补码比较并更新标志）
CMP	比较（比较两个数并更新标志）
CPY	复制（将一个高或低寄存器中的数值移动到另一个高或低寄存器中）
EOR	异或

（续）

指　令	功　能
LSL	逻辑左移
LSR	逻辑右移
MOV	寄存器加载数据，既能用于寄存器间的传输，也能用于加载立即数
MUL	乘法
MVN	移动取反（得到逻辑取反值）
NEG	取二进制补码
RSB	取反减
ORR	逻辑或
ROR	循环右移
SBC	带借位的减法
SUB	减法
TST	测试（与逻辑与类似，更新 Z 标志但与的结果不保存）
REV	反转 32 位寄存器中的字节顺序
REV16	反转 32 位寄存器中每个 16 位半字顺序
REVSH	反转 32 位寄存器中每个 16 位半字顺序并将结果进行有符号位展开
SXTB	有符号展开字节
SXTH	有符号展开半字
UXTB	无符号展开字节
UXTH	无符号展开半字

表 3.3　16 位跳转指令

指　令	功　能
B	跳转
B <Cond>	条件跳转
BL	链接跳转，调用一个子程序并将返回地址存储于 LR 中
BLX	带链接的间接跳转（只能使用 BLX <Reg>）
BX <Reg>	间接跳转
CBZ	比较为 0 则跳转
CBNZ	比较非 0 则跳转
IT	IF-THEN

表 3.4　16 位加载和存储指令

指　令	功　能
LDR	将字从存储器加载到寄存器
LDRH	将半字从存储器加载到寄存器
LDRB	将字节从存储器加载到寄存器
LDRSH	从存储器中取出半字，有符号展开后放入寄存器

（续）

指　　令	功　　能
LDRSB	从存储器中取出字节，有符号展开后放入寄存器
STR	将寄存器中的字存到存储器中
STRH	将寄存器中的半字存到存储器中
STRB	将寄存器中的字节存到存储器中
LDM/LDMIA	多加载/多加载后增长
STM/STMIA	多存储/多存储后增长
PUSH	将多个寄存器压栈
POP	将多个寄存器出栈

表 3.5　其他 16 位指令

指　　令	功　　能
SVC	请求管理调用
SEV	发送事件
WFE	休眠并等待事件
WFI	休眠并等待中断
BKPT	断点，若调试使能，则会进入调试模式（暂停）；或若调试监控异常使能，则会触发调试异常，否则会引起错误异常
NOP	空操作
CPSIE	使能 PRIMASK（CPSIE i）/FAULT　（CPSIE f）寄存器（将寄存器清 0）
CPSID	禁止 PRIMASK（CPSID i）/FAULT　（CPSID f）寄存器（将寄存器置 1）

表 3.6　32 位数据处理指令

指　　令	功　　能
ADC	带进位的加法
ADD	加法
ADDW	宽加法（#immed_12）
ADR	将 PC 和立即数相加后结果放入寄存器中
AND	逻辑与
ASR	算术右移
BIC	位清除（将一个数值与另一个数值的逻辑反做逻辑与运算）
BFC	位域清除
BFI	位域插入
CMN	负比较（将一个数与另一个数的补码比较并更新标志）
CMP	比较（比较两个数值并更新标志）
CLZ	前导零计数
EOR	异或
LSL	逻辑左移

（续）

指　令	功　能
LSR	逻辑右移
MLA	乘累加
MLS	乘并减
MOV	移动
MOVW	宽移动（将16位立即数写入寄存器）
MOVT	移动到顶部（将立即数写入目的寄存器的高半字）
MVN	负移动
MUL	乘法
ORR	逻辑或
ORN	逻辑非或
RBIT	位反转
REV	反转字中的字节
REV16	反转半字中的字节
REVSH	反转有符号的半字中的字节
ROR	逻辑右移
RSB	减法反转
RRX	循环右移并展开
SBC	带借位的减法
SBFX	有符号的位域提取
SDIV	有符号除法
SMIAL	长整型有符号乘累加
SMULL	有符号长整型乘法
SSAT	有符号饱和
SUB	减法
SUBW	宽减法（#immed_12）
SXTB	有符号展开字节
SXTH	有符号展开半字
TEQ	测试相等（和逻辑异或相同，结果会更新但结果不会存储）
TST	测试（和逻辑与相同，Z标志会更新并且与的结果不会存储）
UBFX	无符号位域提取
UDIV	无符号除法
UMLAL	无符号长整型乘累加
UMULL	无符号长整型乘法
USAT	无符号饱和
UXTB	无符号展开字节
UXTH	无符号展开半字

表 3.7　32 位加载和存储指令

指　令	功　能
LDR	将存储器中的字数据加载到寄存器中
LDRT	在非特权等级下将存储器中的字数据加载到寄存器中
LDRB	将存储器中的字节数据加载到寄存器中
LDRBT	在非特权等级下将存储器中的字节数据加载到寄存器中
LDRH	将存储器中的半字数据加载到寄存器中
LDRHT	在非特权等级下将存储器中的半字数据加载到寄存器中
LDRSB	将存储器中的字节数据有符号展开并放到寄存器中
LDRSBT	在非特权等级下将存储器中的字节数据有符号展开后加载到寄存器中
LDRSH	将存储器中的半字数据有符号展开后加载到寄存器中
LDRSHT	在非特权等级下将存储器中的半字数据有符号展开后加载到寄存器中
LDM/LDMIA	将存储器中的多个数值加载到寄存器中
LDMDB	多加载前进行减操作
LDRD	将存储器中的双字数据加载到寄存器中
STR	将字数据存入寄存器中
STRT	在非特权等级下将字数据存入寄存器中
STRB	将字节数据存入寄存器中
STRBT	在非特权等级下将字节数据存入寄存器中
STRH	将半字数据存入寄存器中
STRHT	在非特权等级下将半字数据存入寄存器中
STM / STMIA	将寄存器中的多个字存入存储器中
STMDB	多存储前进行减操作
STRD	将寄存器中的双字存入存储器中
PUSH	将多个寄存器压栈
POP	将多个寄存器出栈

表 3.8　32 位跳转指令

指　令	功　能
B	跳转
B <Cond>	条件跳转
BL	链接跳转，调用一个子程序并将返回地址存储于 LR 中
TBB	表格跳转字节，使用表格字节偏移的前向跳转
TBH	表格跳转半字，使用表格半字偏移的前向跳转

表 3.9　其他 32 位指令

指　令	功　能
LDREX	排他字加载
LDREXH	排他半字加载
LDREXB	排他字节加载

（续）

指　令	功　能
STREX	排他字存储
STREXH	排他半字存储
STREXB	排他字节存储
CLREX	清除本地存储器的排他访问记录
MRS	将特殊寄存器内容送到通用目的寄存器
MSR	将通用目的寄存器内容送到特殊寄存器
NOP	空操作
SEV	发送事件
WFE	休眠并等待事件
WFI	休眠并等待中断
ISB	指令同步屏障
DSB	数据同步屏障
DMB	数据存储器屏障

3.2　指令描述

3.2.1　汇编语言：传送数据

处理器的一个最基本的功能为数据传送，对于 ARM Cortex-M3，数据传送支持如下方式：

1）寄存器间传送数据。

2）存储器和寄存器间传送数据。

3）寄存器和特殊寄存器间传送数据。

4）将立即数送至寄存器。

寄存器间传送数据的命令为 MOV，例如：将数据从寄存器 R3 送入寄存器 R8 的指令可以写为：

```
MOV R8,R3
```

存储器访问的基本指令为加载（LDR）和存储（STR），加载（LDR）将数据从存储器转移至寄存器，而存储（STR）则将数据从寄存器转移到存储器。表 3.10 给出了常用的存储器访问指令。

表 3.10　常用的存储器访问指令

实　例	描　述
LDRB Rd, [Rn, #offset]	从存储器位置 Rn + offset 处读取字节
LDRH Rd, [Rn, #offset]	从存储器位置 Rn + offset 处读取半字
LDR Rd, [Rn, #offset]	从存储器位置 Rn + offset 处读取字
LDR Rd1, Rd2, [Rn, #offset]	从存储器位置 Rn + offset 处读取双字

（续）

实　例	描　述
STRB Rd, [Rn, #offset]	往存储器位置 Rn + offset 处存储字节
STRH Rd, [Rn, #offset]	往存储器位置 Rn + offset 处存储半字
STR Rd, [Rn, #offset]	往存储器位置 Rn + offset 处存储字
STR Rd1, Rd2, [Rn, #offset]	往存储器位置 Rn + offset 处存储双字

多个加载和存储操作可以合并为一个指令，也就是多加载（LDM）和多存储（STM）。表 3.11 给出了常用的多次存储器访问指令。

表 3.11　常用的多次存储器访问指令

实　例	描　述
LDMIA Rd!, <reg list>	从 Rd 指定的存储器位置读取多个字，每次传输后地址增加
STMIA Rd!, <reg list>	从 Rd 指定的存储器位置存储多个字，每次传输后地址增加
LDMIA.W Rd(!), <reg list>	从 Rd 指定的存储器位置读取多个字，每次传输后地址增加（.W 表明为 32 位 Thumb-2 指令）
STMIA.W Rd(!), <reg list>	从 Rd 指定的存储器位置存储多个字，每次传输后地址增加（.W 表明为 32 位 Thumb-2 指令）
LDMDB.W Rd(!), <reg list>	从 Rd 指定的存储器位置读取多个字，每次传输后地址减小（.W 表明为 32 位 Thumb-2 指令）
STMDB.W Rd(!), <reg list>	从 Rd 指定的存储器位置存储多个字，每次传输后地址减小（.W 表明为 32 位 Thumb-2 指令）

指令中的(!)指定寄存器 Rd 是否在指令完成后更新。例如：若 R8 等于 0x8000，则

```
STMIA.W R8!,{R0-R3}          ; 存储后 R8 变为 0x8010（增加 4 个字节）
STMIA.W R8,{R0-R3}           ; 存储后 R8 不变
```

ARM 微处理器也可以按照前序或后序的方式访问存储器，对于前序，寄存器中为要调整的存储器地址，从存储器传输使用更新后的地址，例如：

```
LDR.W R0,[R1,#offset]!       ; 读取存储器[R1+offset]，R1 更新为 R1+offset
```

“！”的使用表明基地址寄存器 R1 会更新，“！”是可选的，若没有使用，指令会被当作从基地址寄存器偏移地址处开始的普通存储器传输。前序存储器访问指令包括各种大小的加载和存储指令，如表 3.12 所示。

表 3.12　前序存储器访问指令实例

实　例	描　述
LDR.W Rd, [Rn, #offset] LDRB.W Rd, [Rn, #offset] LDRH.W Rd, [Rn, #offset] LDRD.W Rd1, Rd2, [Rn, #offset]	多种数据大小的前序加载指令（字、字节、半字和双字）
LDRSB.W Rd, [Rn, #offset] LDRSH.W Rd, [Rn, #offset]	带符号展开、多种数据大小的前序加载指令（字节、半字）
STR.W Rd, [Rn, #offset] STRB.W Rd, [Rn, #offset] STRH.W Rd, [Rn, #offset] STRD.W Rd1, Rd2, [Rn, #offset]	多种数据大小的前序存储指令（字、字节、半字和双字）

后序存储器访问指令则使用寄存器指定的基地址进行存储器传输，完成后才会将地址更

新，例如：

```
LDR.W R0,[R1],#offset        ; 读取存储器[R1]，R1 更新为 R1+offset
```

在使用后序指令时，无须使用“！”符号，因为所有的后序指令都会更新基地址寄存器，而前序访问则可以选择是否更新基地址寄存器。后序存储器访问指令实例如表 3.13 所示，也可用于多种大小。

表 3.13　后序存储器访问指令实例

实　例	描　述
LDR.W Rd, [Rn], #offset LDRB.W Rd, [Rn], #offset LDRH.W Rd, [Rn], #offset LDRD.W Rd1, Rd2, [Rn], #offset	多种数据大小的后序加载指令（字、字节、半字和双字）
LDRSB.W Rd, [Rn], #offset LDRSH.W Rd, [Rn], #offset	带符号展开、多种数据大小的后序加载指令（字节、半字）
STR.W Rd, [Rn], #offset STRB.W Rd, [Rn], #offset STRH.W Rd, [Rn], #offset STRD.W Rd1, Rd2, [Rn], #offset	多种数据大小的后序存储指令（字、字节、半字和双字）

PUSH 和 POP 是栈的存储器操作，例如：

```
PUSH {R0,R4-R7,R9}      ; 将 R0、R4～R7、R9 压栈
POP {R2,R3}             ; 将 R2 和 R3 出栈
```

通常 PUSH 指令要用一个对应的 POP 指令，并且寄存器列表相同。但在异常处理中使用 POP 时需要注意，例如：

```
PUSH {R0-R3,LR}         ; 子程序开始时保存寄存器内容
…                       ; 处理
POP {R0-R3,PC}          ; 恢复寄存器返回
```

此时，地址值将直接 POP 到程序计数器（PC）中，而无须恢复到 LR 寄存器中再跳转到 LR 中的地址。

MRS 和 MSR 是访问特殊寄存器的指令，例如：

```
MRS R0,PSR              ; 将处理器状态字读入 R0
MSR CONTROL,R1          ; 将 R1 的数值写入控制寄存器
```

除了 ARSR 寄存器外，其他的特殊寄存器在特权模式下都不能访问。

将立即数送入寄存器应使用 MOVS 指令，例如：

```
MOVS R0,#0x12           ; 将 R0 设置为 0x12（适用于 8 位或以下的立即数）
MOVS.W R0,#0x789A       ; 将 R0 设置为 0x789A（适用于超过 8 位但小于 32 位的立即数）
                        ; 当立即数是 32 位时，需要用两个指令来设置高半部分和低半部分
MOVS.W R0,#0x789A       ; 将 R0 的低半字设置为 0x789A
MOVT.W R0,#0x2345       ; 将 R0 的高半字设置为 0x2345
```

3.2.2　LDR 和 ADR 伪指令

伪指令 LDR 和 ADR 都可将寄存器设置为程序地址值，它们的语法和行为不同，对于

LDR，如果地址为程序地址值，汇编器会自动将 LSB 置 1，例如：

```
LDR R0,=address1                          ; 将 R0 设置为 0x4001
    …
    address1                              ; 这里的地址是 0x4000
    MOV R0,R1                             ; address1 包含程序代码
```

执行的结果是 LDR 指令将 0x4001 放入 R1，并且其最低位置 1 表示 Thumb 代码。如 address1 为数据地址，LSB 则不会改变，例如：

```
LDR R0,=address1                          ; 将 R0 设置为 0x4000
    …
    address1                              ; 这里的地址是 0x4000
    DCD 0x0                               ; address1 包含数据
```

对于 ADR，用于将程序代码的地址值加载到寄存器中，并且 LSB 不会自动置位，例如：

```
ADR R0,address1                           ; 将 R0 设置为 0x4000
    …
    address1                              ; 这里的地址是 0x4000
    MOV R0,R1                             ; address1 包含程序代码
    …
```

ADR 指令执行后数值为 0x4000，并且 ADR 语句中没有等号（=）。

LDR 使用 PC 相关的加载读取程序代码中的数据，并将其放入寄存器中，其通过这种方式获得立即数。ADR 试图通过加法或减法指令来产生立即数。因此，使用 ADR 无法创建所有的立即数，且目标地址标识需要位于较小的范围内，不过使用 ADR 产生的代码体积比 LDR 小。

16 位的 ADR 需要地址为字对齐的，如果目标地址非字对齐，则可以使用 32 位的 ADR 指令“ADR.W”，如果地址值在当前 PC 的±4095 字节以外，可以使用“ADRL”伪指令，这样可以得到±1MB 的范围。

3.2.3 汇编语言：处理数据

ARM Cortex-M3 提供了许多不同的指令用于数据处理，这些数据操作指令可以有多种指令格式，例如，ADD 指令可以在寄存器间或者寄存器和立即数间执行：

```
ADD R0,R0,R1            ; R0=R0+R1
ADD R0,R0,#0x12         ; R0=R0+0x12
ADD.W R0,R1,R2          ; R0=R1+R2
```

在传统的 Thumb 指令语法下，当使用 16 位 Thumb 代码时，ADD 指令可以修改 PSR 中的标志。但 32 位 Thumb-2 代码则可以修改一个标志或者保持不变。如果以下面的操作来标志的话，要区分这两种不同的操作，就需使用 s 后缀了：

```
ADD.W R0,R1,R2          ; 标志不变
ADDS.W R0,R1,R2         ; 标志改变
```

除了 ADD 指令，ARM Cortex-M3 支持的算术指令运算还包括减法（SUB）、乘法（MUL）以及无符号和有符号除法（UDIV/SDIV）。表 3.14 列出了最常见的一些算术指令。

表 3.14 算术指令实例

指 令		操 作

ADD Rd, Rn, Rm
ADD Rd, Rd, Rm
ADD Rd, #immed
ADD Rd, Rn, #immed
	; Rd=Rn+Rm
	; Rd=Rd+Rm
	; Rd=Rd+#immed
	; Rd=Rn+#immed
		加法运算

ADC Rd, Rn, Rm ADC Rd, Rd, Rm ADC Rd, #immed	; Rd=Rn+Rm+carry（进位） ; Rd=Rd+Rm+carry ; Rd=Rd+#immed+carry	带进位的加法
ADDW Rd, Rn, #immed	; Rd=Rn+#immed	寄存器与 12 位立即数相加

SUB Rd, Rn, Rm
SUB Rd, #immed
SUB Rd, Rn, #immed
	; Rd=Rn−Rm
	; Rd=Rd−#immed
	; Rd=Rn−#immed
		减法

SBC Rd, Rm SBC.W Rd, Rm, #immed SBC.W Rd, Rn, Rm	; Rd=Rd−Rm−borrow（借位） ; Rd=Rn−#immed−borrow ; Rd=Rn−Rm−borrow	带借位的减法
RSB.W Rd, Rn, #immed RSB.W Rd, Rn, Rm	; Rd=#immed−Rn ; Rd=Rm−Rn	减法反转
MUL Rd, Rm MUL.W Rd, Rn, Rm	; Rd=Rd*Rm ; Rd=Rn*Rm	乘法
UDIV Rd, Rn, Rm SDIV Rd, Rn, Rm	; Rd=Rn/Rm ; Rd=Rn/Rm	无符号和有符号除法

根据这些指令选择是否使用“S”后缀，来确定 APSR 是否应该更新。在多数情况下，若选择了 UAL 语法且没有使用“S”后缀，汇编器会选择使用 32 位指令。

ARM Cortex-M3 还支持 32 位乘法指令和可以得到 64 位结果的乘法累加指令，如表 3.15 所示。

表 3.15 32 位乘法指令

指 令		操 作
SMULL RdLo, RdHi, Rn, Rm SMLAL RdLo, RdHi, Rn, Rm	; {RdHi, RdLo}=Rn*Rm ; {RdHi, RdLo}+=Rn*Rm	有符号数值的 32 位乘法指令
UMULL RdLo, RdHi, Rn, Rm UMLAL RdLo, RdHi, Rn, Rm	; {RdHi, RdLo}=Rn*Rm ; {RdHi, RdLo}+=Rn*Rm	无符号数值的 32 位乘法指令

ARM Cortex-M3 支持逻辑运算，这些指令包括 AND（与）、ORR（或）以及移位和循环移位等，表 3.16 给出了常见的逻辑运算指令。和算术运算指令类似，这些指令根据 APSR 是否需要更新可以选择是否使用“S”后缀，若选择了 UAL 语法且没有使用“S”后缀，汇编器会选择 32 位指令。

ARM Cortex-M3 支持循环和移位指令，某些情况下，循环移位操作可以和其他操作组合使用，如表 3.17 所示。

对于 UAL 语法，若没有使用 S 后缀，循环和移位操作也会更新进位标志（若未使用 16 位 Thumb 代码，进位标志总会得到更新，如图 3.1 所示）。如果移位或循环操作将寄存器位置移动了多个位，则进位标志 C 为移出的最后一位。

表 3.16　逻辑运算指令

<table>
<tr><th colspan="2">指　　令</th><th>操　　作</th></tr>
<tr><td>AND Rd, Rn</td><td>; Rd=Rd&Rn</td><td rowspan="3">位域与</td></tr>
<tr><td>AND.W Rd, Rn, #immed</td><td>; Rd=Rn&#immed</td></tr>
<tr><td>AMD.W Rd, Rn, Rm</td><td>; Rd=Rn&Rm</td></tr>
<tr><td>ORR Rd, Rn</td><td>; Rd=Rd|Rn</td><td rowspan="3">位域或</td></tr>
<tr><td>ORR.W Rd, Rn, #immed</td><td>; Rd=Rn|#immed</td></tr>
<tr><td>ORR.W Rd, Rn, Rm</td><td>; Rd=Rn|Rm</td></tr>
<tr><td>BIC Rn, Rd</td><td>; Rd=&(～Rn)</td><td rowspan="3">位域清除</td></tr>
<tr><td>BIC.W Rd, Rn, #immed</td><td>; Rd=Rn&(～#immed)</td></tr>
<tr><td>BIC.W Rd, Rn, Rm</td><td>; Rd=Rn&(～Rm)</td></tr>
<tr><td>ORN.W Rd, Rn, #immed</td><td>; Rd=Rn|(～#immed)</td><td rowspan="2">位域或非</td></tr>
<tr><td>ORN.W Rd, Rn, Rm</td><td>; Rd=Rn|(～Rm)</td></tr>
<tr><td>EOR Rd, Rn</td><td>; Rd=Rd^Rn</td><td rowspan="3">位域异或</td></tr>
<tr><td>EOR.W Rd, Rn, #immed</td><td>; Rd=Rn^#immed</td></tr>
<tr><td>EOR.W Rd, Rn, Rm</td><td>; Rd=Rn^Rm</td></tr>
</table>

表 3.17　移位和循环移位指令

指　　令		操　　作
ASR Rd, Rn, #immed	; Rd=Rn>>#immed	
ASR Rd, Rn	; Rd=Rd>>Rn	算术右移
ASR.W Rd, Rn, Rm	; Rd=Rn>>Rm	
LSL Rd, Rn, #immed	; Rd=Rn<<#immed	
LSL Rd, Rn	; Rd=Rd<<Rn	逻辑左移
LSL.W Rd, Rn, Rm	; Rd=Rn<<Rm	
LSR Rd, Rn, #immed	; Rd=Rn>>#immed	
LSR Rd, Rn	; Rd=Rd>>Rn	逻辑右移
LSR.W Rd, Rn, Rm	; Rd=Rn>>Rm	
ROR Rd, Rn	; Rd 循环右移 n 位，n 为寄存器 Rn 的内容	
ROR.W Rd, Rn, #immed	; Rd=Rn 循环右移 immed 位后的内容	循环右移
ROR.W Rd, Rn, Rm	; Rd=Rn 循环右移 m 位后的内容，m 为 Rm 寄存器的内容	
RRX.W Rd, Rn	; {C, Rd}={Rd, C}	右移展开

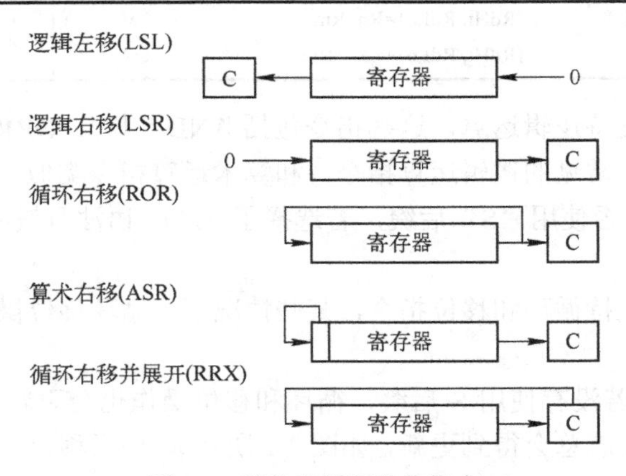

图 3.1　移位和循环移位指令

对于有符号的字节或半字到字的转换，ARM Cortex-M3提供了如表3.18所示的两个指令，16位或32位指令都可使用，只是16位指令只能访问低位寄存器。

表3.18　有符号展开指令

指　　令		操　　作
SXTB Rd, Rm	; Rd=signext(Rm[7:0])	将字节数据有符号展开为字
STXH Rd, Rm	; Rd=signext(Rm[15:0])	将半字数据有符号展开为字

ARM Cortex-M3提供了一组用于处理大小端数据转换的反转寄存器中数据字节指令，如表3.19所示。

表3.19　数据顺序反转指令

指　　令		操　　作
REV Rd, Rn	; Rd=rev (Rn)	反转字中的字节
REV16 Rd, Rn	; Rd=rev16 (Rn)	反转每个半字中的字节
REVSH Rd, Rn	; Rd=revsh (Rn)	反转低半字中的字节并将结果展开

最后，ARM Cortex-M3还提供了一组位域处理指令，如表3.20所示。

表3.20　位域处理和操作指令

指　　令	操　　作
BFC.W Rd, Rn, #<width>	清除寄存器中的位域
BFI.W Rd, Rn, #<lsb>, #<width>	将位域插入寄存器中
CLZ.W Rd, Rn	前导零计数
RBIT.W Rd, Rn	反转寄存器中的位顺序
SBFX.W Rd, Rn, #<lsb>, #<width>	从源中复制位域并有符号展开
UBFX.W Rd, Rn, #<lsb>, #<width>	从源中复制位域

3.2.4　汇编语言：调用和无条件跳转

ARM Cortex-M3支持的基本跳转指令有：

```
B label                    ; 跳转到标号地址
BX reg                     ; 跳转到寄存器 reg 指定的地址
```

在BX指令中，寄存器中的数值的最低位决定了处理器的下一个状态（Thumb或ARM）。对于ARM Cortex-M3处理器，由于只支持Thumb状态，寄存器reg的最低位（LSB）应该置1；否则会引发使用错误异常。

要进行函数调用，应使用跳转和链接指令：

```
BL label                   ; 跳转到标号地址，并将返回地址保存到 LR 中
BLX reg                    ; 跳转到寄存器 reg 指定的地址，并将返回地址保存到 LR 中
```

在使用BLX时，应确保寄存器reg的LSB为1。

也可以使用MOV指令和LDR指令执行跳转操作，例如：

```
MOV R15,R0              ; 跳转到 R0 中的地址
LDR R15,[R0]            ; 跳转到 R0 指定的存储器位置的地址
POP {R15}               ; 进行出栈操作，将结果写入程序计数器
```

在执行上述跳转操作时，也需确保新程序计数器数值的最低位为 1，否则将引发使用错误异常。

3.2.5 汇编语言：决断和条件跳转

ARM 微处理器的多数条件跳转使用 APSR 中的标志，以确定是否要执行跳转。APSR 有 4 个用于条件判断的标志位，如表 3.21 所示。

表 3.21 APSR 中可用于条件跳转的标志位

标　志	PSR 位	描　述
N	31	负数标志（上次运算结果为负）
Z	30	零（上次运算结果返回零值）
C	29	进位（上次运算结果返回了进位或借位）
V	28	溢出（上次运算结果出现了溢出）

Bit[27]为另外一个标志，也叫作 A 标志，用于饱和运算，并不用于条件跳转。

上述 4 个标志可以组合使用，得到 15 个跳转条件，如表 3.22 所示。例如：使用相等（Z 置零）条件的跳转指令可以写为：

```
BEQ label               ; 若 Z 置位则跳转到“label”地址
```

注意：

该指令中的条件 EQ 可以是表 3.22 中的任意一个条件代码。例如，使用不相等条件的跳转指令可以写为：

```
BNE label               ; 若 Z 清零则跳转到“label”地址
```

表 3.22 跳转或其他条件操作可用的条件

符　号	条　件	标　志
EQ	相等	Z 置位
NE	不相等	Z 清零
CS/HS	进位置位/无符号大于或相等	C 置位
CC/LO	进位清零/无符号小于	C 清零
MI	减/负数	N 置位
PL	加/正数或零	N 清零
VS	溢出	V 置位
VC	无溢出	V 清零
HI	无符号大于	C 置位 Z 清零
LS	无符号小于或相等	C 清零或 Z 置位
GE	有符号大于或相等	N 置位 V 置位，或 N 清零 V 清零（N==V）

（续）

符　号	条　件	标　志
LT	有符号小于	N清零或V清零，或N清零V置位（N! =V）
GT	有符号大于	Z清零，或者N置位V置位，或者N清零V清零（Z==0，N==V）
LE	有符号小于或相等	Z置位，或者N置位V清零，或者N清零V置位（Z==1，N! =V）
AL	总数（无条件）	—

如果跳转范围较大，也可以使用Thumb-2版本的指令，例如：

```
BEQ.W label                                  ; 若Z置位则跳转到"label"地址
```

对APSR标志位有影响的指令有：

1）大多数16位ALU指令。

2）具有S后缀的32位Thumb-2 ALU指令。

3）比较（如CMP）和测试（如TST、TSQ）。

4）直接写APSR/xPSR。

3.2.6　汇编语言：组合比较和条件跳转

ARM Cortex-M3增加了两个新的指令用于和0的简单比较以及条件跳转操作，这两个指令为CBZ（比较结果若为0则跳转）和CBNZ（比较结果若非0则跳转）。

比较和跳转指令只支持向前跳转，例如：

```
MOV R0,#5                                    ; 设置循环计数
Loop1 CBZ R0,loop1exit                       ; 若循环计数=0则退出循环
```

CBNZ的用法同CBZ，唯一的不同在于跳转发生在Z标志未置位时（结果非0），例如：

```
CBNZ R0,email_looks_okay                     ; 若结果非0则跳转
email_looks_okay
...
```

CBZ和CBNZ指令不应影响APSR的数值。

3.2.7　汇编语言：使用IT指令的条件执行

在处理小范围跳转时，IT（IF-THEN）模块非常有用。因为IT模块不会改变程序流程，可以避免跳转的短处，且可以提供最多4个条件执行指令。

在IT指令模块中，第一行必须是IT指令，其描述执行的选择，后面跟着需要检查的条件。IT命令后的第一条语句必须为TRUE-THEN-EXECUTE（真，然后执行），通常写作ITxyz，xyz为3个附加的条件，可以是E或者T，其中E代表ELSE，T代表THEN。第二个到第四个语句可以是THEN（true）或ELSE（false）。例如：

```
IT <x> <y> <z> <cond>                        ; IT指令（<x>,<y>,<z>可以为T或者E）
instr1 <cond> <operands>                     ; 第一条指令（<cond>必须和IT相同）
instr2 <cond or not cond> <operands>         ; 第二条指令（可以是<cond>或<!cond>）
instr3 <cond or not cond> <operands>         ; 第三条指令（可以是<cond>或<!cond>）
instr4 <cond or not cond> <operands>         ; 第四条指令（可以是<cond>或<!cond>）
```

若第一条语句需要在<cond>为 false 时执行，则指令的后缀就要与条件相反。例如，与 EQ 相对应的为 NE，而 LE 与 GE 相对应等。例如：

```
CMP R1,R2                          ; R1 与 R2 相比较
ITTEE LT                           ; 若 R1<R2，则根据 T 执行指令 1 和 2
                                   ; 否则根据 E 执行指令 3 和 4
SUBLT.W R2,R1                      ; 第一条指令
LSRLT.W R2,#1                      ; 第二条指令
SUBGE.W R1,R2                      ; 第三条指令
LSRGE.W R1,#1                      ; 第四条指令
```

应确保在 IT 指令中 T 和 E 出现的次数同 IT 后面条件执行的指令个数相匹配。

若在 IT 条件块中产生了异常，块的执行状态会被存储在 PSR 中（在 IT/中断可继续指令[ICI]位域中）。这样当异常处理完成后，IT 块还可以恢复，块中剩下的指令可以继续正确执行。对于在 IT 块中使用多周期指令的情况，若在执行过程中产生异常，整条指令会被放弃且在中断处理完成后重新执行。

3.2.8 汇编语言：指令屏障和存储器屏障指令

屏障指令主要用于存储器系统的保护，ARM Cortex-M3 支持的屏障指令如表 3.23 所示。

表 3.23 屏障指令

指 令	描 述
DMB	数据存储器屏障，确保在执行新的存储器访问前所有的存储器访问都已经完成
DSB	数据同步屏障，确保在下一条指令执行前所有的存储器访问都已经完成
ISB	指令同步屏障，清空流水线，确保在执行新的指令前，之前所有的指令都已完成

DSB 和 ISB 指令对于自修改代码非常重要。例如，若一个程序改变了自身的程序代码，下一条执行的指令就应该基于更新的程序。不过，由于处理器为流水线结构，修改后的指令位置可能已经被取出了。使用 DSB 后再使用 ISB 可以确保修改后的程序的代码可以再次被取出。

在更新完 CONTROL 寄存器的值后应该使用 ISB 指令，ARM Cortex-M3 在这方面没有那么严格的要求。但如要提高程序的可移植性，应确保在更新完 CONTROL 寄存器后使用 ISB 指令。

DMB 在多处理器系统中非常有用，例如：运行在不同处理器上的任务可能会使用共享存储器以实现相互间的通信，此时存储器访问顺序非常重要。可以在对共享存储器访问之间插入 DMB 指令，以保证存储器访问的顺序同设想的一致。

3.2.9 汇编语言：饱和运算

ARM Cortex-M3 支持两个有符号和无符号饱和运算的指令：SSAT 和 USAT。饱和运算通常用于信号处理，可以极大地减少信号波形的失真程度。SSAT 和 USAT 指令的语法描述如表 3.24 所示。

表 3.24 饱和指令

指　令	描　述
SSAT.W <Rd>, #<immed>, <Rn>, {,<shift>}	有符号数值的饱和
USAT.W <Rd>, #<immed>, <Rn>, {,<shift>}	有符号数值饱和为无符号数值

其中，Rn：输入值；
shift：饱和前输入值的移位操作，为可选的，可以是#lsl N 或#ASR N；
immed：饱和执行的位的位置；
Rd：目的寄存器。

3.3 Cortex-M3 支持的其他汇编语言

本节主要介绍一些在 v6 和 v7 架构上可以使用的 Thumb-2 指令。

3.3.1 MSR 和 MRS

MSR 和 MRS 用于对 ARM Cortex-M3 特殊寄存器的访问，语法为：

```
MRS <Rn>,<SReg>                    ; 读取特殊寄存器
MSR <SReg>,<Rn>                    ; 写入特殊寄存器
```

<SReg>可以是表 3.25 中的选项之一。

表 3.25 MRS 和 MSR 指令用的特殊寄存器

符　号	描　述
IPSR	中断状态寄存器
EPSR	执行状态寄存器（读数为 0）
APSR	之前操作产生的标志
IEPSR	IPSR 和 EPSR 的组合
IAPSR	IPSR 和 APSR 的组合
EAPSR	EPSR 和 APSR 的组合
PSR	APSR、EPSR 和 IPSR 的组合
MSP	主栈指针
PSP	进程栈指针
PRIMASK	普通异常屏蔽寄存器
BASEPRI	普通异常优先级屏蔽寄存器
BASEPRI_MAX	和普通异常优先级屏蔽寄存器相同，只是写是有条件的（新的优先级大于老的优先级）
FAULTMASK	错误异常屏蔽寄存器
CONTROL	控制寄存器

例如：

```
LDR R0,=0x20008000                 ; 进程栈指针（PSP）的新数值
```

```
MSR PSP, R0
```

除了对 APSR 的访问，MSR 和 MRS 指令只能用于特权模式。否则操作会被忽略，且返回值的读出值为 0。

为确保更新立即发生，使用 MSR 指令更新 CONTROL 寄存器的值后，建议增加一个 ISB 指令。

3.3.2 SDIV 和 UDIV

SDIV 和 UDIV 是有符号和无符号除法指令，语法如下：

```
SDIV.W <Rd>,<Rn>,<Rm>
UDIV.W <Rd>,<Rn>,<Rm>
```

其结果为 Rd=Rn/Rm。例如：

```
LDR R0,=250
MOV R1,#5
UDIV.W R2,R0,R1                    ; 结果 R2=250/5=50
```

3.3.3 REV、REVH 和 REVSH

REV 反转字数据中的字节顺序，而 REVH 则反转半字数据中的字节顺序。例如：若 R0 为 0x12345678，则执行下列代码时：

```
REV R1, R0                         ; 结果: R1=0x78563412
REVH R2,R0                         ; 结果: R2=0x34127856
```

REV 和 REVH 适用于大端和小端系统间的数据转换。

REVSH 同 REVH 类似，但它只适用于低半字数据，且将结果进行有符号展开。例如，若 R0 为 0x33448899，则执行代码时：

```
REVSH R1,R0                        ; 结果: R1=0x FFFF9988
```

3.3.4 位反转

RBIT 指令用于反转字数据的位顺序，语法如下：

```
RBIT.W <Rd>,<Rn>
```

该指令用于数据通信中串行数据流的处理，例如，若 R0 为 0xB4E10C23（二进制数值为 1011 0100 1110 0001 0000 1100 0010 0011），执行指令：

```
RBIT.W R0,R1  ;结果: R0=0xC430872D(1100 0100 0011 0000 1000 0111 0010 1101)
```

3.3.5 SXTB、SXTH、UXTB 和 UXTH

SXTB、SXTH、UXTB 和 UXTH 用于将字节或半字数据展开为字数据，语法如下：

```
SXTB <Rd>,<Rn>
SXTH <Rd>,<Rn>
UXTB <Rd>,<Rn>
UXTH <Rd>,<Rn>
```

对于 SXTB/SXTH，数据通过 Rn 的 bit[7]/bit[15]被有符号展开；而对于 UXTB/UXTH，

数据则会零展开（无符号展开）为 32 位。

例如，若 R0 为 0x55AA8765：

```
SXTB R1,R0                           ; R1=0x0000 0065
SXTH R1,R0                           ; R1=0xFFFF 8765
UXTB R1,R0                           ; R1=0x0000 0065
UXTH R1,R0                           ; R1=0x0000 8765
```

3.3.6 位域清除和位域插入

位域清除（BFC）指令用于清除一个寄存器中任意位置（由#lsb 指定）的相邻 1～31 位（由#width 指定），语法如下：

```
BFC.W <Rd>,<#lsb>,<#width>
```

例如：

```
LDR R0,=0x1234FFFF
BFC.W R0,#4,#8                       ; R0=0x1234F00F
```

位域插入（BFI）指令则会从一个寄存器复制 1～31 位（由#width 指定）到另一个寄存器的任意位置（由#lsb 指定），语法如下：

```
BFI.W <Rd>,<Rn>,<#lsb>,<#width>
```

例如：

```
LDR R0,=0x12345678
LDR R1,=0x3355AACC
BFI.W R1,R0,#8,#16                   ; 将 R0[15:0]插入 R1[23:8]，结果 R1=0x335678CC
```

3.3.7 UBFX 和 SBFX

UBFX 和 SBFX 为无符号和有符号的位域提取指令，语法如下：

```
UBFX.W <Rd>,<Rn>,<# lsb>,<# width>
SBFX.W <Rd>,<Rn>,<# lsb>,<# width>
```

UBFX 可以从寄存器 Rn 的任意位置（由<# lsb>指定）开始提取任意宽度（由<# width>指定）的一段位域，并将其进行零展开后放入目的寄存器 Rd，例如：

```
LDR R0,=0x5678ABCD
UBFX.W R1,R0,#4,#8                   ; 结果 R1=0x000000BC
```

SBFX 可以从寄存器 Rn 的任意位置（由<# lsb>指定）开始提取任意宽度（由<# width>指定）的一段位域，并将其进行有符号展开后放入目的寄存器 Rd，例如：

```
LDR R0,=0x5678ABCD
SBFX.W R1,R0,#4,#8                   ; 结果 R1=0xFFFFFFBC
```

3.3.8 LDRD 和 STRD

LDRD 和 STRD 分别用于写两个字数据到两个寄存器，以及从两个寄存器中读出两个字数据，语法如下：

```
LDRD.W <Rxf>,<Rxf2>,[Rn,# +/- offset] {!}         ; 前序
```

```
LDRD.W <Rxf>,<Rxf2>,[Rn],# +/- offset           ; 后序
STRD.W <Rxf>,<Rxf2>,[Rn,# +/- offset] {!}       ; 前序
STRD.W <Rxf>,<Rxf2>,[Rn],# +/- offset           ; 后序
```

其中，<Rxf>是第一个目的/源寄存器，<Rxf2>是第二个目的/源寄存器，Rn 是存放数据基地址的寄存器。

注意：
应该避免<Rxf>和<Rn>为同一个寄存器的情况。

例如：

```
LDR R2,=0x1000
LDRD.W R0,R1,[R2]                  ; R0=存储器[0x1000]，R1=存储器[0x1004]
LDR R2,=0x1000                     ; 基地址
STRD.W R0,R1,[R2,#0x20]            ; 存储器[0x1020]=R0，存储器[0x1024]=R1
```

3.3.9 表格跳转字节和表格跳转半字

表格跳转字节（TBB）和表格跳转半字（TBH）用于实现跳转表，TBB 指令使用以字大小为偏移的跳转表，而 TBH 指令则使用半字偏移的跳转表。由于程序计数器的第 0 位总是 0，在同程序计数器相加之前，跳转表中的数值需要乘以 2。另外，由于程序计数器为当前指令地址+4，TBB 的跳转范围是（2×255）+4=514，而 TBH 的跳转范围是（2×65535）+4=131074，且 TBB 和 TBH 只支持前向跳转。

TBB 和 TBH 的语法如下：

```
TBB.W [Rn,Rm]
TBH.W [Rn,Rm]
```

其中，Rn 为基寄存器偏移，Rm 为跳转表索引，TBB 的跳转表项位于 Rn+Rm。TBH 的跳转表项位于 Rn+2×Rm。

3.4 嵌入式 C 语言程序设计基础

由于 C 语言同时具有高级语言和汇编语言的某些特点，它可以作为系统设计语言，编写硬件底层操作程序，也可以作为应用程序设计语言，编写不依赖计算机硬件的应用程序。因此，C 语言在通用计算机领域和嵌入式系统领域都得到了广泛的应用。

绝大多数嵌入式微处理器都提供了配套的 C 语言的编译器，而且都全部或部分支持 ANSI C 标准，容易理解和学习。

通常，C 程序主要由头文件、宏定义、主函数及子函数组成。以下是 C 语言源程序的基本结构：

```
# include <***.h>                    /*  程序所包含的头文件  */
# define PI 3.1415                   /*  宏定义              */

void main ( )                        /*  主函数              */
{                                    /*  函数体开始标记      */
```

```
    int a=0,b=0;                          /*  变量声明          */
    int Calculate (int a,int b);          /*  子函数声明        */
    Calculate (a,b);                      /*  调用子函数        */
    …                                     /*  函数主体内容      */
}                                         /*  函数体结束标记    */

int Calculate (int a,int b)               /*  子函数定义        */
{
…                                         /*  子函数主体内容    */
}
```

嵌入式系统的C语言在基本语法上与PC上的C语言相同，但在头文件、库文件的使用方面存在差异。一般地，使用C语言编程应注意以下几点：

1）一个C语言源程序可以由一个或多个源文件组成。

2）每个源文件可由一个或多个函数组成。

3）一个源程序不论由多少个文件或函数组成，有且只能有一个main函数。

4）源程序中可以有预处理命令，通常放在源文件或源程序的最前面。

5）除了标准C头文件外，嵌入式C语言程序中一般使用“#include <***.h>”语句，引入与所使用微处理器相关的头文件，以方便在程序中使用微处理器内部的各种寄存器。例如，使用STM32F107VCT6微处理器时，用“#include <stm32f10x.h>”预编译命令，来定义STM32F107VCT6内部的寄存器。

6）每一个语句必须以分号结尾。但预处理命令、函数头、“}”之后不能加分号。

7）标志符、关键字之间必须至少加一个空格以示间隔。

以下是一个嵌入式C语言程序的示例，该示例使用了NXP公司的LPC1788微处理器，在微处理器的GPIO引脚P0.27上连接了一个LED灯，该程序用于控制这个LED灯，使其以一定的频率闪烁。

```
# include "lpc177x_8x.h"                   //头文件

void LEDDelay ( uint32_t m)                //自定义延时函数声明及定义
{
    uint32_t i,j;
    for (i=0; i<100*m; i++)
        for (j=0; j<130000; j++);
}

void LED_init (void)                       //子函数声明及定义，用于初始化LED
{
    LPC_GPIO0->DIR|=(1uL<<27);             //P0_27配置为数字输出口
    LPC_GPIO0->MASK&=~(1uL<<27);           //P0_27可以正常访问
    LPC_GPIO0->SET|=(1uL<<27);             //P0_27为高电平，熄灭状态
```

```
}

int main (void)                                 //主函数声明及定义
{
    LED_init ( );                               //调用子函数，初始化LED接口
    while (1)
    {
        LEDDelay (1);                           //延时1ms
        LPC_GPIO0->PIN|=(1uL<<27);              //熄灭LED
        LEDDelay (1);
        LPC_GPIO0->PIN&=~(1uL<<27);             //点亮LED
    }
}
```

观察上述C语言程序，不难发现与PC的C语言程序相比，嵌入式系统的C语言程序存在以下不同：

（1）所包含的头文件不同。嵌入式系统的C程序至少包含一个和系统所使用的微处理器相关的头文件，这个头文件中定义了该微处理器内部的特殊功能寄存器等。

本示例程序的硬件所使用的微处理器是LPC1788,因此程序开始即包含“LPC177x_8x.h”，这个头文件是所有LPC177x和LPC178x微处理器共有的头文件。

此外，嵌入式系统的C程序有时还需包含与硬件电路有关的头文件。

注意：

在阅读某些嵌入式系统的源程序时，可能发现很多嵌入式系统的C程序也会包含与PC系统C程序同名的头文件，例如stdio.h。但这两个同名头文件的内容可能是不同的，因为嵌入式系统中并不具备PC系统的“标准IO设备”，所以嵌入式系统的“标准IO设备”仅仅是针对该系统而言，对于其他的嵌入式系统可能都不存在。

（2）嵌入式系统的C程序中不仅需要普通C语言程序中的在函数内外声明的各类变量，还经常使用一种特殊的变量，这种变量指向一类特殊的寄存器，即片内功能外设的特殊功能寄存器。

例如：示例程序中，LPC_GPIO0就是一个在头文件LPC177x_8x.h中定义的特殊变量，其定义如下：

```
#define LPC_AHB_BASE  (0x20080000UL)
#define LPC_GPIO0_BASE  (LPC_AHB_BASE+0x18000)
#define LPC_GPIO0  ((LPC_GPIO_TypeDef *) LPC_GPIO0_BASE )
```

由定义可知，LPC_GPIO0是一个LPC_GPIO_TypeDef类型的指针，所指向的是LPC1788微处理器 GPIO0 端口特殊功能寄存器的起始地址。而后续对该变量的赋值语句实际上是向GPIO0特殊功能寄存器中写入数据。

注意：

向外设特殊功能寄存器写入的数据会改变该外设的工作模式、配置等，因此所写入的值必须是合法的，否则会导致不可预知的结果。具体的合法数值及取值范围须查询该微处理器

相关的数据手册。

（3）嵌入式系统的C程序中经常会存在while(1) {}之类的无限循环，这是由嵌入式系统独特的应用场合决定的。由于嵌入式系统常常需要在无人干涉的条件下7×24小时不间断地工作，完成各项任务，故常采用无限循环的方式实现。

当然，嵌入式系统中的无限循环通常有退出循环机制。例如：在某些特殊情况（如故障）发生时，系统根据需要停止正在进行的工作，等待外界干预（排除故障）。

（4）与PC的C程序相比，所支持的变量类型有所扩展。常用的嵌入式系统开发环境，如Keil μVersion，除了支持char、int、float等常见的变量类型外，还自行定义了uint32_t等类型，以方便设计人员。

在Keil μVersion中，相关的定义如下：

```
typedef signed              char int8_t;
typedef signed short        int int16_t;
typedef signed              int int32_t;
typedef signed              __int64 int64_t;
typedef unsigned            char uint8_t;
typedef unsigned short      int uint16_t;
typedef unsigned            int uint32_t;
typedef unsigned            __int64 uint64_t;
......
```

3.5 汇编语言与C语言的混合编程

3.5.1 简介

在应用系统的程序设计中，若所有的编程任务均用汇编语言来完成，其工作量是可想而知的，同时由于汇编语言的独特性，其代码的可读性较差，也不利于系统升级或应用软件移植。事实上，ARM体系结构支持C/C++与汇编语言的混合编程，在一个完整的程序中，除了初始化部分用汇编语言完成以外，其主要的编程任务一般都用C/C++语言完成。

汇编语言与C/C++的混合编程通常有以下几种方式：

1）在C/C++代码中嵌入汇编指令。

2）在汇编程序和C/C++的程序间进行变量的互访。

3）在汇编程序和C/C++程序间的相互调用。

在以上几种混合编程技术中，必须遵守一定的调用规则，包括：物理寄存器的使用、参数的传递等，这对于初学者来说，无疑显得过于烦琐。在实际的编程应用中，使用较多的方式是：程序的初始化部分用汇编语言完成，然后用C/C++完成主要的编程任务，程序在执行时首先完成初始化过程，然后跳转到C/C++程序代码中，汇编程序和C/C++程序之间一般没有参数的传递，也没有频繁的相互调用，因此，整个程序的结构显得相对简单，容易理解。

以下是这种结构程序的基本示例：

```
IMPORT Main                    ; 通知编译器该标号为一个外部标号
```

```
AREA Init,CODE,READONLY             ; 定义一个代码段
ENTRY                               ; 定义程序的入口点
LDR R0,=0x3FF0000                   ; 初始化系统配置寄存器
LDR R1,=0xE7FFFF80
STR R1,[R0]
LDR SP,=0x3FE1000                   ; 初始化用户堆栈
BL Main                             ; 跳转到Main()函数处的C/C++代码执行
END                                 ; 标识汇编程序的结束

void main (void)                    /* C语言主函数代码段  */
{
    int i;                          //定义变量
    *((volatile unsigned long *) 0x3ff5000)=0x0000000f;
    while (1)                       //循环体
    {
        *((volatile unsigned long *) 0x3ff5008)=0x00000001;
        for(i=0; i<0x7fFFF; i++);
        *((volatile unsigned long *) 0x3ff5008)=0x00000002;
        for(i=0; i<0x7FFFF; i++);
    }
}
```

以上的汇编语言程序段先完成一些简单的初始化，然后跳转到 Main()函数所标识的C/C++代码处执行主要的任务。当然，汇编语言段中的 Main 仅为一个标号，也可使用其他名称，与 C 语言程序中的 main()函数没有关系。

3.5.2 内嵌汇编指令

用 C/C++程序嵌入汇编程序中可以实现一些高级语言没有的功能，提高程序执行效率。armcc 编译器的内嵌汇编器支持 ARM 指令集，tcc 编译器的内嵌汇编器支持 Thumb 指令集。

在 ARM 的 C 语言程序中可以使用关键字__asm 来加入一段汇编语言的程序，格式如下：

```
__asm
{
    指令 [;指令]        /* 指令或代码段注释 */
    …

    指令
}
```

其中，{ }中的指令都为汇编指令，一行允许写多条汇编指令语句，指令语句之间要用分号“;”隔开。在汇编指令段中，注释语句采用 C 语言的注释格式。

ARM C++程序中除了可以使用关键字__asm 来标识一段内嵌汇编指令程序外，还可以使

用关键词asm来表示一段内嵌汇编指令，格式如下：

```
asm（“指令”）;
```

其中，asm后面的括号中必须是一条汇编指令语句，并且不能包含注释语句。

C/C++程序中调用汇编语言的示例如下：

```
//使能/禁止IRQ中断实例
void enable_IRQ (void)                        //使能中断程序
    {
        int tmp;                              //定义临时变量，后面使用
            __asm                             //内嵌汇编程序的关键词
            {
                MRS tmp,CPSR                  //把状态寄存器加载给tmp
                BIC tmp,tmp,#80               //将IRQ控制位清0
                MSR CPSR_c,tmp                //加载程序状态寄存器
            }
    }

void disable_IRQ (void)                       //禁止中断程序
    {
        int tmp;                              //定义临时变量，后面使用
        __asm                                 //内嵌汇编程序的关键词
            {
                MRS tmp,CPSR                  //把状态寄存器加载给tmp
                ORR tmp,tmp,#80               //将IRQ控制位置1
                MSR CPSR_c,tmp                //加载程序状态寄存器
            }
    }
```

扩展名为.S文件中的汇编指令是用armasm汇编器进行汇编的，而C语言程序中的内嵌汇编指令则是用内嵌汇编器进行汇编的。这两种汇编器存在一定的差异，所以在内嵌汇编时要注意以下几点：

1. 小心使用物理寄存器

必须小心使用物理寄存器，如R0～R3、SP（R13）、LR（R14）和CPSR中的N、Z、C、V标志位。因为计算汇编代码中的C表达式时，可能使用这些物理寄存器，并会修改N、Z、C、V标志位。

例如：计算y=x+x/y。

```
__asm
    {
        MOV R0,x                              //把x的值给R0
        ADD y,R0,x/y                          //计算x/y时R0的值会被修改
    }
```

在计算 x/y 时 R0 会被修改，从而影响 R0+x/y 的结果。

2．内嵌汇编程序中允许使用 C 变量

内嵌汇编程序中允许使用 C 变量，用 C 变量来代替寄存器 R0 可以解决上述问题。这时内嵌汇编器将会为变量 var 分配合适的存储单元，从而避免冲突的发生。如果内嵌汇编器不能分配合适的存储单元，它将会报告错误。

例如：修改程序，计算 y=x+x/y。

```
int var;
__asm
    {
        MOV var,x                              //把 x 的值给变量 var
        ADD y,var,x/y                          //计算 x/y 时不影响 R0 的值
    }
```

3．不需要保存和恢复用到的寄存器

对于在内嵌汇编语言程序中用到的寄存器，编译器在编译时会自动保存和恢复这些寄存器，用户不用保存和恢复这些寄存器。除了 CPSR 和 SPSR 寄存器外，其他物理寄存器在读之前必须先赋值，否则编译器会报错。

例如：

```
int fun (int x)
    {
        __asm
        {
            STMFD SP!,{R0}                     //保存 R0，先读后写，汇编出错
            ADD R0,x,#1
            EOR x,R0,x
            LDMFD SP!,{R0}                     //多余的
        }
        return x;
    }
```

3.5.3 汇编与 C 程序的变量相互访问

1．汇编程序访问 C 程序变量

在 C 程序中声明的全局变量可以被汇编程序通过地址间接访问。具体访问步骤如下：

1）在 C 程序中声明全局变量。

2）在汇编程序中使用 IMPORT/EXTERN 伪指令声明引用该全局变量。

3）使用 LDR 伪指令读取该全局变量的内存地址。

4）根据该数据的类型，使用相应的 LDR 指令读取该全局变量；使用相应的 STR 指令存储该全局变量的值。

对于不同类型的变量，需要采用不同选项的 LDR 和 STR 指令，如表 3.26 所示。

表 3.26 数据类型及汇编指令对应表

C/C++语言中的变量类型	带后缀的 LDR 和 STR 指令	描　述
unsigned char	LDRB/STRB	无符号字符型
unsigned short unsigned int	LDRH/STRH LDR/STR	无符号短整型 无符号整型
char	LDRSB/STRSB	字符型（8 位）
short	LDRSH/STRSH	短整型（16 位）

5）对于结构体，如果知道各个数据项的偏移量，可以通过存储/加载指令直接访问。如果结构所占空间小于 8 个字，可以使用 LDM 和 STM 一次性读写。

例如：读取 C 的一个全局变量，并进行修改，然后保存新的值到全局变量中。

```
AREA Example4,CODE,READONLY
    EXPORT AsmAdd
    IMPORT g_cVal                          //声明外部变量 g_cVal,在 C 中定义的全局变量
Add
    LDR R1,=g_cVal                         //装载变量地址
    LDR R0,[R1]                            //从地址中读取数据到 R0
    ADD R0,R0,#1                           //加 1 操作
    STR R0,[R1]                            //保存变量值
    MOV PC,LR                              //程序返回
END
```

2．C 程序访问汇编程序数据

在汇编程序中声明的数据也可以被 C 程序所访问。具体访问步骤如下：

1）在汇编程序中用 EXPORT/GLOBAL 伪指令声明该符号为全局标号，可以被其他文件使用。

2）在 C 程序中定义相应数据类型的指针变量。

3）对该指针变量赋值为汇编程序中的全局标号，利用该指针访问汇编程序中的数据。

例如：汇编程序中定义了一块内存区域，并保存一串字符，汇编代码如下：

```
EXPORT Message                             //声明全局标号
Message DCB "HELLO$"                       //定义了 5 个有效字符，$为结束符

extern char* Message;
int MessageLength ()
    {
        int Length=0;
        char *pMessage;                    //定义字符指针变量
           pMessage=Message;               //指针指向 Message 内存块的首地址

        /* while 循环，统计字符串的长度 */
```

```
    while (*pMessage != '$')      //$为字符串的结束符
        {
            Length++;
            pMessage++;
        }
    return (Length);              //返回字符串的长度
}
```

3.5.4 汇编与C程序的函数相互调用

C 程序和 ARM 汇编程序之间相互调用必须遵守 ATPCS（ARM/Thumb Procedure Call Standard）规则。使用 ADS 的 C 语言编译器编译的 C 语言子程序会自动满足用户指定的 ATPCS 类型。而对于汇编语言来说，完全要依赖用户来保证各个子程序满足选定的 ATPCS 类型。具体来说，汇编程序必须满足以下 3 个条件才能实现与 C 语言的相互调用。

1）在子程序编写时必须遵守相应的 ATPCS 规则。

2）堆栈的使用要遵守相应的 ATPCS 规则。

3）在汇编编译器中使用-atpcs 选项。

关于 ATPCS 基本规则在本书中不再详细叙述，有需要的读者请自行查阅相关的文献资料。

1. C 程序调用汇编程序的函数

汇编程序的设置要遵循 ATPCS 规则，保证程序调用时参数的正确传递，在这种情况下，C 程序可以调用汇编子函数。C 程序调用汇编程序的方法如下：

1）汇编程序中使用 EXPORT 伪指令声明本子程序可外部使用，使其他程序可调用该子程序。

2）在 C 语言程序中使用 extern 关键字声明外部函数（声明要调用的汇编子程序），才可调用此汇编的子程序。

示例程序：

```
#include <stdio.h>
extern void strcopy(char *d,const char *s); //声明外部函数，即要调用的汇编子程序

int main (void)
{
    const char *srcstr="First ource";              //定义字符串常量
    char dststr[]="Second string-destination";  //定义字符串变量
    printf ("Before copying:  \n");
    printf ("src=%s,dst=%s\n",srcstr,dststr);   //显示源字符串和目标字符串的内容
    strcopy (dststr,srcstr);              //调用汇编子程序 R0=dststr,R1=srcstr
    printf ("After copying:  \n");
    printf ("src=%s,dst=%s\n",srcstr,dststr);   //显示复制后的结果
    return (0);
    }
```

strcopy 实现代码如下：

```
AREA Example,CODE,READONLY              //声明代码段 Example
EXPORT strcopy                          //声明 strcopy，以便外部函数调用

strcopy                                 //R0 为目标字符串的地址，R1 为源字符串的地址

    LDRB R2,[R1],#1                     //读取字节数据，源地址加 1
    STRB R2,[R0],#1                     //保存读取的 1 字节数据，目标地址加 1
    CMP R2,#0                           //判断字符是否复制完毕
    BNE strcopy                         //没有复制完，继续循环复制
    MOV PC,LR
```

2．汇编程序调用 C 程序的函数

汇编程序设置要遵循 APTCS 规则，保证程序调用时参数的正确传递。汇编程序调用 C 程序的方法如下：

1）在汇编程序中使用 IMPORT 伪指令声明将要调用的 C 程序函数。

2）在调用 C 程序时，要正确设置入口参数，然后使用 BL 指令调用。

例如：

```
int sum (int a,int b,int c,int d,int e)
{
    Return (a+b+c+d+e);                 //返回 5 个变量的和
}

AREA Example,CODE,READONLY
IMPORT sum                              //声明外部标号 sum，即 C 函数 sum()
EXPORT CALLSUM
UM
    STMFD SP!,{LR}                      //LR 寄存器入栈
    MOV R0,#1                           //设置 sum 函数入口参数，R0 为参数 a
    MOV R1,#2                           //R1 为参数 b
    MOV R2,#3                           //R2 为参数 c
    MOV R3,#5                           //参数 e=5，保存到堆栈中
    STR R3,{SP,#-4}!
    MOV R3,#4                           //R3 为参数 d,d=4
    BL sum                              //调用 C 程序中的 sum 函数，结果放在 R0 中
    ADD SP,SP,#4                        //调整堆栈指针
    LDMFD SP,{PC}                       //程序返回
END
```

以上程序使用了 5 个参数，分别使用寄存器 R0 存储第 1 个参数，R1 存储第 2 个参数，R2 存储第 3 个参数，R3 存储第 4 个参数，第 5 个参数利用堆栈传送。由于利用了堆栈传递

参数，在程序调用结束后要调整堆栈指针。汇编程序中调用了 C 程序的 sum 子函数，实现了 1+2+3+4+5 的求和运算，最后相加结果保存在 R0 寄存器中（程序结果是 15）。

本章小结

本章主要介绍 ARM Cortex-M3 的编程基础知识，首先介绍了汇编语言的基础知识，着重对 ARM Cortex-M3 所支持的汇编指令进行了详细的介绍，随后就嵌入式 C 语言程序设计、汇编语言与 C 语言混合编程进行了较为系统的介绍。通过本章的学习，读者应该理解和掌握以 ARM Cortex-M3 为代表的嵌入式微处理器所支持的指令集，了解汇编语言、嵌入式 C 语言程序设计的基本规范以及汇编与 C 语言混合编程的基本规则和方法。通过本章的学习，读者应对嵌入式系统程序设计的基本途径和技术有较为系统的了解。

思考题与习题

3-1　请简述汇编语言的基本语法及汇编语言的基本结构。

3-2　试简述 ARM Cortex-M3 支持哪些类型的汇编语言。

3-3　请列举 Thumb-2 指令中哪些指令影响 PSR 中的标志位。

3-4　请列出 Thumb-2 指令中数据传送指令及各自的区别。

3-5　简述 Thumb-2 指令后缀的作用及各自的含义。

3-6　简述汇编语言中支持位操作的指令及使用方法。

3-7　试给出嵌入式 C 语言程序的基本结构。

3-8　简述如何在 C 语言程序中调用汇编指令或汇编程序。

3-9　简述汇编程序中如何调用 C 语言函数。

3-10　简述汇编程序如何与 C 程序进行数据交互。

3-11　请在 C 语言中调用汇编语言实现如下算式：

$$z = x + y + 20$$

其中，x 和 y 为形式参数，由主函数传递；z 为计算结果，最后需要存放于内存。

第 4 章 嵌入式控制系统设计基础

导读

嵌入式控制系统的开发是一个复杂而精密的过程，对设计人员有着较高的要求。设计人员需要具备嵌入式计算机系统设计的相关技术，还需要对自动控制系统的基础理论、控制系统分析与设计方法有较深的理解。本章从嵌入式控制系统的设计方法开始，介绍嵌入式控制系统设计中所需进行的各项工作、系统软硬件设计工作的基础。通过本章的学习，读者应可以系统地了解嵌入式控制系统设计方法、流程、各阶段的工作、硬件电路详细设计基本原则，以及嵌入式控制系统采用的软件架构等。

本章知识点

- 嵌入式控制系统的设计方法
- 嵌入式控制系统的设计流程
- 嵌入式控制系统的原理图设计原则
- 嵌入式控制系统的 PCB 图设计规范
- 嵌入式控制系统采用的软件架构
- 嵌入式控制系统的交叉开发环境

4.1 嵌入式控制系统的设计方法

4.1.1 嵌入式控制系统设计流程

与一般的嵌入式系统类似，嵌入式控制系统的设计过程也可大致分为 3 个阶段：系统定义阶段、系统设计阶段及系统维护与升级阶段。各阶段具体的工作及流程如图 4.1 所示。

1. 系统定义阶段

系统定义阶段的目标是确定开发任务和设计目标，提炼出需求规格说明书，并对此进行可行性分析，确定需求的可行性，作为设计工作的指导和验收标准。

本阶段的主要工作包括：

1）确定研发工作总目标。

2）需求分析。

3）可行性分析。

本阶段是嵌入式控制系统研发的准备工作阶段，本阶段工作对设计阶段的工作具有指导和引领作用，也直接决定了系统研发的成败，因此需要慎重对待。

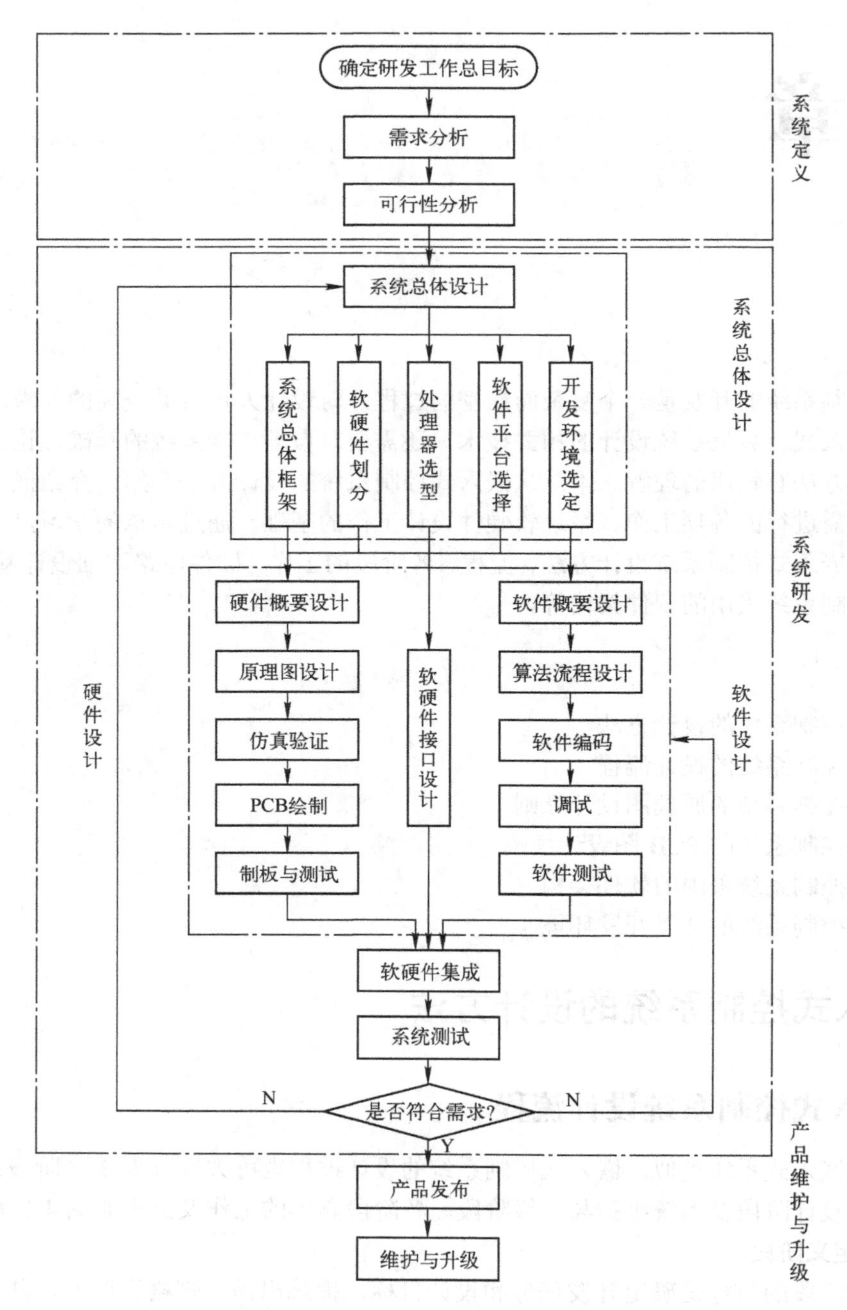

图 4.1　嵌入式系统开发流程

关于本阶段具体工作及方法将在 4.1.2 节中详细介绍。

2．系统设计阶段

系统设计阶段是嵌入式控制系统开发过程中最主要的工作部分，其主要目标是实现系统定义阶段所规划的需求，做出满足系统设计指标要求的产品。

本阶段主要的工作任务主要有：

1）系统总体设计。

2）软件、硬件以及接口的详细设计与实现。

3）系统的软硬件集成和测试。

系统总体设计又称为系统架构设计，主要是根据需求规格说明书中定义的各项指标，完成系统总体架构设计、软硬件划分、处理器选型、系统软件平台选择、开发平台选择等。

软硬件及接口的详细设计与实现又称为系统详细设计，按照工作内容可划分为硬件设计、软件设计及软硬件接口设计3个部分。在嵌入式控制系统的设计中，往往采用软硬件协同设计（Hardware and Software Co-design）方法代替传统的瀑布式（Waterfall）设计方法，以缩短开发周期、提高研发效率。

系统集成与测试是在软件和硬件进行单独设计与测试没有错误的前提下，将它们按照事先确定的接口集成起来，进行系统联调，并验证功能和性能指标的实现情况；如发现独立设计过程中的错误或者性能指标无法实现的情况，将返回到系统总体设计、详细设计等阶段修改错误设计，一直到系统测试满足预定的性能指标为止。

在经过测试达到设计指标后，可以进行产品发布。

硬件详细设计与软件详细设计涉及的技术将在4.2和4.3节中进行详细阐述。

3．系统维护与升级

系统维护与升级的主要工作是根据用户的反馈信息，完善软硬件的设计，更新产品。

产品维护是一个长期的过程，有些商品的维护甚至一直持续到该产品退出市场；产品维护将导致生产成本的增加，与产品的设计、测试有较大的关系，也直接关系企业形象。

4.1.2 软硬件协同设计技术

传统的系统设计模式一般采用瀑布式开发模式，即先完成硬件部分的设计工作，然后依据硬件设计平台开发相应的软件，再进行系统功能的调试、性能测试等工作。这种模式的开发工作往往需要反复修改、试验，设计周期长、开发成本高，设计过程很大程度上依赖于设计者的经验。而且在反复修改过程中，常常会导致某些方面背离原始设计的要求。

软硬件协同设计是为解决上述问题而提出的一种全新的系统设计思想。该方法首先依据详细的系统需求确定软硬件划分方案，并定义软硬件接口，然后在EDA（Electronic Design Automation）工具软件的支持下，进行软硬件协同开发。该方法的每个阶段都可以进行软硬件协同验证，以确保系统的设计没有背离原始设计需求。同时该方法可以充分利用现有的软硬件资源，缩短系统开发周期、降低开发成本、提高系统性能，避免由于独立设计软硬件体系结构而带来的弊端。

如图4.1所示，采用软硬件协同设计方法的嵌入式系统开发流程包括系统定义、系统研发、产品维护与升级3大阶段。

1．系统定义

这个阶段的主要工作内容包括：确定研发工作总目标、需求分析和可行性分析。

（1）确定研发工作总目标

确定研发工作总目标的具体内容：要解决的问题是什么？即在进行广泛调研和信息收集的基础上，明确客户提出的要求或市场的需求，并将用户的要求准确、完整地描述。

（2）需求分析

需求分析的具体内容：所设计的系统是做什么的？系统需求一般分为功能性需求和非功

能性需求两方面。功能性需求是系统的基本功能，如输入/输出信号、操作方式、功能等；非功能性需求包括系统性能、成本、功耗、体积、重量等因素。此外，作为控制系统，一般还需要考虑实时性性能指标、控制指标，如采样频率、响应时限、动态性能指标、稳态性能指标等。

（3）可行性分析

可行性分析的具体内容：用户提出的问题是否可解？可解的价值如何？可行性分析用以确定在现有的技术、法律、市场等条件和约束下，是否存在行之有效的方法，解决本项目研发过程中可能遭遇到的技术、法律等问题，解决这些问题带来的附加成本是否在承受范围内。

如果在可行性分析中发现部分问题不可解或解决成本超出预期，则需要修改需求分析，必要的时候需要在期望的性能和功能与可行性之间进行折中，找到一个能够继续推进研发工作的方案。

2．系统研发

系统研发阶段的主要目标是实现系统定义阶段所规划的需求，做出满足系统设计指标要求的产品。按照研发工作的开展顺序，本阶段的主要工作包括：系统总体设计、软硬件及接口设计、软硬件集成与测试等。

（1）系统总体设计

系统总体设计主要是确定系统总体设计方案。具体工作为根据需求规则说明书中定义的各类指标，确定系统的总体架构，划分功能模块，确定控制结构与算法，对硬件、软件和执行装置的功能划分，确定嵌入式微处理器及主要芯片的型号，确定系统软件开发平台和工具等。一个好的总体设计是整个系统开发成功与否的关键，这部分工作需要丰富的经验和必要的工具软件进行辅助。

（2）软硬件及接口设计

在传统的系统开发中，软硬件设计各自独立进行，依据是系统总体设计的软硬件划分。在软硬件协同设计方法中，软件、硬件及接口设计往往是并行的，其中接口的设计可能略超前于软硬件设计，以确定软件和硬件之间的数据交互形式。

这部分设计工作的内容包括硬件原理图与印制电路板，以及软件代码，当然还包括与这些内容相关的设计说明书和文档资料。

（3）软硬件集成与测试

软硬件集成就是将上一部分设计的软件代码和硬件电路板按照预先确定的接口集成起来，将软件代码下载到硬件电路中，进行联调，发现并改进设计过程中的错误和不兼容。

系统软硬件集成和联调后，还需要经过系统功能及性能指标的测试。如经过测试，系统可以满足规格说明书中给定的各项指标要求，则该产品可以进行发布。

当一个嵌入式产品发布后，即进入产品的维护和升级阶段。

3．产品维护与升级

产品的维护与升级主要工作是根据用户的反馈信息，进一步完善系统的软硬件，更新功能。

产品维护是一个长期的过程，往往贯穿着产品的整个生命周期。产品维护工作的难易与产品的设计、测试有很大的关系，因此在系统定义和研发阶段应考虑后续维护和更新工作的需求。

对于嵌入式系统而言，随着硬件技术的飞速发展以及软件应用的日益广泛和复杂化，软件已经成为系统的核心部分，不仅以前采用硬件实现的诸多功能可以改由软件实现，而且系统的核心功能必须借由软件才能实现。因此嵌入式系统的开发周期、性能更多决定于嵌入式软件的开发效率和质量，系统的更新也越来越依赖于软件的升级。

嵌入式控制系统的开发是一个闭环过程，每一个环节的成功与失误都需要反馈与评估，并按照实际功能、性能与期望目标的偏差，对该环节的设计工作进行修改并重新实现。由于硬件的修改往往会代价较大，因此尽可能遵循软件适应硬件的原则，即硬件设计时要充分考虑可能发生的情况，后期尽可能以修改软件为主，除非硬件设计存在重大问题，不得不进行修改或重新设计。

为了降低开发风险，尽可能缩短开发周期，降低开发成本，FPGA 等可现场修改硬件逻辑电路的技术方案在嵌入式控制系统原型机开发工作中的应用日益广泛。当然，在完成原型机开发后，FPGA 等器件一般会由对应的专用芯片替代，以降低产品的硬件成本。

4.2 嵌入式系统硬件设计

嵌入式系统的硬件设计与其他硬件设计的流程基本相同，主要分为原理图设计和 PCB 设计两大部分。随着 EDA（电子设计自动化）等技术的发展，在进行原理图设计过程中，可以借助仿真技术，验证电路设计的合理性和有效性，缩短硬件设计的周期，保证性能指标的实现。

本节主要介绍原理图与 PCB 设计中需要遵循的基本规范和一些注意事项，关于原理图和 PCB 设计的具体流程及相关设计软件的使用方法，请读者自行阅读相关书籍。

4.2.1 原理图设计的基本原则

原理图设计是产品设计的理论基础，一份规范的原理图对 PCB 设计具有指导性意义，是做好一款产品的基础。原理图设计基本要求：规范、清晰、准确、易读。

本节主要介绍嵌入式控制系统的原理图设计过程中需遵循的基本原则，这些原则也适用于其他系统的硬件电路原理图设计。

原理图设计大致包括器件选型、电路连线、电路检查等环节。

1. 微处理器选型原则

微处理器是嵌入式控制系统硬件电路的核心部件，其架构、性能、接口资源直接影响到系统功能、性能的实现，以及后续设计工作的复杂程度。

微处理器的选型主要考虑的因素有：产品的应用领域、微处理器的架构及性能、微处理器片上资源、开发工具等技术因素，还有芯片的封装、价格、供货周期、技术支持等市场因素。

（1）产品的应用领域

目前，微处理器按温度适应能力及可靠性分为 4 类：商业级（0～70℃）、工业级（−40～85℃）、汽车级（−40～125℃）及军工级（−55～125℃），当然还有一些特殊的领域，例如航空航天领域，特定环境的应用要求温度在 400℃以上。从级别含义来讲，就是指工作温度范围及适应温度变化的性能，但由此也涉及工艺、材料及本身的功耗。比如商业级和工业级用塑封或树脂封装，军品级用陶瓷封装。需要注意的是，军品级主要体现在极限指标上，功耗往往比商用和民用要高。

一般来讲，大多数型号的微处理器芯片都有多个级别的产品，它们按芯片型号的后缀字母来区分，当然不同的厂家后缀字母的含义也不一样。

例如：STM32F103C8T6 的最后一位数字“6”即表示其适用的温度范围为-40～85℃。

（2）微处理器的架构及性能

微处理器架构主要指嵌入式微处理器的内核架构，目前商用嵌入式微处理器的内核架构有 30 多种，包括 ARM、MIPS、PowerPC、x86 和 SH 等。不同架构的微处理器内核特性并不完全相同，在微处理器选型过程中需要针对所设计的产品慎重考虑。

同一类型架构、不同版本的内核架构性能也不同。就 ARM 微处理器架构而言，目前演变了包括 ARMv3、ARMv4（T）、ARMv5、ARMv6、ARMv7 等不同版本的内核架构，版本的升级往往意味着性能的升级。当然，嵌入式控制系统中并不追求性能的极致，适用于系统需求的才是最合适的选择。

即使内核架构相同的嵌入式微处理器，由于生产、制造厂商不同最终产品的性能表现也可能大相径庭。例如，Intel XScale 嵌入式微处理器尽管也采用 ARM v5TE 架构，但凭借 Intel 在处理器设计和制造领域多年的积累，Intel XScale 系列处理器拥有比其他同等级处理器高得多的主频，因此处理性能也得以明显提升。

微处理器的架构基本上决定了它的计算和处理能力，在选择时应以满足应用系统对微处理器的要求为前提。为了判断微处理器内核及性能是否能够满足应用系统的要求，需要从处理器内核及应用系统的需求两方面考虑。应用系统的需求往往取决于以下因素：

1）应用系统需要微处理器完成哪种类型的工作，这些工作对计算量的需求有多大？

对于嵌入式控制系统而言，如果使用的是传统的测量元件（传感器），控制算法也只是 PID 控制等简单的控制律，则不存在很大的计算量。若被控量的测量采用机器视觉等有大量数据的测量手段，控制算法也使用神经网络等智能控制技术，则图像处理、神经网络的计算将耗费 CPU 大量的资源和时间，这时一个足够强劲的微处理器内核是必需的，有条件的需要考虑采用多核处理器或者 CUDA 等专用处理器。

2）应用系统中是否存在多任务并发的情形，并发的任务数有多少？

所谓的多任务并发是指系统中存在逻辑上需要同时执行的多个任务，且任务的数量大于系统中的物理处理器内核。针对这种情况，如果无法采用更多内核的处理器，则需要采用高速处理器及实时操作系统（RTOS）以完成这些任务的调度和执行。当然，有条件的时候可以采用更多内核的处理器，减少并发数。

3）应用系统中是否存在实时性要求较高的任务，有多少实时性要求高的任务？

所谓的实时性指系统应该具有的能够在限定的时间内对外来事件做出反应的特性，也即“及时”。实时任务不仅需要处理器给出正确的响应，而且必须在规定的时间内给出该响应，否则即使结果是正确的，系统也可能面临严重的后果。

实时性虽然并不绝对意味着快，但在时间上也有着严格的要求。为了满足系统的实时性要求，不仅需要合理安排任务的优先级，而且需要性能优良的调度算法，当然这些能够顺利实施的前提是微处理器必须给予支持。

（3）微处理器片上资源

所谓微处理器片上资源指集成于微处理器内部的片内功能外设（简称：片内外设），如图 4.2 所示。通常微处理器内部会集成一定数量的片内外设，包括一定数量的 RAM/ROM、总线、串口、定时/计数器、A/D、D/A 及中断管理器等。片上资源是微处理器与包括被控对象在内的外设之间进行连接、信息传输/交换的通道，因此片上资源的不同配置直接影响着系统设计和扩展的难易程度，也是影响系统设计周期的重要因素。

在嵌入式控制系统的微处理器选型中，应尽可能选择片上资源能够满足系统扩展需要的微处理器芯片，这样可以减少系统外围电路的复杂程度，增强系统的稳定性，缩短系统设计周期。

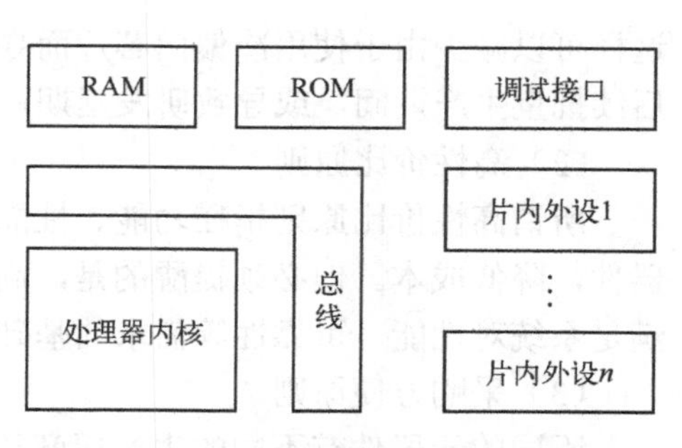

图 4.2　嵌入式微处理器一般构成

不同型号的微处理器内部功能模块的配置是不同的，而且许多微处理器有比较明确的应用范围。例如：STM32F407 系列微处理器内部不仅集成了单周期 DSP 指令和 FPU（Floating Point Unit，浮点单元），还集成了电动机驱动所需要的 PWM 通道，可以方便地连接直流无刷电动机驱动与控制模块中的功率驱动模块，大大降低了硬件电路设计的复杂性和难度。

（4）开发工具

这里开发工具指开发系统软件的工具软件。如果有支持该微处理器的集成开发环境，可以使得软件的编码、调试等工作难度降低。

开发工具的选择与系统最终使用的操作系统、应用软件等因素有关。目前，如果最终的应用系统需要使用 Linux 等操作系统，那么一般开发环境也基于桌面型 Linux 操作系统构建。基于 Linux OS 的交叉开发环境中集成开发环境不多，编译器多采用开放源代码的 GCC 编译器与相应的编译器等，而源代码编辑器可以采用第三方的纯文本编辑器，如 UltraEdit、Vi、SouceInsight 等。

如果最终的应用系统不移植操作系统，那么交叉开发环境既可以是基于 Linux OS 的，也可以是基于 Windows OS 的，这时可使用如 Keil μVersion、IAR Embedded Workbench for ARM、ARM Developer Suite（ADS）等集成开发环境。这些集成开发环境集成了源代码编辑器、编译器、调试器等，界面友好，使用方便。

如果最终的应用系统采用如μC/OS-II/III、VxWorks、Android 等操作系统，那么交叉开发环境的构建应符合上述嵌入式操作系统的需要。例如：Windriver 公司提供了 VxWorks 的专用开发环境 tornado。

微处理器的选型除遵循上述原则以外，还需考虑性价比、供货期等因素。如果产品设计中所采用的微处理器是团队首次使用，那么可以在确定具体型号前参考与本产品需求比较接近的成功设计，或由微处理器制造者、合作方提供的开发板。

开发板是公开给用户的参考设计，虽说不是最终产品，但也是经过严格验证的，其核心电路、外围电路有许多值得参考之处。更重要的是，可以借助开发板进行软件的初步验证。这些可以为后续的产品研发积累经验，减少犯错误的概率。

2．外围核心元器件的选型原则

外围核心元器件指扩展外围电路的主要元器件。为减少开发过程中的困难，降低开发成本和风险，需要精心选择主要元器件。

一般来说，外围核心元器件的选型应该遵守以下原则：

（1）普遍性原则

外围的元器件尽可能采用被广泛使用、验证过的成熟芯片，少使用冷门、偏门的芯片。

这样可以减少由于使用冷偏门芯片而导致的风险，这种风险既存在于研发工程中，也存在于后续批量生产期间，或导致研发延期，或生产供货的滞后。

（2）高性价比原则

所谓高性价比原则指在功能、性能、使用率都相近的情况下，尽量选择价格比较低的元器件，降低成本。但必须提醒的是，高性价比并不意味着选用最便宜的元器件，而是在能够满足系统对性能、可靠性等需求的基础上，寻找价廉质优的元器件。

（3）采购方便原则

不同的元器件有不同的生产厂商和供货商家，因此造成同类型器件的供货周期、服务、备货都不尽相同。为保证研发、生产进度，在选择元器件时，应尽量选择容易买到、供货周期短的元器件。

（4）持续发展原则

持续发展原则指尽量选择在可预见的时间周期内，不会停产的元器件；或即使因不可预见原因，该元器件停止供货，也可找到相应的引脚完全兼容的替代元器件。

（5）向上兼容原则

向上兼容原则指尽量选择以前老产品用过的元器件，原因在于：一则熟悉此元器件的特性，可以避免由于采用不熟悉的元器件导致的设计缺陷或不可预料问题；二则可以消化库存，降低由库存、积压导致的成本提升。

（6）资源节约原则

资源节约原则指的是：

1）对于某些集成了多个相同部件的元器件，例如：双运放/四运放芯片，在一个芯片上集成了两个/四个完全相同的运算放大器，这些放大器共用一组电源。这样，如果电路中需要两个运算放大器，则应优先选用双运放芯片。因为四运放芯片固然也可以实现电路功能，但不可避免地会增加电路板体积、成本与功耗，而且还存在引入额外干扰的风险。

2）尽可能使用集成芯片上的所有的引脚，当然必须根据系统设计需求来确定，不能盲目追求资源的利用率。

3．电路设计时遵循的基本原则

硬件原理图设计应该遵循以下基本原则：

1）数字电源和模拟电源分割，以防数字电源与模拟电源之间的串扰。

2）数字地和模拟地分割，单点接地，数字地可以直接接机壳地（大地），机壳必须接大地。

3）各功能块布局要合理，原理图需布局均衡，这会有利于电路原理图的阅读和审核，因而间接影响到电路设计的正确性和合理性。

4）可调元器件，如可调电位器、切换开关、拨码开关等，对应的功能需标识清楚。

5）重要的控制或信号线需标明流向及用文字标明功能。

6）元器件参数、数值务求准确标识，特别留意功率电阻一定需标明功率值，高耐压的滤波电容需标明耐压值。

7）保证系统各模块资源不能冲突，例如：同一 I^2C 总线上的设备地址不能相同，各外设的地址编码不能出现重叠区域等。

8）阅读系统中所有芯片的手册（一般是设计参考手册），看它们的未用输入引脚是否需要做外部处理，如果需要一定要做相应处理，否则可能引起芯片内部振荡，导致芯片不能正常工作。

9）在不增加硬件设计难度的情况下尽量保证软件开发方便，或者以小的硬件设计难度来换取更多方便、可靠、高效的软件设计，这点需要硬件设计人员懂得底层软件开发调试，要求较高。

10）应考虑系统的使用环境及功耗问题；应考虑产品散热问题，可以给功耗和发热较大的芯片增加散热片或风扇，产品机箱也要考虑这个问题，不能把机箱做成保温盒，电路板对“温室”效应是敏感的；还要考虑产品的安放位置，最好是放在空间比较大、空气流动畅通的位置，有利于热量散发出去。

4.2.2 PCB图设计的基本规则

在完成原理图设计后，一般可以开始 PCB 图设计，其基本流程如图 4.3 所示。PCB 图设计的基础是原理图，PCB 中所有的元器件、连接关系均来自于原理图。现有的电路设计软件一般具有从原理图过渡到 PCB 所需要的一些功能，包括导入用于描述元器件和连接关系的网表文件等。而 PCB 设计阶段最重要的工作是：

1）PCB 布局。

2）PCB 布线。

以下介绍的基本规则就是围绕上述两项主要工作展开的。

1. PCB 布局的基本规则

顾名思义，PCB 布局的主要工作就是将元器件放置于 PCB 的合适位置。PCB 布局是一项富有技巧性和艺术性的工作，难度较大。其布局的合理程度不仅影响到后续工作（布线）的成功与否，还影响到成品的美观程度。当然布局最基本的目标就是保证电路板布线的布通率，同时保证电路板的性能和稳定性能够满足系统需求。

布局阶段可参考如下基本原则：

（1）按电气性能合理分区。

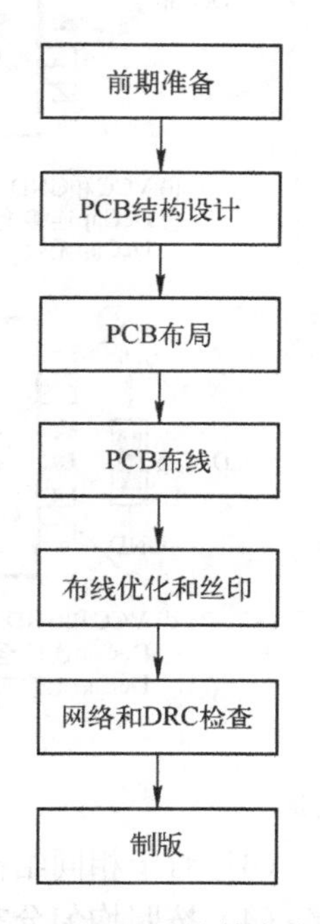

图 4.3　PCB 设计基本流程

按照在线路中传输的信号特性，嵌入式（控制）系统电路可分为数字电路区、模拟电路区和功率驱动区等。其中数字电路区的信号电压低、电流小，因此容易受到其他区域电路的干扰，同时数字电路区的信号往往包含高频信号，也容易产生干扰信号。模拟电路区的信号电压一般高于数字电路区，但远低于功率驱动区，由于模拟信号是连续变化的，因此其他区域信号的扰动很容易对其产生影响，即怕被其他区域的信号干扰。功率驱动区的信号一般电压较高，往往电流也较大，很容易对其他区域信号产生辐射干扰，是电路板上主要的干扰源。

为了满足系统的电磁兼容和性能要求，在布局时应考虑按电气性能合理分区，并尽量保证 3 个区域之间有足够的空间。尽可能使得高电压、大电流信号与小电流、低电压的弱信号完全分开；模拟信号与数字信号分开。

按照线路中信号的频率，电路又可以分为低频信号与高频信号。参照分区原则，除了将高频信号和低频信号分区外，高频信号与低频信号也需要分开，同时高频元器件之间的间隔要充分大。

（2）布局时应满足总的连线尽可能短，关键信号线最短。

缩短信号连线有助于提高信号传输速率、降低干扰、提高性能。为此，在布局时除了尽量将元器件靠近放置外，还应将完成同一功能的电路尽量靠近放置，并调整各元器件以保证连线最为简洁；同时，调整各功能块间的相对位置使功能块间的连线最简洁。

此外，部分特殊元器件的放置方案需要考虑充分。例如：时钟发生器（晶振）应尽量靠近使用该器件的芯片及其对应引脚；去耦电容应尽量靠近集成芯片电源输入和地的引脚，并使之与电源和地之间形成的回路最短。图 4.4 所示为去耦电容布线示意图，其中图 f 是正确的。

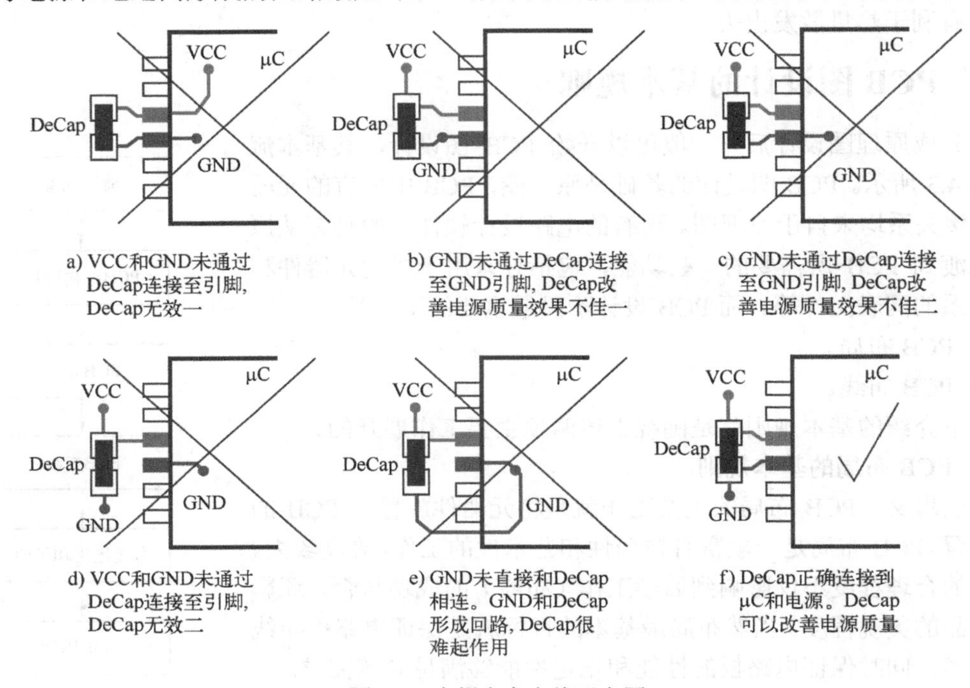

图 4.4　去耦电容布线示意图

（3）对于相同结构电路部分，如果可能，可采用“对称式”标准布局。

（4）按照均匀分布、重心平衡、版面美观的标准优化布局。

（5）布局应参考硬件总体设计框图及原理图，可根据电路板信号的流向规律安排主要元器件。

（6）同类型插装元器件在 X 或 Y 方向上应朝一个方向放置，同类型的有极性分立元器件（如电解电容、二极管等）应尽量在 X 或 Y 方向上保持一致。

（7）发热元器件一般应均匀分布，以利于单板和整机散热；温度敏感元器件应远离发热量大的元器件。

（8）在放置元器件时，要考虑元器件的实际尺寸大小（所占面积和高度）、元器件之间的相对位置，以保证电路板的电气性能和生产安装的可行性、便利性。同时，应该在保证上面原则能够体现的前提下，适当调整元器件的摆放，使之整齐美观，如同样的元器件要尽量摆放整齐、方向一致，不能摆得“错落有致”。

（9）接插件一般放置在印制电路板的边缘，特殊的接插件，如 JTAG 下载口等，放置在相关的芯片附近，不宜距离过远，以免引入干扰影响信号质量。

2．PCB 布线的基本规则

布线是整个 PCB 设计中最繁重的工序，直接影响着 PCB 的性能。在 PCB 的设计过程中，布线一般有 3 个层次的要求：

首先是布通，这是 PCB 设计的最基本的要求。如果线路都没布通，那将是一块不合格的电路板。

其次是满足电气性能的要求。这是衡量一块印制电路板是否合格的标准。在布通之后，通过调整和优化布线，使其达到最佳的电气性能。

最后是美观。在保证布通和电气性能的基础上，布线要整齐划一，不能纵横交错毫无章法。

此外，布线主要遵循以下原则：

1）布线的优先次序：电源、模拟小信号、高速信号、时钟信号和同步信号等关键信号，哪个优先不限。

一般情况下，首先应对电源线和地线进行布线，以保证电路板的电气性能。

电源线和地线对保证电路板的性能有着举足轻重的影响。在条件允许的范围内，尽量加宽电源、地线宽度，它们的关系是：地线线宽＞电源线线宽＞信号线线宽，通常信号线线宽为 0.2～0.3mm（8～12mil），最细宽度可达 0.05～0.07mm（2～2.8mil），电源线线宽一般为 1.2～2.5mm（48～100mil）。

有条件的情况下，数字电路的 PCB 可用宽的地线组成一个回路，即构成一个地网来使用，但模拟电路的地则不能这样使用。

2）预先对要求比较严格的线（如高频线）进行布线，输入端与输出端的边线应避免相邻平行，以免产生反射干扰。必要时应加地线隔离，两相邻层的布线应互相垂直，平行容易产生寄生耦合。

3）振荡器外壳应接地，时钟线要尽量短，且不能引得到处都是。时钟振荡电路下面、特殊高速逻辑电路部分要加大地的面积，而不应该走其他信号线，以使周围电场趋近于零。

4）PCB 设计中应避免产生锐角和直角，不可使用 90°折线，一般使用 135°折线，要求高的线还要用双弧线，以减小高频信号的辐射。

5）任何信号线都不要形成环路，如不可避免，环路应尽量小。

6）信号线的过孔要尽量少，过孔尺寸一般采用 1.27mm/0.7mm（50mil/28mil）；当布线密度较高时，过孔尺寸可适当减小，但不宜过小，可考虑采用 1.0mm/0.6mm（40mil/24mil）。

7）同一网络的布线宽度应保持一致，关键的线尽量短而粗，并在两边加上保护地。

8）通过扁平电缆传送敏感信号和噪声场带信号时，要用“地线—信号—地线”的方式引出。

9）关键信号应预留测试点，以方便生产和维修检测用。

10）经初步网络检查和动态规则检测（DRC）检查无误后，对未布线区域进行地线填充，用大面积铜层作地线用，在印制板上把没被用上的地方都与地相连接作为地线用。或是做成多层板，电源、地线各占用一层。

PCB 设计是一项十分细致的工作，不仅要求设计人员要细心，思路要缜密，要具备十分丰富的专业知识，甚至还带有一些艺术和审美的要求。当然，经验的积累有时也能够使得这项工作的难度降低，但过分依赖经验则可能导致相左的结果。

4.3 嵌入式系统软件设计

软件是嵌入式（控制）系统的核心，决定着系统的功能实现和性能指标。不同于通用 PC 领域的软件开发，嵌入式（控制）系统的软件开发需要在交叉开发环境下进行。因此，本节首先对交叉开发环境的组成进行介绍，然后介绍嵌入式（控制）系统软件的常见架构，包括轮询系统、前后台系统、基于嵌入式操作系统的多任务等，这些架构的设计隶属于嵌入式软件的总体设计阶段，需要慎重对待。

4.3.1 交叉开发环境

通用的软件开发环境与软件运行环境相同，但多数嵌入式（控制）系统的软硬件资源按照系统运行时的要求配置，一般不具备用于系统软件开发、调试使用的硬件和软件资源，因此不能像通用软件开发那样，在系统运行环境上进行软件编译和调试。因此需要采用一种称为交叉开发（Cross Developing）的模式，如图 4.5 所示。

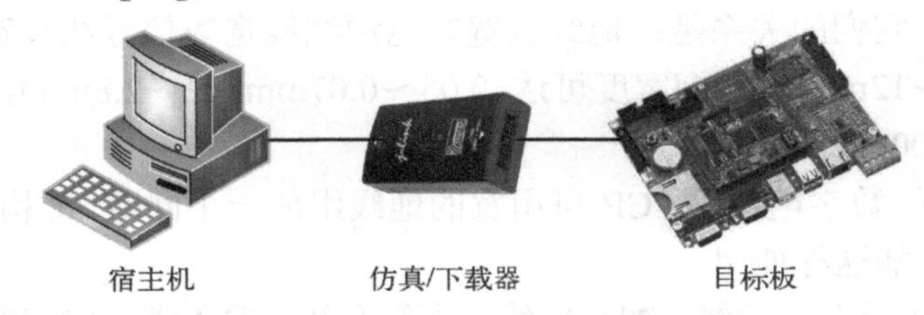

图 4.5 交叉开发硬件环境

所谓交叉开发是指先在一台通用 PC 上进行软件的编辑、编译与连接，然后下载到嵌入式设备中运行调试的开发过程。此时，通用 PC 称为宿主机，嵌入式设备称为目标板。嵌入式软件的编辑、编译、链接等工作都在宿主机上完成，但最终的运行平台却是目标板。一般而言，目标板的硬件平台与宿主机的硬件平台存在较大差别，两者的处理器架构、指令体系均不相同。宿主机和目标板通过串口、网口或仿真/下载器相连，由两者协作完成嵌入式系统的软件调试和系统测试等工作。

1. 宿主机

宿主机的任务是提供源程序编辑、编译、交叉调试所需要的软硬件环境。在宿主机上进行的工作是编辑源程序，并将之编译成目标代码，并在宿主机上进行必要的仿真调试；在调试时，宿主机为调试系统提供必要的控制程序流程、反馈/显示中间信息等功能。

宿主机通常是一台通用 PC，可以装载 Windows 系列操作系统，也可以装载 Linux OS、Mac OS 等其他类型的操作系统。为了能够完成源程序编辑等工作，宿主机上还装有代码编辑器、编译器、链接器及调试器等软件，这些软件可以是独立存在的，也可以是集成在一个称为集成开发环境（Integrated Development Environment，IDE）的软件中。在基于 Windows 系列操作系统的嵌入式开发环境中，可以选择的 IDE 较多，如 Keil μVersion、IAR Workbench 等。而在基于 Linux 操作系统的嵌入式开发环境中，IDE 的选择并不丰富，更多的是采用独立的代码编辑器、编译器等。比较流行的代码编译器有 UltraEdit、Vim、Gedit 等，编译器有 GCC 等。

2. 目标板

目标板是程序最终运行的平台，也参与系统调试与测试。在嵌入式软件编译成目标代码后，宿主机或通过模拟方式，或通过下载方式，在目标板上对软件进行调试和测试，以检测设计结果是否满足需求。

3. 仿真/下载器

仿真/下载器是宿主机和目标机的连接设备，主要功能包括：

1）提供程序的下载功能，将宿主机上编译好的目标文件传输给目标板。

2）在调试过程中提供交互信息，即将宿主机的控制信息传输给目标机，同时将目标机上用户关心的信息反馈给宿主机。

构建交叉开发环境是进行嵌入式软件开发的第一步。当然，不同的宿主机环境及目标板环境所需要的交叉开发环境也不相同，需要有针对性地构建。限于篇幅，本书不再详细介绍交叉开发环境搭建方面的工作，有兴趣的读者请自行查阅相关资料，一般所购置开发板和实验装置配套使用说明中也会包含这部分的内容。

4.3.2 轮询系统

在嵌入式系统中，比较常用的软件结构就是轮询系统（Polling System），也称为简单循环控制系统（Cycle Control System）。轮询系统的应用软件由多个子函数（子程序）组成，每个子函数负责该系统的一部分软件或硬件；这些子函数被循环调用执行，按照一定的执行顺序构成一定单向的有序环（称为轮询环），依次占用 CPU；每个函数访问完成之后，才将 CPU 移交给下一个函数使用。对于某个函数而言，当它提出执行请求后，必须等到它被 CPU 接管后才能执行。

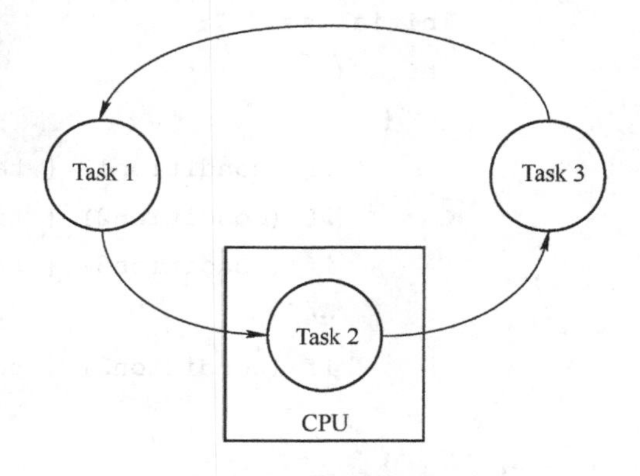

图 4.6 轮询系统示意图

轮询系统的工作原理如图 4.6 所示，假设系统存在 3 个子函数。

常见的轮询系统伪代码如下：

```
int main (void)
  {
      initialize ( );
      while ( 1 )
        {
          if (condition1) { task1( ) }
          if (condition2) { task2( ) }
          if (condition3) { task3( ) }
          …
        }
      …
  }
```

其中，initialize( )为初始化函数，一般是最先执行的子函数，主要用于完成硬件设备和软件资源的初始化工作。

完成系统初始化后，系统进入无限循环。在无限循环中，系统依次对循环中的子函数执行条件进行判断，如条件成立，则让其执行，否则就跳过该函数去执行请求的下一个函数。这种判断函数是否满足执行条件的过程，称为轮询。

轮询系统完成一个轮询的时间取决于轮循环中需要执行的函数个数（即满足执行条件的函数个数），因而轮询的时间是确定的，在系统设计时即可预测轮循环的最大执行时间，也可预测每个子函数的执行时间。

当然，轮询系统中子函数的执行次序是固定的，在运行时不能进行动态调整。这种特点决定了轮询系统在诸如多路采样系统、实时监控系统等应用中可以得到广泛使用。但这种固定的循环顺序也导致系统不区分子函数的重要程度，可能使得某些实时性要求较高的任务错过其执行期限，而使得系统无法满足实时性要求。

针对实时性要求较高的任务，或执行频率较高的任务，可以通过在循环中安排多次执行机会的方法加以弥补，这样改进后的轮询系统伪代码如下：

```
int main (void)
  {
      initialize ( );
      while (1 )
        {
            if (condition1) { task1( ) }
            if (condition2) { task2( ) }
            if (condition3) { task3( ) }
            …
            if (condition2) { task2( ) }  //task2 的实时性要求较高，多次执行
            …
        }
      …
}
```

4.3.3 前后台系统

前后台系统（Foreground-Background Systems）也称为中断驱动系统（Interrupt Driven Systems），此时应用软件通常包含一个无限的循环和若干个中断服务程序。在无限循环中，系统按照轮询方式调用子函数完成相应的操作，这部分为后台程序。后台程序掌管整个嵌入式系统软、硬件资源的分配、管理以及任务的调度，是一个系统管理调度程序。在程序运行时，后台程序检查每个任务是否具备运行条件，通过一定的调度算法来完成相应的操作。

前台程序通过中断来处理实时性要求比较严格的事件，前台程序也叫事件处理级程序。对于实时性要求特别严格的操作通常仅在中断服务程序中标记事件的发生，不再做任何工作就退出中断，经过后台程序的调度，转由前台程序完成事件的处理，这样就不会造成在中断服务程序中处理费时的事件而影响后续和其他中断。

在前后台系统中，前台中断的产生和后台任务的运行是并行的；中断由外部事件随机产生，而绝大部分是不可预知的。由于系统对外部事务的响应是由中断触发的，因此其响应时间比轮询方式更快。

除了较为复杂的实时应用之外，前后台系统能够满足几乎所有的应用要求。在大多数情况下，中断只处理那些需要快速响应的事件，并且把 I/O 设备的数据放到存储的缓冲区，再向后台发信号，其他工作由后台来完成。因此，在计算机与单用户交互、实时 I/O 设备控制的应用场合下，前后台系统是首选的工作模式。

但是前后台系统不适合以下场合：

1）高速信号处理：在该应用中，对中断的处理所花费的开销往往是多余的，此时，若采用轮询方式，系统效率会更高。

2）多个设备或者多个用户请求 CPU 服务，此时应采用多任务系统。

前后台系统的运行方式如图 4.7 所示，前后台系统需要重点考虑的是中断的现场保护和恢复、中断嵌套、中断处理过程与主程序的协调等问题。

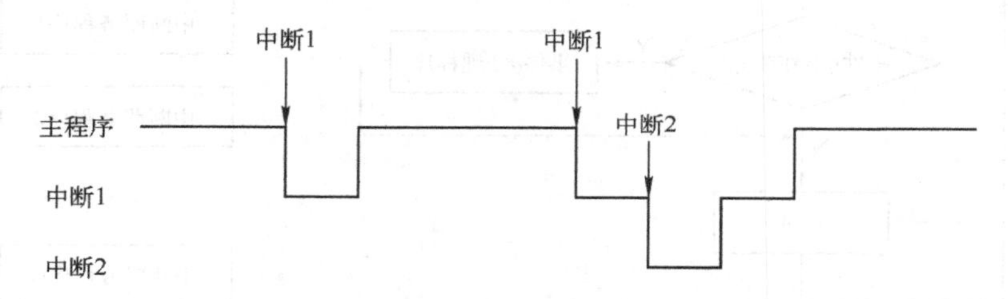

图 4.7　前后台系统运行方式

在前后台系统中，前台的中断服务程序和后台的任务有时需要进行信息或数据的交互，称为前后台交互。必须注意的是，从主程序跳转到中断服务程序时，在 ARM Cortex-M3 微处理器中还伴随着工作模式的切换，主程序运行于线程模式，而中断服务程序运行于处理模式。因此，不同于一般的子函数调用：主函数不能直接传递参数给中断服务程序。

中断服务程序与后台任务的数据传输需要通过共享存储等方式实现。顾名思义，共享存储是物理存储器中一段可由两个以上的进程（任务）共享的存储空间。要访问共享存储段的进程可以连接这段存储区域到自己的地址空间中任何适合的地方，其他进程也一样。

为保证共享存储段数据的可靠性和安全性，多个任务共享存储段时需要借助互斥量来完成。即同一时刻只能允许一个进程对共享内存进行写操作，允许访问该存储段的进程必须获得互斥锁，其他进程必须等其完成访问释放互斥锁后，才由得到互斥锁的那个进程访问共享存储段。互斥机制的存在会导致优先级翻转，即优先级高的进程被优先级低的进程挂起。

与互斥锁相配合的一个技术称为临界区。在软件设计的术语中，访问共享存储段的那段代码有一个特殊的名称——临界区。临界区的特殊性在于无论进程（任务）的优先级高低，如果该任务运行在临界区，任何其他的任务都不得因抢占等机制而打断该任务的执行，必须等该任务退出临界区后才能够访问该共享存储区的数据。

这些机制的应用有效地保证了进程间的同步，也保证了共享存储段数据的安全性和一致性，各任务不至于因为获取了不正确的共享数据而导致系统错误。图 4.8 所示为前后台程序一般流程示意图。

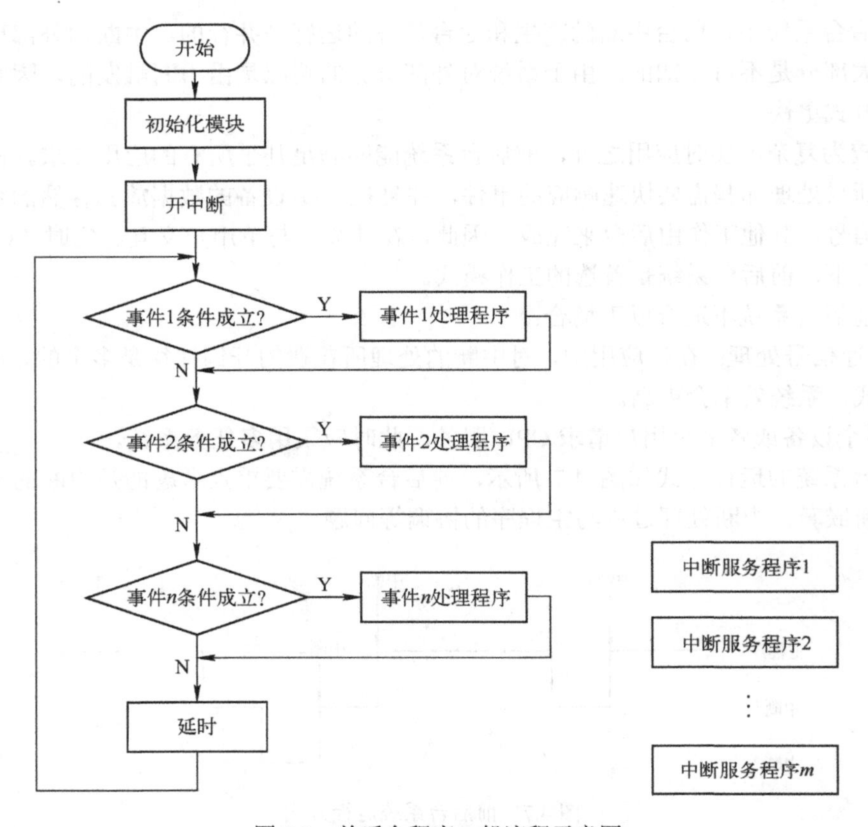

图 4.8　前后台程序一般流程示意图

4.3.4　实时多任务系统

对于一个复杂的嵌入式系统而言，当轮询系统、前后台系统难以满足系统实时性要求，或者存在一些相互关联的并发任务，难以通过简单方式解决优先级与任务调度等问题的时候，就需要采用实时多任务操作系统来解决。

实时多任务系统中，往往存在一个便于上层应用开发的平台，这就是实时操作系统（Real Time Operating System，RTOS）。实时操作系统主要完成任务切换、任务调度、任务间通信/同步/互斥、实时时钟管理、中断管理等基本工作。

为帮助理解，首先介绍与实时操作系统有关的一些基本概念。

4.3.4.1　任务的基本概念

任务（Task）是软件设计时抽象出来的相互作用的程序集合或者软件实体。任务是一个程序运行的实体，也可能是系统调度的基本单元。在概念上等同于通用操作系统中的进程。一个带有实时性性能约束的任务称为实时任务（Real-time Task）。

在实时系统中，任务一般具有 3 种状态：

1．运行态

任务正在被执行时就处于运行态，此时任务正在占用处理器。

2．就绪态

任务运行的条件已经具备，但由于有其他任务正在执行，因而该任务没有真正执行。处于就绪态的任务可以有多个，而在单处理器系统中，运行态的任务只有一个。

3. 阻塞态

任务处于阻塞态意味着它在等待某个时间或外部事件，即等待其运行的条件。处于阻塞态的任务也可以有多个。

一个任务创建后会被放入就绪态队列。该任务是否会立即执行依赖于它的优先级和处于就绪态的其他任务的优先级。所有这种状态的任务一起竞争 CPU 资源，当具有最高优先级的任务被分派到处理器中运行时，它的状态跃迁到运行态。

关于任务等概念更具体的阐述请参见本书第 6 章相关内容。

4.3.4.2 实时操作系统

操作系统（Operating System，OS）是位于计算机硬件和应用软件之间的软件，负责资源的分配和管理，并将硬件操作的细节隐藏起来以使用户更方便地使用计算机系统。操作系统还负责策略实施，定义了应用程序和资源之间的交互规则，控制应用程序的执行以避免错误和不当使用。

操作系统由若干组件构成，其核心组件被称为内核。内核提供了绝大多数计算机硬件设备的底层控制。操作系统的内核始终运行于系统模式，而其他组件和所有的应用程序运行于用户模式。操作系统还提供了应用程序接口（API），定义了应用程序使用操作系统特性及与硬件、其他应用软件通信的规则和接口。

实时操作系统是操作系统的一个重要分支，与一般的商用操作系统，如 Unix、Windows、Linux 等有共同的一面，也有不同的一面。商用操作系统一般是多任务操作系统，其目的是方便用户管理计算机资源，追求系统资源最大利用率；而实时操作系统追求的是实时性、可确定性、可靠性。

实时操作系统主要完成任务切换、任务调度、任务间通信/同步/互斥、实时时钟管理、中断管理等基本工作。

实时多任务系统中，任务之间依据一定的调度算法占用计算机资源，其上下文切换通常由外部事件的中断触发，或者由周期性的时钟触发。这类系统与前后台系统之间的区别在于：

1）各任务之间彼此可以传递控制信号，任务没有前台和后台之分，也没有循环存在。

2）当中断发生时，在提出中断请求的任务与被中断的任务之间要进行任务切换。

实时多任务系统大多数是基于层次构架的，如图 4.9 所示。每一层对于上层而言是一个虚拟计算机，下层为上层提供服务，上层利用下层提供的服务。层与层之间定义良好的接口，上下层之间通过接口进行交互与通信，每层划分为一个或多个模块（或称组件）。

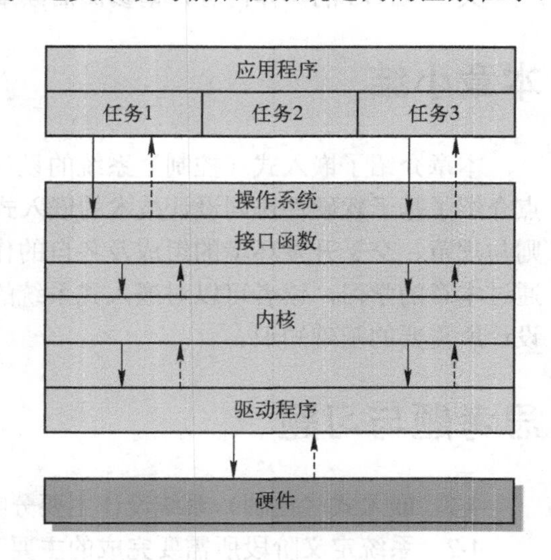

图 4.9 实时多任务系统结构

采用实时操作系统的优势：

1）提高了系统的可靠性。

2）提高了系统的开发效率，降低了开发成本，缩短了开发周期。

3）有利于系统的扩展和移植。

基于 RTOS 的软件设计基本思路如图 4.10 所示。不难看出，与无操作系统的软件设计相比，基于 RTOS 的设计有如下不同：

1）应用程序所需完成的功能可以适当划分成若干个相互独立的任务。

2）多个并发任务由操作系统进行调度，完成对外部事件的响应。

3）任务具有优先级。

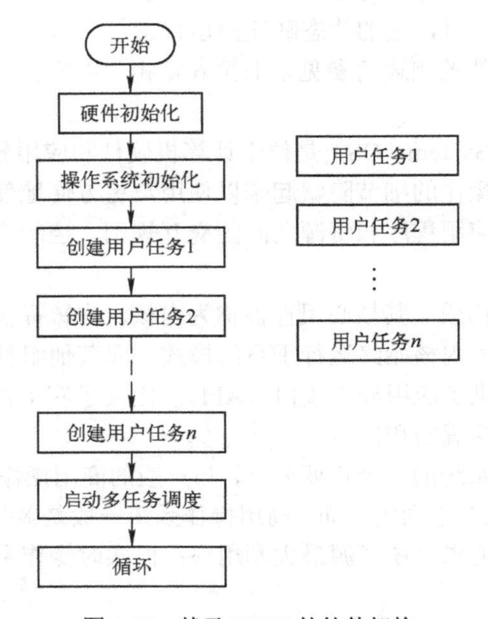

图 4.10 基于 RTOS 的软件架构

还有一点，系统中存在的多个任务之间也不能直接通信，任务间的通信借助操作系统提供的服务来实现，这些服务包括：信号量、管道、命名管道等。

关于 RTOS 的具体内容，请参阅后续章节。

本章小结

本章介绍了嵌入式（控制）系统的设计方法、硬件设计基础与主要的软件系统架构，重点介绍了基于软硬件协同设计技术的嵌入式控制系统开发流程、原理图和 PCB 设计的基本原则与规范、交叉开发环境的组成及各自的作用，以及常用的嵌入式（控制）系统软件架构。通过本章的学习，读者可以对嵌入式系统的开发有较为全面的了解，掌握嵌入式系统软硬件设计所需要的基础知识。

思考题与习题

4-1 嵌入式（控制）系统设计主要分哪几个阶段？

4-2 系统定义阶段所需要完成的主要工作目标是什么？常用的方法是什么？

4-3 简述嵌入式控制系统硬件概要设计的主要工作有哪些。

4-4 简述嵌入式控制系统软件总体设计的主要工作有哪些。

4-5 试比较软硬件协同设计与传统的系统设计方法有哪些异同点。

4-6 简述原理图设计的基本原则。

4-7 简述 PCB 设计的基本规则。

4-8 简述嵌入式系统交叉开发环境的组成及各组成部分的作用。

4-9 简述轮询系统的主要思想及优缺点。

4-10 简述前后台系统的主要思想及优缺点。

4-11 简述实时操作系统的特点及功能。

4-12 简述实时任务的基本概念及任务状态。

4-13 简述基于 RTOS 的应用软件设计思路，并比较有无 RTOS 时应用软件设计的异同点。

4-14 假设有某个机构欲研发一款电动自行车，其追求的目标是轻便、长续驶里程、快速，请根据上述描述，整理该电动自行车电气系统的功能需求、性能指标，并完成这些需求的可行性分析。

4-15 针对 4-14 中的问题，请思考并给出拟采用的软件系统架构，并阐述理由。

4-16 请以一个你在生活中接触到的嵌入式控制系统为例，分析该系统采用的软件架构，并分析是否存在可改进之处。

第 5 章 嵌入式系统接口技术

导读

本章从嵌入式微处理器的最小系统出发，系统地介绍嵌入式微处理器与外设的接口设计技术。对于每一种接口，介绍了该接口所涉及的基础知识、硬件电路的设计以及通过特殊功能寄存器或库函数控制该接口的方法。通过本章的学习，读者可以掌握硬件接口设计技术以及软件设计方法。

本章知识点

- 最小系统组成
- 电源模块的设计
- GPIO 端口
- 串行通信及 UART 端口的使用
- EXTI 中断与 NVIC 系统
- 定时器
- 模/数转换器
- CAN 总线接口
- STM32F10x 系列库函数的使用
- 常见接口部件的特殊功能寄存器

所谓接口是指两个系统或部件之间的交接部分。在计算机系统中，接口可以是两个硬件之间的电子线路，称为硬件接口；也可以是软件之间为交换信息而约定的逻辑边界，称为软件接口。嵌入式控制系统接口技术主要介绍嵌入式微处理器与外部电子器件之间的硬件接口。

本章从嵌入式微处理器最小系统设计开始，系统地介绍嵌入式系统的 GPIO 端口、人机接口、通信接口、A/D 与 D/A 接口等常用的接口扩展技术。

5.1 嵌入式微处理器的最小系统

嵌入式最小系统指在尽可能减少上层应用的情况下，能够使系统运行的最小化模块配置。以嵌入式微处理器为中心，以具有完全匹配的 Flash Memory 电路、SDRAM 电路、JTAG 电路、电源电路、晶振电路、复位信号电路和系统总线扩展等，保证嵌入式微处理器正常运行的系统，可称为嵌入式微处理器的最小系统。如图 5.1 所示是嵌入式最小系统较完整的配置，主要包括电源电路、晶振电路、复位电路、Flash Memory、RAM、JTAG 电路。

需要指出的是，由于部分嵌入式微处理器，其内部已经集成了一定容量的 Flash Memory、

ROM和RAM，因此最小系统中并不一定会出现独立的 Flash 电路和 RAM 电路。下面分别介绍各部分电路的设计。

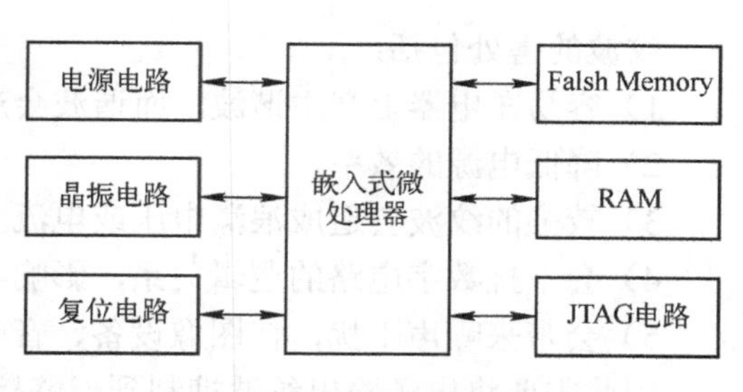

图 5.1　嵌入式最小系统组成

5.1.1　电源电路

电源电路为整个系统提供能量，是整个系统工作的基础，具有极其重要的地位，却往往被忽略。如果电源系统处理得好，整个系统的故障往往会减少一大半。在嵌入式系统领域，嵌入式微处理器在性能不断得到提升的同时，尽管在功率需求上没有明显提升，但对电源其他方面的要求在逐步提高。因此，电源电路的设计越来越值得设计人员关注。

在设计电源时，设计人员必须要考虑的因素包括：

1．输出的电压、电流、功率

电源电路为系统中的有源器件供电，包括微处理器以及其他的集成电路，如运算放大器、RAM 芯片等。在绝大部分的嵌入式控制系统中，电路所采用的有源器件难以保证所需的电源电压是统一的，电源电路通常需要输出若干路不同电压等级、不同性质的电源。因此，在设计电源电路前必须理清电路中各器件所需要的电源参数，例如电压、电流等。

此外，有时候模拟器件和数字器件虽然需要的电源在电压值上是相同的，但为了保证系统的性能，这两种器件的供电仍需要分开。这时就会出现相同电压的电源也需要分为模拟和数字相互分割的两路。

2．输入的电压、电流

输入的电压和电流通常与电源电路采用何种电源接入有关，通常有 3 类：电网直接供电（交流 220V 或 380V）、稳压电源供电（直流 24V 或 12V 等）以及电池供电。不同的供电类型取决于系统的使用场合。例如，便携式设备通常采用电池供电为主，厂房内固定的装置可以采用电网直接供电。

不同的电源接入会导致出现不同的电路方案与复杂度，因此需要在设计电源之前，确定供电类型以及相关的参数。

3．安全因素

这里的安全因素首先指电源电路的设计要保证系统和使用人员的安全。这点很好理解，例如便携式设备通常不希望直接采用电网供电，电线不宜携带固然是一大因素，更重要的是避免电网的高压电对使用者造成伤害。

其次，安全因素也是针对供电电路本身而言的。系统工作期间，电源电路需要持续稳定的输出，这给电源电路本身也带来了不小的考验。因此，电源电路的设计必须保证电源工作期间不会因发热等因素而导致崩溃、爆炸或起火。这意味着电源电路的设计应留有裕量，让该模块内部的器件工作在最佳状态，同时也需要考虑必需的散热、绝缘等措施。

4．输出纹波

直流电源纹波是由于直流稳压电源的电压波动而造成的一种现象，因为直流稳压电源一般是由交流电源经整流稳压等环节而形成的，这就不可避免地在直流中带有一些交流成分，这种叠加在直流上的交流分量就称之为纹波。

纹波的害处包括：

1）容易在电器上产生谐波，而谐波会产生较多的危害。

2）降低电源的效率。

3）较强的纹波会造成浪涌电压或电流的产生，导致烧毁电器。

4）会干扰数字电路的逻辑关系，影响其正常工作。

5）会带来噪声干扰，使图像设备、音响设备不能正常工作。

因此需要将电源输出纹波抑制到能够接受的范围内。常见的抵制纹波电压的方法有以下几种：

1）在成本、体积允许的情况下，尽可能采用全波或三相全波整流电路。

2）加大滤波电路中电容容量，条件许可时使用效果更好的 LC 滤波电路。

3）使用效果好的稳压电路，对纹波抑制要求很高的地方使用模拟稳压电源而不使用开关电源。

4）合理布线。

5. 电磁兼容和电磁干扰

电磁兼容性（EMC）是指设备或系统在其电磁环境中运行符合要求，并不对其环境中的任何设备产生无法忍受的电磁干扰的能力。EMC 包括两个方面的要求：一方面是指设备在正常运行过程中对所在环境产生的电磁干扰不能超过一定的限值；另一方面是指设备对所在环境中存在的电磁干扰具有一定程度的抗扰度。

电源电路是系统能源供应的区域，往往存在若干高频开关器件，且电路中存在较大的电流，很容易对周边的低压、小信号电路产生影响。因此电源电路的设计必须慎重考虑好电磁兼容问题。

在电源电路的设计方面，可以采取的措施包括：

1）三相电源在无熔丝断路器与变压器间装设噪声滤波器。

2）电源及大电流的线路沿着电路板边角布线。

3）开关式电源加装隔离罩以防辐射性发射干扰。

4）电源线与信号线尽量采用隔离或分开走线。

5）避免将电源与信号线接至同一接头。

6. 体积限制

通常嵌入式控制系统工作于一个空间受限、相对密闭的环境，系统的体积受应用环境的限制，必须严格控制，因此设计电源时也应考虑电路模块所占据的空间或面积。

7. 功耗限制

设计采用电池供电的便携设备时，需要考虑整体的功耗。为了降低系统整体的功耗，不仅需要采用低功耗处理器和周边电路，对电源电路本身的功耗也需要严格进行控制。为此，在同等的条件下，尽可能采用效率高的元器件和电路拓扑结构，以提高电源电路的效率。

8. 成本限制

成本因素贯穿于嵌入式控制系统设计、生产全过程，电源电路的设计也不例外。本节以基于 STM32F107 微处理器的最小系统（核心板）电源电路设计为例进行说明。

首先，设计人员要仔细阅读电路中所有元器件对于电源的需求，包括电源的电压等级、电流等，从中计算所需的各类电源的电流及总功率等参数。

表 5.1 和表 5.2 列出了 STM32F107 微处理器所需要的供电电压范围以及电流大小。

表 5.1　STM32F107 微处理器的供电电压需求表

符号	参数	条件	最小值	最大值	单位
VDD	标准工作电压	—	2	3.6	V
VDDA	模拟工作电压（未使用 ADC）	须与 VDD 保持相同	2	3.6	V
	模拟工作电压（使用 ADC）		2.4	3.6	
VBAT	备份工作电压	—	1.8	3.6	V

表 5.2　STM32F107 微处理器电流需求表

符号	条件	最大值	单位
IVDD	进入 VDD/VDDA 电源线的总电流	150	mA
IVSS	从地线 VSS 流出的总电流	150	

由上述表内数据可得：STM32F107 的内核和片内外设采用同组供电，电压范围为 2.0～3.6V，所需电流最大值为 150mA。结合市售商用电源芯片，可以初步确定给微处理器供电的电压可取为 3.3V，电流方面适当留有裕量，选取电源芯片的输出应大于 200mA 为宜。

同样的方式，可以确定最小系统中其他器件的电压和电流需求，然后综合这些数据，计算电源模块的总功率需求。

在确定电压和功率需求之后，需要确定外部供电电源形式。可供选择的外部供电电源有：AC 220V 市电、直流稳压电源/开关电源、电池模组等。

假设外部使用高质量的 5V 或 12V 直流稳压电源/开关电源，后续电源电路可通过 DC/DC 模块或线性电源器件实现电压的调整。这种电源电路模块的原理框图如图 5.2 所示，其中 3.3VD 表示供 I/O 端口和数字外设使用的数字 3.3V 电源，而 3.3VA 表示供 ADC 使用的模拟 3.3V 电源，两者在电气上可以采用 0Ω电阻、磁珠、电感等元器件进行隔离处理。

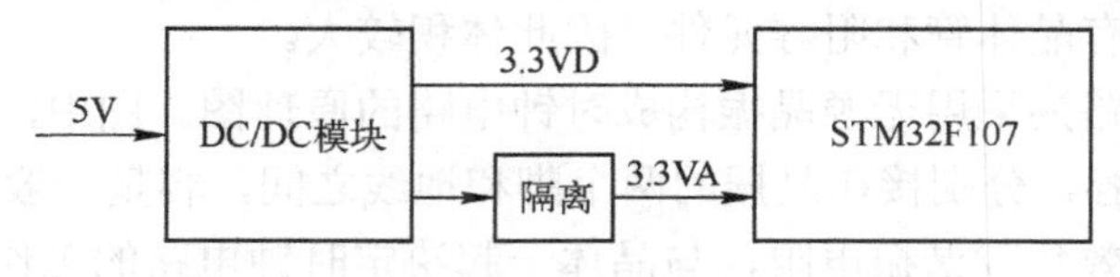

图 5.2　电源电路模块原理框图

最后选用合适的元器件实现电源电路框图的思路，形成原理图，如图 5.3 所示。由电路原理图可以看到，在电源器件 LM1085 的输出端并接了用于滤波的电容，这些电容的接入有利于改善电源输出质量，提高电源供电的稳定性，减小输出纹波等。

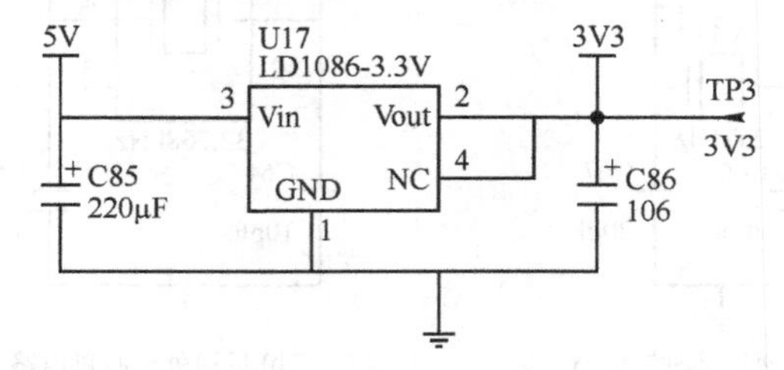

图 5.3　STM32F107 供电电路原理图

5.1.2 晶振电路

目前所有的微处理器均为时序电路，需要一个时钟信号才能工作，大多数微处理器具有晶体振荡器。简单的方法是利用微处理器内部的晶体振荡器，但有些场合（如减少功耗、需要严格同步等情况）需要使用外部振荡源提供时钟信号。

STM32F107 支持 5 种不同的时钟源，分别是高速内部时钟（HSI）、高速外部时钟（HSE）、锁相环倍频输出（PLL）、低速内部时钟（LSI）和低速外部时钟（LSE）。

1）高速内部时钟 HSI 为 RC 振荡器，默认频率为 8MHz。处理器启动时 RC 振荡器是默认的 CPU 时钟，随后通过指令切换到其他时钟源。

2）高速外部时钟 HSE 可接石英/陶瓷谐振器（无源晶振）或外部时钟源（有源晶振），频率范围为 3～25MHz。

3）锁相环倍频输出 PLL，其时钟输入源可以选择为 HSI/2、HSE。倍频可选择为 4～9 倍，但其输出频率最大不超过 72MHz。

4）低速内部时钟 LSI 也是 RC 振荡器，频率为 40kHz，可以用于驱动独立看门狗、RTC。

5）低速外部时钟 LSE 接频率为 32.768kHz 的石英晶体，可以用于驱动 RTC。

上述时钟源可以为 STM32 微处理器内核和各种外设提供时钟脉冲，而且许多片内外设的时钟源是可配置的。本节不讨论 STM32 微处理器时钟的配置，仅讨论如何设计外部时钟电路。

STM32F107 的外部有 4 个时钟引脚，分别是 OSC_IN、OSC_OUT、OSC32_IN、OSC32_OUT，其中 OSC_IN 和 OSC_OUT 用于接高速外部时钟，OSC32_IN 和 OSC32_OUT 用于连接低速外部时钟。

STM32F107 的时钟电路常使用晶振，晶振的全称为晶体振荡器，包括有源晶振和无源晶振。无源晶振与有源晶振的英文名称不同，无源晶振为 crystal（晶体），而有源晶振则是 oscillator（振荡器）。无源晶振是一个有 2 个引脚的无极性器件，需要借助于微处理器内部的时钟电路才能产生振荡信号，自身无法振荡起来；有源晶振是一个有 4 个引脚的完整的振荡器，其中除了石英晶体外，还有晶体管和阻容元件，因此体积较大。

图 5.4 所示的电路为采用无源晶振构成时钟电路的原理图。图中，C64 和 C65、C66 和 C67 是晶振的负载电容，分别接在晶振的两个脚和地线之间，容量一般在几十 pF。它主要影响负载谐振频率和等效负载谐振电阻，与晶体一起决定时钟电路的工作频率，通过调整负载电容，可将时钟电路的工作频率微调到标称值。

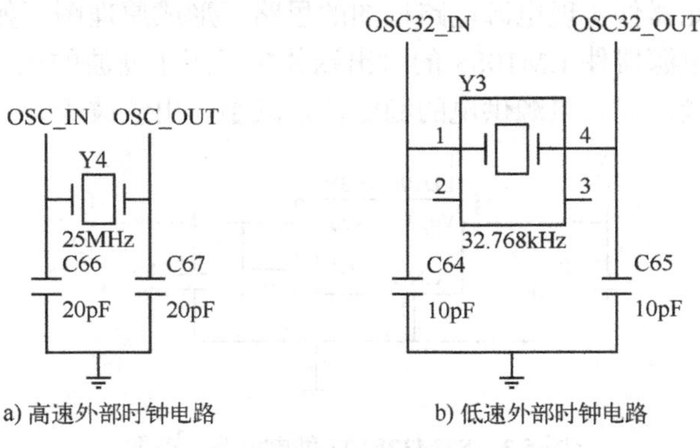

图 5.4 外部时钟源电路原理图

5.1.3 复位电路

由于微处理器内部集成了处理器内核及若干片内外设，这些部件在上电时状态并不确定，可能造成微处理器不能正确工作。为解决这个问题，所有微处理器均设计了一个复位逻辑，它负责将微处理器初始化为某个确定的状态。这个复位逻辑需要一个复位信号才能工作。部分微处理器自己在上电时会产生复位信号，但大多数微处理器需要外部输入这个信号。这个信号的稳定性和可靠性对微处理器的正常工作有重大影响。

复位电路可以使用简单的阻容复位，如图 5.5 所示，其中 74F04 为施密特反相器，将两个施密特反相器串联用于脉冲整形，即在输入脉冲波形不平整、有尖峰毛刺时，将脉冲变为方正的标准脉冲，防止因脉冲波形不平整导致的误触发。

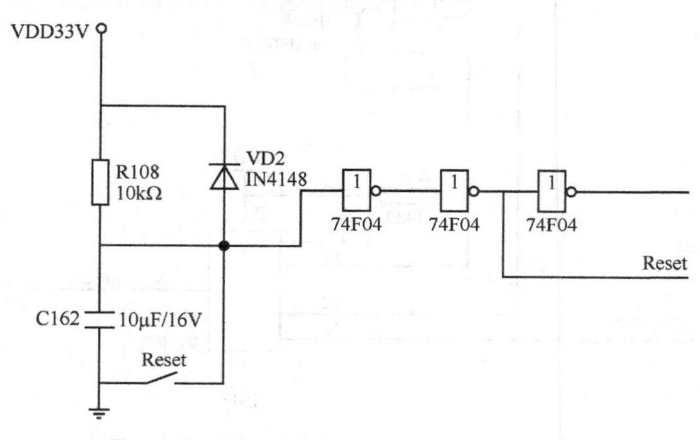

图 5.5　复位电路原理图

该复位电路的工作原理为：在系统上电时，通过电阻 R108 向电容 C162 充电，当 C162 两端的电压未达到高电平的门限电压时，Reset 端输出为低电平，系统处于复位状态；当 C162 两端的电压达到高电平的门限电压时，Reset 端输出为高电平，系统进入正常工作状态。

当用户按下 Reset 开关时，C162 两端的电荷被泄掉，Reset 输出端为低电平，系统进入复位状态。再重复以上的充电过程，系统进入正常工作状态。

这个电路成本低廉，但不能保证任何情况都可以产生稳定可靠的复位信号，适用于要求较低的场合。在要求较高的场合，建议使用专门的复位芯片。常用的复位专用芯片有 CAT800 系列、SP700 系列、SP800 系列、IPM800 系列。为了适应嵌入式系统的应用，还有带 E^2PROM 存储器和看门狗的复位芯片，可以降低系统成本和缩小产品体积，减少元器件数量，也有利于系统的稳定性。如果不需要手动复位，可选择 CAT809。如果需要手动复位，可选择 SP705/706、SP708SCN、IPM811 等。

种类繁多的复位芯片可以满足不同工作电压和不同复位方式的系统。图 5.6 给出了基于复位芯片 IPM811T 的复位电路，其中 ICE_nSRST 连接到 JTAG 的复位引脚，这样可在下载器连接的情况下实现复位，便于在线调试。

注意：

复位芯片的复位门槛的选择至关重要，一般应当选择微控制器的复位电压和时间宽度范围为标准。

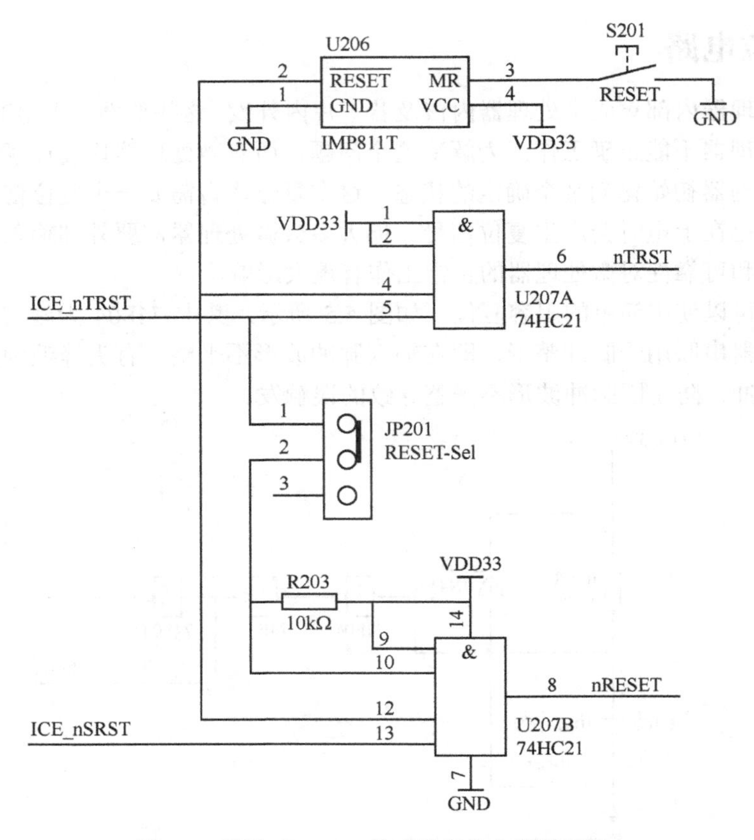

图 5.6 利用 IPM811T 构成的复位电路原理图

5.1.4 JTAG 调试接口电路

调试与测试接口不是系统运行所必需的，但是系统调试与测试、更新与升级时需要的接口。

JTAG 是一种国际标准测试协议（与 IEEE 1149.1 兼容），主要用于芯片内部测试。现今多数的微处理器和 ASIC 芯片都支持 JTAG 协议，如 DSP、FPGA、ARM、部分单片机器件等。标准的 JTAG 接口的主要信号线分别为测试模式选择（TMS）、测试时钟输入（TCK）、测试数据输入（TDI）和测试数据输出（TDO）线。该接口还有测试复位（TRST）、输入引脚、低电平有效等。

JTAG 最初是用来对芯片进行测试的，基本原理是在器件内部定义一个测试访问口（Test Access Port，TAP），通过专用的 JTAG 测试工具对内部节点进行测试。在嵌入式系统设计中，大部分的微处理器都带有 JTAG 接口，方便多目标系统进行测试，同时还可以实现 Flash 编程。一个含有 JTAG Debug 接口模块的 CPU，只要时钟正常，就可以通过 JTAG 接口访问 CPU 的内部寄存器和挂在 CPU 总线上的所有设备，如 Flash、RAM、SOC 内置模块的寄存器，像 UART、Timers、GPIO 等外设的特殊功能寄存器和数据寄存器。

STM32F107 有一个内置 JTAG 调试接口，通过这个接口可以控制芯片的运行并获取内部信息。其 JTAG 调试接口电路原理图如图 5.7 所示。

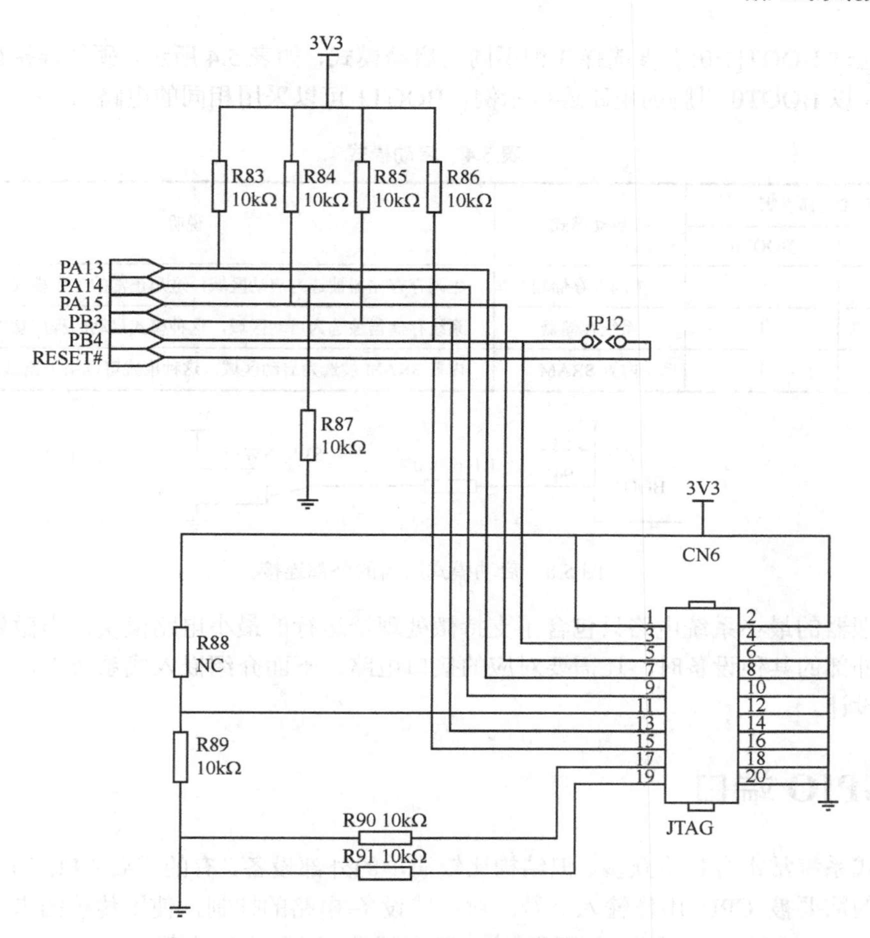

图 5.7 JTAG 调试接口电路原理图

此外，STM32F107 还支持 SWD 调试方式，该方式主要有 SWDCLK、SWDIO 两根信号线，SWDCLK 为从主机到目标的时钟信号，SWDIO 为双向数据信号。STM32F107 系列微处理器将 JTAG 调试端口与 SWD 调试端口结合在一起，功能如表 5.3 所示。

表 5.3 STM32F107 调试端口功能

SWD-DP 引脚名	JTAG 调试端口		SWD 调试端口		引脚分配
	类型	描述	类型	调试分配	
JTMS/SWDIO	输入	JTAG 测试模式选择	I/O	数据 I/O	PA13
JTCK/SWDCLK	输入	JTAG 测试时钟	输入	串行线时钟	PA14
JTDI	输入	JTAG 测试数据输入			PA15
JTDO/TEACESWO	输出	JTAG 测试数据输出		异步跟踪	PB3
JNTRST	输入	JTAG 测试复位			PB4

5.1.5 STM32 启动模式电路

STM32 最小系统设计时还应该考虑系统启动设置所需要的电路。STM32F107 系列微处理器可以通过 BOOT[1:0]引脚选择 3 种不同的启动模式，如表 5.4 所示。硬件连接如图 5.8 所示（这里仅以 BOOT0 引脚的电路连接示例，BOOT1 可以采用相同的电路）。

表 5.4　启动模式

启动模式选择引脚		启动模式	说明
BOOT1	BOOT0		
×	0	主闪存存储器	主闪存存储器被选为启动区域，这是正常的工作模式
0	1	系统存储器	系统存储器被选为启动区域，这种模式启动的程序功能由厂家设置
1	1	内置 SRAM	内置 SRAM 被选为启动区域，这种模式可以用于调试

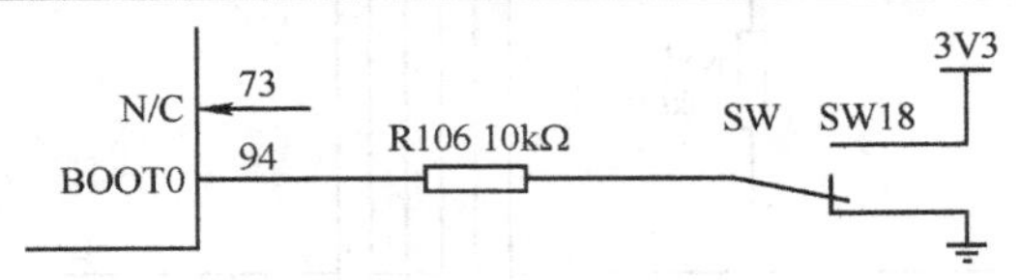

图 5.8　启动模式所需的外部连接

微处理器的最小系统电路只包含了支持微处理器运行的最小电路模块，当微处理器需要连接芯片外部的其他设备时，还需要对应的接口电路。下面介绍嵌入式系统中常用的几种接口电路的设计。

5.2　GPIO 端口

嵌入式系统常常有数量众多、但结构比较简单的外部设备，有的需要 CPU 为之提供控制手段，有的需要被 CPU 用作输入信号。对这些设备/电路的控制，使用传统的串行口或并行口都不合适，所以嵌入式微处理器一般都会提供“通用可编程 IO 接口”，即 GPIO（General-Purpose Input Output ports）。

STM32F107 的 GPIO 引脚通常分组为 PA、PB、PC、PD、PE、PF 和 PG 等，统一写为 Px。每组有 16 个引脚，将其编号为 0～15。

5.2.1　GPIO 端口简介

对于绝大多数的嵌入式微处理器，其 GPIO 端口都是多功能端口。为了解 GPIO 端口的使用方法，必须了解它的内部结构。

STM32F10x 微处理器的 GPIO 端口内部电路如图 5.9 所示，每个 GPIO 引脚都可由软件配置成：浮空输入模式、上拉输入模式、下拉输入模式、模拟输入模式、推挽输出模式、开漏输出模式、复用开漏输出模式和复用推挽输出模式，共计 8 种。下面简单介绍各种工作模式。

1）**浮空输入模式**：指在电路内部既不接上拉电阻又不接下拉电路的输入模式，这种输入模式比较简单，具有较高的直流输入等效阻抗，常用于标准通信协议（如 I^2C、UART）的场合。

2）**上拉输入模式**：指在电路内部接上拉电阻的输入模式，再经过施密特触发器转换为 0、1 电平信号。

3）**下拉输入模式**：与上拉输入模式原理相同，只是在电路内部接了下拉电阻。

4）**模拟输入模式**：指不经过内部上拉或下拉，也不经过施密特触发器的输入模式，它直接把输入的电压信号传给片上 ADC 模块。这是一种复用功能模块的使用方式。

5）**推挽输出模式**：指线路经过 P-MOS 和 N-MOS 管组成的单元电路，在输出高电平时，P-MOS 负责灌电流。在输出低电平时，N-MOS 负责拉电流。这种模式既增加了电路的负载能力又提高了开关的速度，在需要配置某引脚为高低电平时，通常使用这种模式。

6）**开漏输出模式**：指线路只经过 N-MOS 而没有接 P-MOS 管的输出模式，这种工作模式在输出 1 时断开（相当于高阻），在输出 0 时由 N-MOS 拉低。

7）**复用开漏/推挽输出模式**：这两种输出模式的原理与普通输出模式相同，只不过这两种输出模式常用于特定的场合，如 USART 通信时，输出引脚要配置成复用推挽输出模式，在使用 I²C 时要使用复用开漏输出模式。

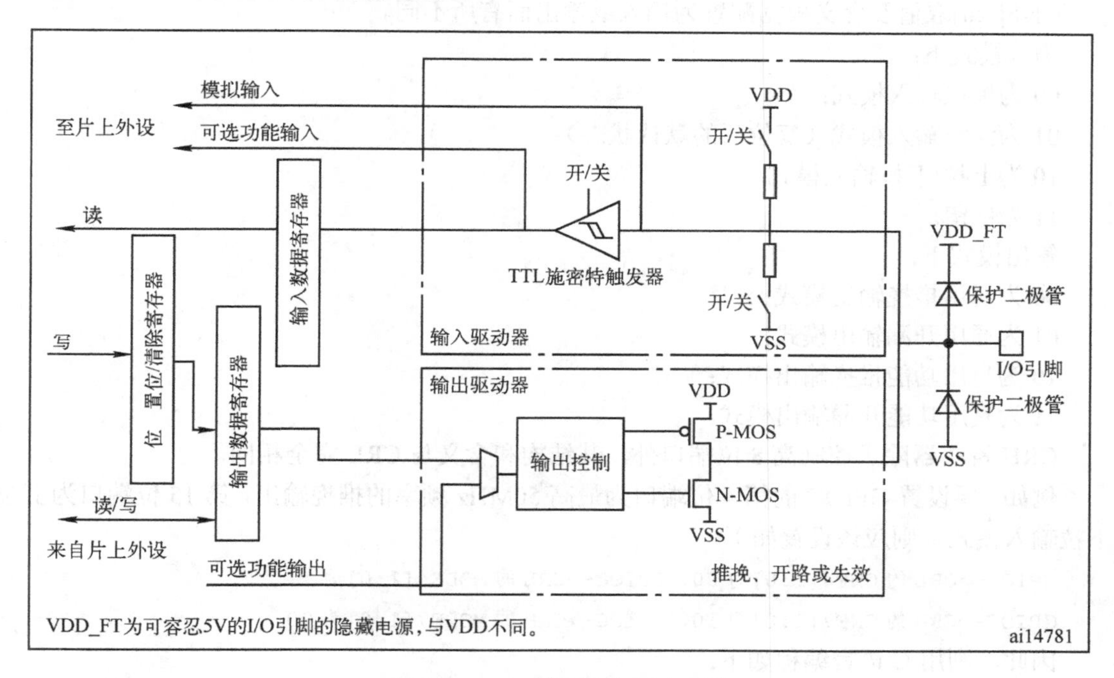

图 5.9　GPIO 端口的内部结构图

5.2.2　GPIO 寄存器

配置和使用 GPIO 端口是通过其寄存器实现的。

GPIO 端口寄存器包括端口配置低寄存器（GPIOx_CRL）、端口配置高寄存器（GPIO_CRH）、端口输入数据寄存器（GPIOx_IDR）、端口输出数据寄存器（GPIOx_ODR）、端口位设置/清除寄存器（GPIOx_BSRR）、端口位清除寄存器（GPIOx_BRR）、端口锁定寄存器（GPIOx_LCKR），其中 x 为 A～G。下面简单介绍 GPIO 端口寄存器。

1．端口配置寄存器（GPIOx_CRL 和 GPIOx_CRH）

STM32 每个 GPIO 端口有两个 32 位的配置寄存器，CRL 控制端口的低 8 位，CRH 控制端口的高 8 位。

CRL 寄存器的组成如图 5.10 所示，4 位 1 组，每组控制 1 个引脚的配置（输入输出模式）。

31	30	29	28	27	26	25	24	23	22	21	20	19	18	17	16
CNF7[1:0]		MODE7[1:0]		CNF6[1:0]		MODE6[1:0]		CNF5[1:0]		MODE5[1:0]		CNF4[1:0]		MODE4[1:0]	
rw	rw	rw	rw	rw	rw	rw	rw	rw	rw	rw	rw	rw	rw	rw	rw
15	14	13	12	11	10	9	8	7	6	5	4	3	2	1	0
CNF3[1:0]		MODE3[1:0]		CNF2[1:0]		MODE2[1:0]		CNF1[1:0]		MODE1[1:0]		CNF0[1:0]		MODE0[1:0]	
rw	rw	rw	rw	rw	rw	rw	rw	rw	rw	rw	rw	rw	rw	rw	rw

图 5.10　GPIO 配置寄存器 CRL

其中，MODE[1:0]配置输入输出模式：00 为输入模式（复位后的默认状态）；01 为输出模式，最大频率 10MHz；10 为输出模式，最大频率 2MHz；11 为输出模式，最大频率 50MHz。

CNF[1:0]取值及含义根据配置为输入或输出而有所不同。

输入模式下：

00 为模拟输入模式；

01 为浮空输入模式（复位后的默认状态）；

10 为上拉/下拉输入模式；

11 为保留。

输出模式下：

00 为通用推挽输出模式；

01 为通用开漏输出模式；

10 为复用功能推挽输出模式；

11 为复用功能开漏输出模式。

CRH 寄存器除了控制高 8 位端口外，其结构和含义与 CRL 完全相同。

例如：要设置 GPIOC 的第 4 位端口为最高 50MHz 频率的推挽输出，第 15 位端口为上拉下拉输入模式，则应该设置如下：

```
GPIOC->CRL 的 CNF4[1:0]为 00，GPIOC->CRL 的 MODE4[1:0]为 11。
GPIOC->CRH 的 CNF7[1:0]为 10，GPIOC->CRH 的 MODE7[1:0]为 00。
```

因此，利用 C 语言编程如下：

```
GPIOC->CRL&=0xFFF0FFFF;          //清除对位 4 的设置
GPIOC->CRL|=0x00030000;          //写位 4 的设置为 0011
GPIOC->CRH&=0x0FFFFFFF;          //清除对位 7 的设置
GPIOC->CRH|=0x80000000;          //写位 7 的设置为 1000
```

2．端口输入数据寄存器（GPIOx_IDR）和端口输出数据寄存器（GPIOx_ODR）

GPIOx_IDR 是输入数据寄存器，只读，如图 5.11 所示。

31	30	29	28	27	26	25	24	23	22	21	20	19	18	17	16
Reserved															
15	14	13	12	11	10	9	8	7	6	5	4	3	2	1	0
IDR15	IDR14	IDR13	IDR12	IDR11	IDR10	IDR9	IDR8	IDR7	IDR6	IDR5	IDR4	IDR3	IDR2	IDR1	IDR0
r	r	r	r	r	r	r	r	r	r	r	r	r	r	r	r

图 5.11　输入数据寄存器 IDR

其中，Bits[31:16]保留，读出始终为 0；Bits[15:0]为端口输入数据。

GPIOx_ODR 是输出数据寄存器，可读可写，如图 5.12 所示。

31	30	29	28	27	26	25	24	23	22	21	20	19	18	17	16
Reserved															
15	**14**	**13**	**12**	**11**	**10**	**9**	**8**	**7**	**6**	**5**	**4**	**3**	**2**	**1**	**0**
ODR15	ODR14	ODR13	ODR12	ODR11	ODR10	ODR9	ODR8	ODR7	ODR6	ODR5	ODR4	ODR3	ODR2	ODR1	ODR0
rw	rw	rw	rw	rw	rw	rw	rw	rw	rw	rw	rw	rw	rw	rw	rw

图 5.12　输出数据寄存器 ODR

其中，Bits[31:16]保留，读出始终为 0；Bits[15:0]为端口输出数据。

例如：将刚才设置的 GPIOC 第 4 位设置为 1，编程如下：

```
GPIOC_ODR|=1≪4;                //将 GPIOC_ODR 寄存器的第 4 位设置为 1
```

如果使得 GPIOC 第 4 位再输出低电平，编程如下：

```
GPIOC_ODR&=(～(1≪4));          //将 GPIOC_ODR 寄存器的第 4 位设置为 0
```

由于端口数据寄存器只能按端口操作，如需单独改变某几位的值，只能通过上述方法进行反复操作，这样会影响实时性，且位与位无法实现同步翻转。此时可以使用端口位设置/清除寄存器（GPIOx_BSRR）和端口位清除寄存器（GPIOx_BRR）完成。

3．端口位设置/清除寄存器（GPIOx_BSRR）

GPIOx_BSRR 用于设置某一特定引脚的输出电平，而保持其他引脚输出不变，其结构如图 5.13 所示。

31	30	29	28	27	26	25	24	23	22	21	20	19	18	17	16
BR15	BR14	BR13	BR12	BR11	BR10	BR9	BR8	BR7	BR6	BR5	BR4	BR3	BR2	BR1	BR0
w	w	w	w	w	w	w	w	w	w	w	w	w	w	w	w
15	**14**	**13**	**12**	**11**	**10**	**9**	**8**	**7**	**6**	**5**	**4**	**3**	**2**	**1**	**0**
BS15	BS14	BS13	BS12	BS11	BS10	BS9	BS8	BS7	BS6	BS5	BS4	BS3	BS2	BS1	BS0
w	w	w	w	w	w	w	w	w	w	w	w	w	w	w	w

图 5.13　端口位设置/清除寄存器 GPIOx_BSRR

其中，BRy（y=0～15）清除端口 x 的第 y 位，这些位只能写入并只能以 16 位字的形式操作。

若 BRy=0，对应的 ODRx 位不产生影响；

若 BRy=1，清除对应的 ODRx 位为 0。

BSy 设置端口 x 的第 y 位，也只能以 16 位字的形式操作。

若 BSy=0，对应的 ODRx 位不产生影响；

若 BSy=1，设置对应的 ODRx 位为 1。

注意：

如果同时设置了 BSy 和 BRy 的对应位，BSy 位起作用。

例如：将 GPIOC 的第 4 位端口输出低电平，第 5 位端口输出高电平，编程如下：

```
GPIOC->BSRR=0x00100020;
```

4．端口位清除寄存器（GPIOx_BRR）

GPIOx_BRR 用于清除某一特定引脚，而保持其他引脚输出不变，其结构如图 5.14 所示。

31	30	29	28	27	26	25	24	23	22	21	20	19	18	17	16
Reserved															
15	**14**	**13**	**12**	**11**	**10**	**9**	**8**	**7**	**6**	**5**	**4**	**3**	**2**	**1**	**0**
BR15	BR14	BR13	BR12	BR11	BR10	BR9	BR8	BR7	BR6	BR5	BR4	BR3	BR2	BR1	BR0
w	w	w	w	w	w	w	w	w	w	w	w	w	w	w	w

图 5.14　端口位清除寄存器 GPIOx_BRR

其中，BRy（y=0～15）清除端口 x 的第 y 位。这些位只能写入并只能以 16 位字的形式操作。

若 BRy=0，对对应的 ODRx 位不产生影响；

若 BRy=1，清除对应的 ODRx 位为 0。

bits[31:16]保留。

例如：将 GPIOC 第 4 位端口输出低电平，编程如下：

```
GPIOC->BRR=1≪4;
```

5．端口锁定寄存器（GPIOx_LCKR）

当执行正确的字序列设置了位 16（LCKK）时，LCKR 用于锁定端口位的配置，其结构如图 5.15 所示。在字序列写入过程中，LCKR[15:0]的值必须保持不变。当已完成某个端口位的 LOCK 序列写入后，端口的数值将无法改变，除非重启。

31	30	29	28	27	26	25	24	23	22	21	20	19	18	17	16
Reserved															LCKK
															rw
15	**14**	**13**	**12**	**11**	**10**	**9**	**8**	**7**	**6**	**5**	**4**	**3**	**2**	**1**	**0**
LCK15	LCK14	LCK13	LCK12	LCK11	LCK10	LCK9	LCK8	LCK7	LCK6	LCK5	LCK4	LCK3	LCK2	LCK1	LCK0
rw	rw	rw	rw	rw	rw	rw	rw	rw	rw	rw	rw	rw	rw	rw	rw

图 5.15　端口锁定寄存器 LCKR

其中，bits[31:17]保留；LCKK：锁定关键字，该位可读，但只能使用锁定关键字写入序列修改。LCKK=0 表示未激活，LCKK=1 表示激活，此时 GPIOx_LCKR 寄存器锁定直到重启。bits[15:0] LCKy 端口 x 锁定第 y 位（y=0～15），该位可读写，但只能在 LCKK=0 时可写。LCKy=0 表示端口设置未锁定，LCKy=1 表示端口设置锁定。

5.2.3　GPIO 库函数

GPIO 的设置与使用可以直接对寄存器进行操作，但使用此方法必须对 STM32 内部的存储器映射、寄存器操作十分熟悉。本节介绍另一种使用库函数的方法，该方法利用 ST 公司提供的函数库，可以快速进行嵌入式系统的软件开发。

首先，GPIO 寄存器组的结构体 GPIO_TypeDef 定义在库文件 stm32f10x.h 中，因此必须让使用库函数的 C 文件包含“stm32f10x_gpio.h”和“stm32f10x_rcc.h”（stm32f10x_gpio.h 文

件中包含了 stm32f10x.h 文件)。

GPIO 库函数中主要的几个函数具体说明如下:

1. void GPIO_DeInit(GPIO_TypeDef * GPIOx)

功能描述:将 GPIOx 寄存器重设为默认值。在第一次初始化前或不再使用某一个接口后可调用此函数。

参数说明:GPIOx:GPIO 端口,x 可以是 A,B,…,G。

2. void GPIO_Init(GPIO_TypeDef * GPIOx, GPIO_InitTypeDef * GPIO_InitStruct)

功能描述:根据 GPIO_InitStruct 中指定的参数初始化外设 GPIOx 的寄存器。

参数说明:GPIOx:GPIO 端口,x 可以是 A,B,…,G。

GPIO_InitStruct:指向结构 GPIO_InitTypeDef 的指针,包含了外设 GPIO 的配置信息。该结构体定义如下:

```
GPIO_InitStructDef structure        //定义于文件"stm32f10x_gpio.h"
    typedef struct
    {
      u16 GPIO_Pin;
      GPIOSpeed_TypeDef GPIO_Speed;
      GPIOMode_TypeDeff GPIO_Mode;
    } GPIO_InitDef;
```

结构体内变量的具体定义及含义请参阅《ST 库函数手册》。

例如:将 GPIOA 端口配置为浮空输入模式。

```
GPIO_InitTypeDef GPIO_InitStructure;
GPIO_InitStruceure.GPIO_Pin=GPIO_Pin_All;
GPIO_InitStruceure.GPIO_Speed=GPIO_Speed_10MHz;
GPIO_InitStruceure.GPIO_Mode=GPIO_Mode_IN_FLOATING;
GPIO_Init.(GPIOA,&GPIO_InitStructure);
```

3. void GPIO_StructInit(GPIO_InitTypeDef * GPIO_InitStruct)

功能描述:GPIO 结构体的初始化函数。

参数说明:GPIO_InitStruct 直接传入该结构体的指针。

4. void GPIO_PinLockConfig(GPIO_TypeDef * GPIOx, uint16_t GPIO_Pin)

功能描述:锁定 GPIO 的寄存器,锁定的寄存器是 GPIOx_MODER、GPIOx_OTYPER、GPIOx_OSPEEDR、GPIOx_PUPDR、GPIOx_AFRL 和 GPIOx_AFRH。在下一次复位前,被锁定的引脚不能被修改。

参数说明:GPIOx:GPIO 端口,x 可以是 A,B,…,G。

GPIO_Pin:具体的 GPIO 引脚(如 GPIO_Pin_0、GPIO_Pin_1)

5. uint8_t GPIO_ReadInputDataBit(GPIO_TypeDef * GPIOx, uint16_tGPIO_Pin)

功能描述:读取 IO 输入引脚的值。

参数说明:GPIOx:GPIO 端口,x 可以是 A,B,…,G。

GPIO_Pin:具体的 GPIO 引脚。

返回值说明:输入引脚的值 Bit_SET(高电平)或 Bit_RESET(低电平)。

6. uint16_t GPIO_ReadInputData(GPIO_TypeDef * GPIOx)

功能描述：读取端口输入 IO 数据，该函数用于读取一个 IO 端口的所有数据。

参数说明：GPIOx：GPIO 端口，x 可以是 A，B，…，G。

返回值说明：指定 IO 端口的所有数据（输入状态）。

例如：读取 GPIOB 的输入数据，并将其存放于 ReadValue 变量。

```
U16 ReadValue;
ReadValue=GPIO_ReadInputData (GPIOB);
```

7. uint8_t GPIO_ReadOutputDataBit(GPIO_TypeDef * GPIOx, uint16_tGPIO_Pin)

功能描述：读取端口 IO 输出引脚的值。

参数说明：GPIOx：GPIO 端口，x 可以是 A，B，…，G。

GPIO_Pin：具体的 GPIO 引脚。

返回值说明：输出引脚的值 Bit_SET（高电平）或 Bit_RESET（低电平）。

8. uint16_t GPIO_ReadOutputData(GPIO_TypeDef * GPIOx)

功能描述：读取输出 IO 端口的值。

参数说明：GPIOx：GPIO 端口，x 可以是 A，B，…，G。

返回值说明：指定 IO 端口的所有数据（输出状态）。

9. void GPIO_SetBits(GPIO_TypeDef* GPIOx, uint16_t GPIO_Pin)

功能描述：对端口的 IO 引脚置位（输出高电平）。

参数说明：GPIOx：GPIO 端口，x 可以是 A，B，…，G。

GPIO_Pin：具体的 GPIO 引脚或引脚的组合。

10. void GPIO_ResetBits(GPIO_TypeDef * GPIOx, uint16_t GPIO_Pin)

功能描述：对端口的 IO 引脚进行复位（输出低电平）。

参数说明：GPIOx：GPIO 端口，x 可以是 A，B，…，G。

GPIO_Pin：具体的 GPIO 引脚或引脚的组合。

11. void GPIO_WriteBit(GPIO_TypeDef * GPIOx, uint16_t GPIO_Pin, BitAction BitVal)

功能描述：对端口的 IO 引脚进行写入操作。

参数说明：GPIOx：GPIO 端口，x 可以是 A，B，…，G。

GPIO_Pin：具体的 GPIO 引脚。

BitVal：写入高电平或低电平（Bit_RESET：写入低电平，Bit_SET：写入高电平）。

12. void GPIO_Write(GPIO_TypeDef * GPIOx, uint16_t PortVal)

功能描述：对 GPIO 端口进行写入操作，适用于对统一端口的多个引脚的写入。

参数说明：GPIOx：GPIO 端口，x 可以是 A，B，…，G。

PortVal：写入高电平或低电平（Bit_RESET：写入低电平，Bit_SET：写入高电平）。

例如：向 GPIOA 写入一个数据。

```
GPIO_Write (GPIOA,0x1011);
```

13. void GPIO_ToggleBits(GPIO_TypeDef * GPIOx, uint16_t GPIO_Pin)

功能描述：翻转指定的 GPIO 端口，即若当前的 IO 是低电平，则变成高电平，反之亦然。

参数说明：GPIOx：GPIO 端口，x 可以是 A，B，…，G。

GPIO_Pin：具体的 GPIO 引脚。

5.2.4 GPIO 使用示例

【示例】 设实验系统的处理器采用 STM32F107V，电路板上设计了 4 个不同颜色的 LED 灯作为流水灯，电路连接如图 5.16 所示，其中 PD3、PD4、PD7 和 PD13 分别连接至 STM32F107V CT6 对应的引脚上，引脚编号分别为 84、85、88 和 60。

现要求编程实现循环点亮 VL5～VL8。

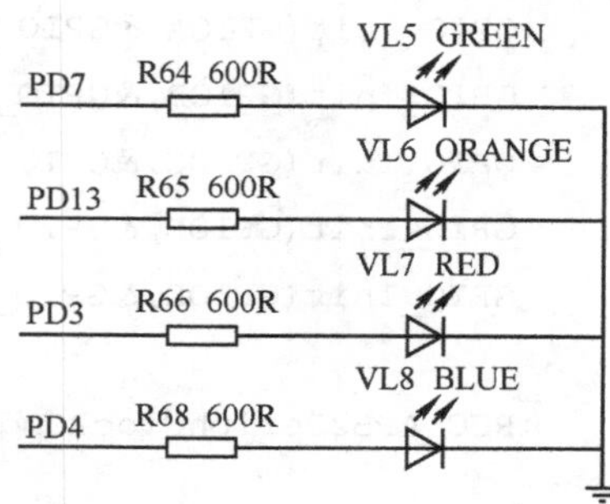

图 5.16 流水灯硬件连接图

注意：

1）特别说明：由于本章的多个示例中均涉及微处理器的引脚分布、LCD 显示屏的使用，为了避免影响阅读，微处理器的引脚分布、LCD 屏的接口电路分别在附录中给出。

2）由于在 5.2.2 节介绍 GPIO 端口寄存器时，已经列举了使用寄存器设置 GPIO 端口功能、读取/写入 GPIO 端口数据的示例。本节示例程序采用 ST 公司提供的固件库函数来完成所需的功能。

3）本书所有的示例均基于南京理工大学与上海迪尚科技有限公司联合研制的嵌入式控制系统及应用实验箱，也可以使用 Keil μVersion 中自带的仿真功能验证部分程序的功能。

【源程序及分析】

（1）头文件

这里列出完成本程序所需要的头文件，若需要查看和阅读头文件具体内容，请登录 www.cmpedu.com 上该书的页面进行下载。

```
#include "stm32f10x.h"
#include "stm3210c_eval_lcd.h"
#include "stm32_eval.h"
#include <stdio.h>
```

（2）定义私有结构体

```
GPIO_InitTypeDef GPIO_InitStructure;
```

（3）函数声明

```
void RCC_Configuration(void);              //配置系统时钟的函数
void Delay( __IO uint32_t nCount);         //自定义延时函数
```

（4）主函数

```
int main(void)
{
RCC_Configuration();                  //配置系统时钟
/*配置未使用的 GPIO 端口引脚为模拟输入模式，以降低功耗*/
    RCC_APB2PeriphClockCmd(RCC_APB2Periph_GPIOA | RCC_APB2Periph_GPIOB |
                           RCC_APB2Periph_GPIOC | RCC_APB2Periph_GPIOD |
                           RCC_APB2Periph_GPIOE,ENABLE);
```

```
  GPIO_InitStructure.GPIO_Pin=GPIO_Pin_All;
  GPIO_InitStructure.GPIO_Mode=GPIO_Mode_AIN;
  GPIO_Init(GPIOA,&GPIO_InitStructure);
  GPIO_Init(GPIOB,&GPIO_InitStructure);
  GPIO_Init(GPIOC,&GPIO_InitStructure);
  GPIO_Init(GPIOD,&GPIO_InitStructure);
  GPIO_Init(GPIOE,&GPIO_InitStructure);

  RCC_APB2PeriphClockCmd(RCC_APB2Periph_GPIOA | RCC_APB2Periph_GPIOB |
                         RCC_APB2Periph_GPIOC | RCC_APB2Periph_GPIOD |
                         RCC_APB2Periph_GPIOE,DISABLE);
 # ifdef USE_STM3210E_EVAL
  RCC_APB2PeriphClockCmd(RCC_APB2Periph_GPIOF|RCC_APB2Periph_GPIOG,ENABLE);

  GPIO_Init(GPIOF,&GPIO_InitStructure);
  GPIO_Init(GPIOG,&GPIO_InitStructure);
  RCC_APB2PeriphClockCmd(RCC_APB2Periph_GPIOF|RCC_APB2Periph_GPIOG,DISABLE);
 #endif /* USE_STM3210E_EVAL */

 /* 初始化实验板上的 LED 接口 */
  STM_EVAL_LEDInit(LED1);
  STM_EVAL_LEDInit(LED2);
  STM_EVAL_LEDInit(LED3);
  STM_EVAL_LEDInit(LED4);

 /* 初始化 LCD 显示屏，这部分无须详细了解程序细节，与本例无关 */
  STM3210C_LCD_Init();
 /* 清屏 */
  LCD_Clear(White);
 /* 设置 LCD 显示字符的颜色 */
  LCD_SetTextColor(Black);
 /* 显示提示信息 */
  printf("  STM3210C-EVAL   \n");
  printf("  Example on how to trigger GPIO\n");

  while (1)                                        //进入循环
  {
   STM_EVAL_LEDOn(LED1);                           //点亮 VL5
```

```
    LCD_DisplayStringLine(Line4,"LED1 XXXX");   //显示信息
    Delay(0xAFFFF);                             //延时

    STM_EVAL_LEDOn(LED2);                       //点亮 VL6
    LCD_DisplayStringLine(Line5,"LED2 XXXX");   //显示信息
    STM_EVAL_LEDOn(LED3);                       //点亮 VL7
    LCD_DisplayStringLine(Line6,"LED3 XXXX");   //显示信息

    STM_EVAL_LEDOff(LED1);                      //关闭 VL5
    LCD_ClearLine(Line4);                       //清除显示信息
    LCD_DisplayStringLine(Line4,"LED1");        //显示信息
    Delay(0xAFFFF);                             //延时

    STM_EVAL_LEDOn(LED4);                       //点亮 VL8
    LCD_DisplayStringLine(Line7,"LED4 XXXX");   //显示信息
    STM_EVAL_LEDOff(LED2);                      //关闭 VL6
    LCD_ClearLine(Line5);                       //清除显示信息
    LCD_DisplayStringLine(Line5,"LED2");        //显示信息
    STM_EVAL_LEDOff(LED3);                      //关闭 VL7
    LCD_ClearLine(Line6);                       //清除显示信息
    LCD_DisplayStringLine(Line6,"LED3");        //显示信息

    Delay(0xAFFFF);

    STM_EVAL_LEDOff(LED4);                      //关闭 VL8
    LCD_ClearLine(Line7);                       //清除显示信息
    LCD_DisplayStringLine(Line7,"LED4");        //显示信息
  }
}
```

（5）配置系统时钟函数

```
void RCC_Configuration(void)
{
  SystemInit();  //调用系统初始化函数，在该函数中初始化 PLL 及系统时钟等
}
```

（6）延时函数

```
void Delay(__IO uint32_t nCount)
{
  for(; nCount != 0; nCount--);
}
```

（7）STM_EVAL_LEDInit 函数

```
void STM_EVAL_LEDInit(Led_TypeDef Led)
{
  GPIO_InitTypeDef  GPIO_InitStructure;
  RCC_APB2PeriphClockCmd(GPIO_CLK[Led],ENABLE);    //使能 GPIO_LED 时钟

  /* 初始化 GPIO_LED 引脚 */
  GPIO_InitStructure.GPIO_Pin=GPIO_PIN[Led];
  GPIO_InitStructure.GPIO_Mode=GPIO_Mode_Out_PP;
  GPIO_InitStructure.GPIO_Speed=GPIO_Speed_50MHz;
  GPIO_Init(GPIO_PORT[Led],&GPIO_InitStructure);
}
```

（8）STM_EVAL_LEDOn 函数

```
void STM_EVAL_LEDOn(Led_TypeDef Led)
{
  GPIO_PORT[Led]->BSRR=GPIO_PIN[Led];
}
```

（9）STM_EVAL_LEDOff 函数

```
void STM_EVAL_LEDOff(Led_TypeDef Led)
{
  GPIO_PORT[Led]->BRR=GPIO_PIN[Led];
}
```

其余函数与本示例核心内容无关，故省略。

5.3 UART 串行接口

RS-232 通信是系统调试、测试等场合最常用的通信方式，而且几乎所有的嵌入式微处理器、PC 都提供了串行接口。本节介绍集成于 STM32 微处理器中的串行通信接口——通用异步收发器（UART）/异步/同步收发器（USART）。

5.3.1 串行通信基础

USART 包括了 RS-232、RS-449、RS-423、RS-422 和 RS-485 等接口标准规范和总线标准规范，是异步串行通信口的总称。而 RS-232、RS-449、RS-423、RS-422 和 RS-485 对应了各种异步串行通信口的接口标准和总线标准，规定了通信口的电气特性、传输速率、连接特性和接口的机械特性等内容。它实际上是属于通信网络中的物理层的概念，与通信协议没有直接关系。而通信协议，是属于通信网络中的数据链路层的概念。

USART 的工作原理是将需传输数据的每个字符一位接一位地通过通信总线传输给另一方。USART 支持异步通信和同步通信两种方式，而另一种常见的串行收发器是 UART，它在 USART 的基础上裁剪掉了同步通信功能，只支持异步通信。同步通信方式适用于大批量数据

传输的场合，相对而言使用率不如异步通信方式高，因此本书不详细讨论同步通信方式。

图 5.17 给出了异步串口通信数据帧的一般格式。其中各部分的意义如下：

起始位：先发出一个逻辑“0”的信号，表示传输字符的开始。

数据位：紧接着起始位之后。数据位的个数可以是 4、5、6、7、8 等，构成一个字符。通常采用 ASCII 码。从最低位开始传送，靠时钟定位。

奇偶校验位：数据位加上这一位后，使得“1”的位数应为偶数（偶校验）或奇数（奇校验），以此来校验资料传送的正确性。

停止位：它是一个字符数据的结束标志。可以是 1 位、1.5 位、2 位的高电平。由于数据是在传输线上定时的，并且每一个设备有其自己的时钟，很可能在通信中两台设备间出现了小小的不同步。因此停止位不仅仅是表示传输的结束，并且提供计算机校正时钟同步的机会。适用于停止位的位数越多，不同时钟同步的容忍程度越大，但是同时数据传输速率也越慢。

空闲位：处于逻辑“1”状态，表示当前线路上没有数据传送。

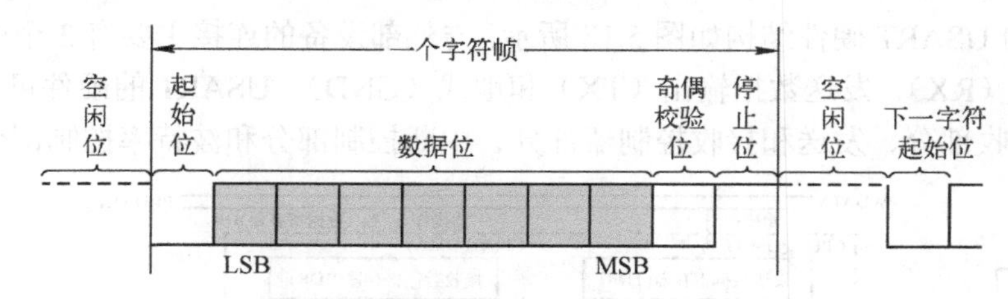

图 5.17　异步串口通信数据帧格式

异步通信中，通信双方必须事先约定以下两点：

1）数据帧格式，包括字符的编码形式、奇偶校验形式及起始位和停止位的规定。

2）波特率（Baud Rate）：波特率是数据的传输速率，即每秒钟传输的二进制位数，单位为：bit/s。字符传输速率单位为：字符/s。

例如：传输速率为 120 字符/s，而每一个字符为 10 位，则其传输的波特率为 10×120bit/s=1200bit/s=1200 波特。

异步通信要求发送端与接收端的波特率必须一致。

5.3.2　USART 简介

通用同步/异步串行收发送器（Universal Synchronous/Asynchronous Receiver/Transmitter，USART）是一个全双工通用同步/异步串行收发模块，是一个高度灵活的串行通信设备。

USART 的主要特性包括：

1）全双工异步通信。

2）分数波特率发生器系统，提供精确的波特率。发送和接收共用的可编程波特率，最高可达 4.5Mbit/s。

3）可编程的数据字长度（8 位或 9 位）。

4）可配置的停止位（支持 1 或 2 位停止位）。

5）可配置的使用 DMA 的多缓冲器通信。

6）单独的发送器和接收器使能位。

7）检测标志：接收缓冲器、发送缓冲器空和传输结束标志。

8）10 个带标志的中断源，触发中断。

9）发送方为同步传输提供时钟。

10）配备 IRDA SIR 编码器解码器：在正常模式下支持 3/16 位的持续时间。

11）智能卡模拟功能。

12）校验控制：发送校验位、对接收数据进行校验。

13）4 个错误检测标志：溢出错误、噪声错误、帧错误和校验错误。

14）其他：多处理器通信、从静默模式中唤醒和两种唤醒接收器的方式等。

5.3.3 STM32 的 USART 硬件结构

STM32F10x 系列微处理器内置 3 个通用 USART（USART1、USART2 和 USART3）和两个 UART（UART4 和 UART5）。USART 通信接口的速率可达 4.5Mbit/s，UART 通信接口的速率可达 2.25Mbit/s。

STM32 的 USART 硬件结构如图 5.18 所示，与外部设备的连接主要有 3 个引脚，分别是：接收数据输入（RX）、发送数据输出（TX）和地线（GND）。USART 的硬件可以分为 4 个部分：发送和接收部分、发送和接收控制器部分、中断控制部分和波特率控制部分。

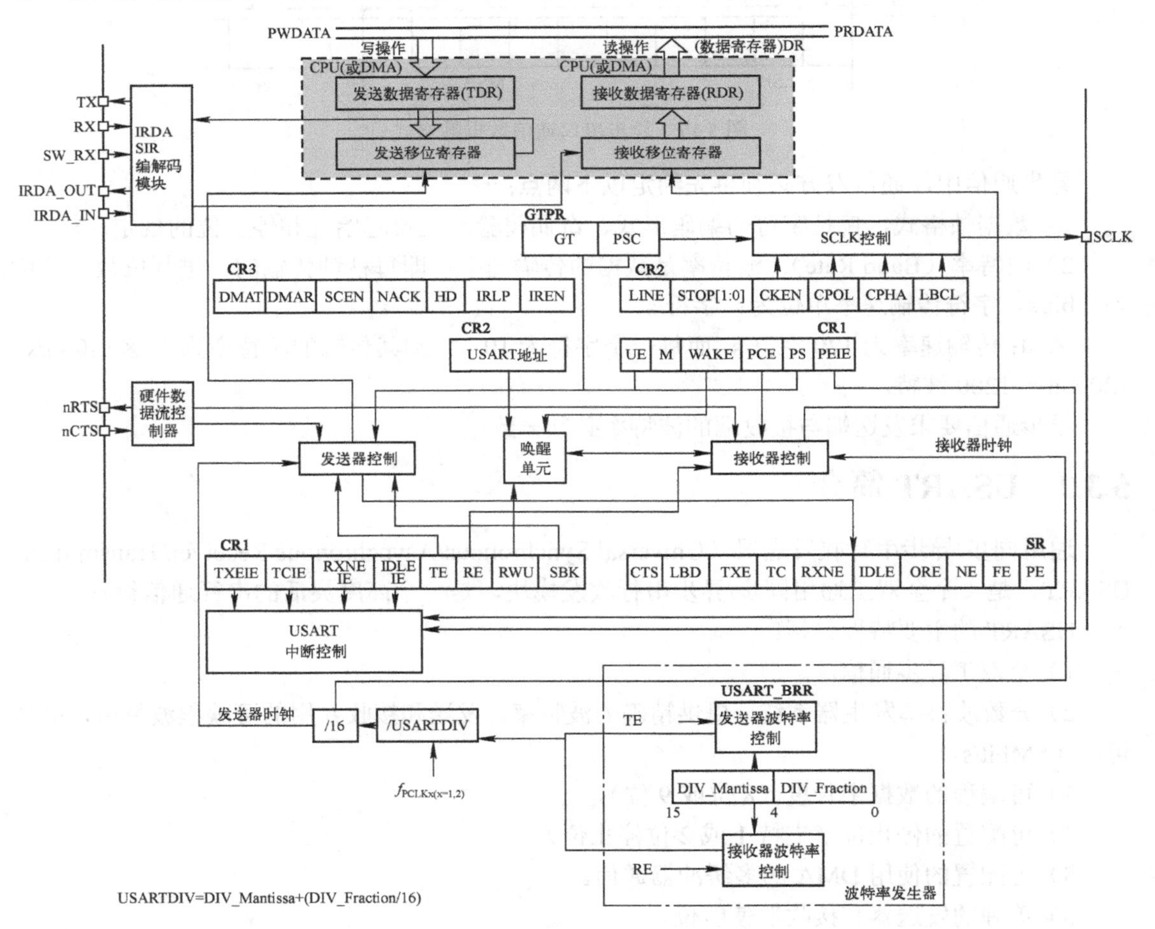

图 5.18 USART 结构示意图

1. 发送和接收部分

发送和接收部分包括相应的引脚、发送数据寄存器、接收数据寄存器、发送移位寄存器和接收移位寄存器。

当需要发送数据时，CPU或DMA外设把数据从内存写入到发送数据寄存器TDR；发送控制器将自动把数据从TDR加载到发送移位寄存器中，然后通过TX把数据逐位发送出去。在数据从TDR加载到发送移位寄存器时，产生发送TDR已空事件TXE；当数据从移位寄存器全部发送出去时，产生数据发送完事件TC；这些事件标志均可在状态寄存器中查询得到。

接收数据的过程相反，数据从RX逐位地输入到接收移位寄存器中，在接收完一帧数据后，将之自动转移到接收数据寄存器RDR；此后产生相应的事件，通知CPU或DMA设备可以从中读取数据。

2. 发送和接收控制器部分

发送和接收控制器部分包括相应的控制寄存器，如USART的3个控制寄存器（CR1、CR2和CR3）以及一个状态寄存器（SR）。通过向控制寄存器写入各种控制字可以控制发送和接收，如奇偶校验位、停止位、USART中断等。状态寄存器可随时查询并获得串口的状态。

3. 中断控制部分

中断控制部分包括USART的中断控制寄存器，支持的中断源包括：CTS改变、LIN断开符检测、发送数据寄存器空、发送完成、接收数据寄存器满、检测到总线为空闲、溢出错误、帧错误、噪声错误和校验错误等。

4. 波特率控制部分（包括波特率寄存器等）

每个USART波特率发生器都为发送器和接收器提供串行时钟，USART的发送器和接收器使用相同的波特率，计算公式如下：

$$(\text{发送器/接收器})\text{波特率}=\frac{f_{\text{ck}}}{16\times \text{USARTDIV}}$$

式中，f_{ck}为USART时钟，单位为Hz；USARTDIV为波特率除数，是一个存放在波特率寄存器（USART_BRR）的无符号定点数。

USART_BRR是一个12位的寄存器，其中DIV_Mantissa[11:4]位定义了USARTDIV的整数部分，DIV_Fraction[3:0]位定义了USARTDIV的小数部分。USARTDIV的计算公式如下：

$$\text{USARTDIV}=\text{DIV\_Mantissa}+(\text{DIV\_Fraction}/16)\text{。}$$

例如：USART_BRR值为0x18A，表示DIV_Mantissa=0x18，DIV_Fraction=0x0A，那么USARTDIV的小数部分为：$\text{DIV\_Fraction}/16=10/16=0.625$；整数部分为：24。因此，

$$\text{USARTDIV}=\text{DIV\_Mantissa}+(\text{DIV\_Fraction}/16)=24.625\text{。}$$

在串行通信中，常用的波特率有2400bit/s、9600bit/s、115200bit/s等。在进行USART初始化的过程中，必须正确设置好相关寄存器，才能正确设置波特率。而设置USART波特率的关键在于确定寄存器USART_BRR的值，也就是确定波特率除数USARTDIV的值。下面举例解释如何在已知波特率的情况下，计算波特率除数USARTDIV。

例如：设USART1使用APB2总线时钟，频率为72MHz，即$f_{\text{ck}}=72\text{MHz}$，串行通信所需要的（发送器/接收器）波特率为115200bit/s，现要求寄存器USART_BRR的值。

由波特率计算公式，可得：

$$\text{USARTDIV} = \frac{f_{\text{CLK}}}{16\times\text{波特率}} = \frac{72000000}{16\times115200} = 39.0625$$

显然，波特率除数的整数部分 DIV_Mantissa=0x27；而小数部分为 0.0625，即

$$\text{DIV}_{\text{Fraction}} = 0.0625\times16 = 1(0\text{x}1)$$

因此，USART_BRR=0x271。

5.3.4 USART 操作

USART 通信的操作步骤如下：

1）USART 串口时钟使能，GPIO 时钟使能。

使能 USART 和 USART 所需使用的 GPIO 引脚的时钟。这是 USART 发送和接收数据、波特率发生的时钟基准来源。

但需要注意的是，STM32 系列微处理器内置的 USART 和 UART 的 Tx、Rx 和 AFIO 分别挂在不同的总线桥上，因此需要调用不同的固件库函数进行初始化。

例如：UART1 是挂在 APB2 桥上，因此可以利用下面的语句完成时钟使能：

```
RCC_APB2PeriphClockCmd (RCC_APB2Periph_GPIOA |RCC_APB2Periph_USART1,ENABLE);
```

2）USART 串口复位。

复位的作用是使得 USART 的各种配置恢复到默认配置，避免因遗忘此前的设置造成本次配置的偏差。

3）GPIO 端口模式设置。

由于 GPIO 端口的默认模式是普通 I/O 端口，USART 如需使用相关的 IO 引脚，就必须将相关的引脚映射成为 USART 相应的功能引脚。

例如：STM32F107VCT6 的 PA9（编号 68）可以映射为 USART1 的 Tx 引脚，但默认的模式为 IO，因此需要将其重映射为 USART1_Tx。

4）USART 串口参数初始化。

USART 串口参数的初始化是一项很重要的准备工作，需要设置的重要参数包括：波特率、字长、帧数、停止位、校验方式和硬件流控制等。需要进行数据通信的双方必须在这些参数上完全一致，才有可能通信成功。

5）如有需要，开启中断并初始化 NVIC。

6）使能 USART 串口。

7）数据收发。

数据收发是通信的具体实现过程。通常，对于通信的任意一方而言，发送数据是主动行为，在需要的时候调用相应的函数，向 USART 的发送数据寄存器或发送数据 FIFO 写入需要发送的数据，然后由 USART 单独完成数据发送。而接收数据是被动的，只有在通信的另一方发送了数据以后，才有可能接收到正确的数据。

数据接收可用的方式有查询和中断两种。查询方式指数据通信接收方的 CPU 主动向 USART 发送查询数据接收状态的命令，以确定其是否接收到数据；如已经接收到新数据，则读取这些新数据。而中断方式指接收方通过设置 USART 相应的中断，USART 在接收到数据后，CPU 发出中断请求信号；CPU 接收到 USART 的中断请求后，再读取其所接收到的数据。相比较而言，查询方式耗费的 CPU 资源较多，而且即便频繁查询也可能无法及时获知数据接

收状态，因为通信双方的工作往往是异步的，中断方式的实时性可以得到较好的保证，且耗费的 CPU 资源也相对较低。

注意：

1）由于 USART 的数据发送是以一帧数据为单位，如前所述，一帧数据一般只包含了 8bit 的数据，如果需要发送多个字节的数据，USART 需要进行多次发送。而 USART 发送一帧数据所需要的时间相比 CPU 通过内部总线向 USART 的发送数据寄存器写入数据所花费的时间要长得多。因此，多帧数据的连续发送需要考虑到这部分时间。

2）多帧数据的接收也需要考虑类似的问题。如果未使用 USART 的 FIFO，USART 的数据缓存只有一个字节。这就意味着如果 USART 已经接收到的数据未被 CPU 及时读取，那它会被新接收到的数据覆盖。当然由于 FIFO 的容量有限，即便开启了 FIFO，也需要注意数据的及时读取。这也是中断方式比查询方式优越之处。

5.3.5 USART 寄存器

与 GPIO 端口的设置与操作相同，USART 的设置与控制也是通过相关的寄存器完成的。与 USART 相关的特殊功能寄存器有：状态寄存器（USART_SR）、数据寄存器（USART_DR）、波特率寄存器（USART_BRR）、控制寄存器 1（USART_CR1）、控制寄存器 2（USART_CR2）、控制寄存器 3（USART_CR3）及保护时间和预分频寄存器（USART_GTPR），如表 5.5 所示。

限于篇幅，本节只列出 USART 外设的寄存器及其功能描述，寄存器具体的定义请读者阅读 ST 公司的《STM32 用户手册》。

表 5.5 USART 寄存器一览表

寄存器名称	寄存器描述
USART_SR	状态寄存器
USART_DR	数据寄存器
USART_BRR	波特率寄存器
USART_CR1	控制寄存器 1
USART_CR2	控制寄存器 2
USART_CR3	控制寄存器 3
USART_GTPR	保护时间和预分频寄存器

5.3.6 USART 库函数

USART 初始设置结构体定义在 USART_InitTypeDef 在 STM32f10x_usart.h 文件中，在 C 语言程序中应包含上述头文件。USART 库函数中主要的几个函数具体说明如下：

1. void USART_Init(USART_TypeDef* USARTx, USART_InitTypeDef* USART_InitStruct)

功能描述：根据 USART_InitStruct 中指定的参数初始化外设 USARTx 寄存器。

参数说明：USARTx（x=1，2，3）：指定 USART 外设；

USART_InitStruct：指向结构体 USART_InitTypeDef 的指针，包含了外设 USART 的配置信息。结构体定义如下：

```
typedef struct
{
u32 USART_BaudRate;                  //波特率
u32 USART_WordLength;                //字符长度
u32 USART_StopBits;                  //停止位
u32 USART_Parity;                    //校验位
u16 USART_HardwareFlowControl;       //硬件流控制
```

```
u16 USART_Mode;                           //使能或失能发送和接收模式
u16 USART_Clock;                          //时钟使能或失能
u16 USART_CPOL;                           //SLCK 引脚时钟输出的极性
u16 USART_CPHA;                           //SLCK 引脚时钟输出的相位
u16 USART_LastBit;                        //同步模式下，SCLK 引脚上输出最后发出的
                                            那个数据字对应的时钟脉冲
} USART_InitTypeDef;
```

参数的具体定义参阅相应的手册。

函数 USART_Init 用于初始化 USART。

例如：

```
USART_InitStructure.USART_BaudRate=115200;            //设置波特率 115200bit/s
USART_InitStructure.USART_WordLength=USART_WordLength_8b;  //设置数据长度
USART_InitStructure.USART_StopBits=USART_StopBits_1;        //设置停止位长度
USART_InitStructure.USART_Parity=USART_Parity_No;  //设置奇偶校验位
USART_InitStructure.USART_HardwareFlowControl=
USART_HardwareFlowControl_None;                         //设置硬件流控制
USART_InitStructure.USART_Mode=USART_Mode_Rx | USART_Mode_Tx;
                                                        //设置收发使能
USART_Init(USART2,&USART_InitStructure);
```

2．void USART_Cmd（USART_TypeDef* USARTx，FunctionalState NewState）

功能描述：使能或失能 USART 外设。

输入参数：USARTx（x=1，2，3）：指定 USART 外设；

NewState：外设 USARTx 的新状态，可取：ENABLE 或 DISABLE。

例如：使能外设 USART2。

```
USART_Cmd(USART2,ENABLE);          //使能外设 USART2
```

3．void USART_SendData（USART_TypeDef* USARTx, u8 Data）

功能描述：通过外设 USARTx 发送一个字节数据。

输入参数：USARTx（x=1，2，3）：指定 USART 外设；

Data：待发送的数据。

例如：通过外设 USART2 发送数据 0x26。

```
USART_SendDate(USART2,0x26);       //通过外设 USART2 发送 0x26
```

4．u8 USART_ReceiveData（USART_TypeDef* USARTx）

功能描述：返回 USARTx 最近接收到的数据。

输入参数：USARTx（x=1，2，3）：指定 USART 外设。

返回值：接收到的字。

例如：从外设 USART2 接收一个数据。

```
U16 RxData;
RxData=USART_ReceiveData(USART2);    //从外设 USART2 接收一个数据并赋给 RxData
```

5. FlagStatus USART_GetFlagStatus（USART_TypeDef* USARTx, u16 USART_FLAG）

功能描述：检查指定的 USART 标志位设置与否。

输入参数：USARTx（x=1，2，3）：指定 USART 外设；

USART_FLAG：待检查的 USART 标志位，取值如下：

USART_FLAG_CTS：CTS 标志位

USART_FLAG_LBD：LIN 中断检测标志位

USART_FLAG_TXE：发送数据寄存器空标志位

USART_FLAG_TC：发送完成标志位

USART_FLAG_RXNE：接收数据寄存器非空标志位

USART_FLAG_IDLE：空闲总线标志位

USART_FLAG_ORE：溢出错误标志位

USART_FLAG_NE：噪声错误标志位

USART_FLAG_FE：帧错误标志位

USART_FLAG_PE：奇偶错误标志位

返回值：USART_FLAG 的新状态（SET 或 RESET）。

例如：检查接收数据寄存器是否为空时：

```
Status=USART_GetFlagStatus(USART2,USART_FLAG_RXNE);
如果不为空，返回值 SET（1），如果为空就是 RESET（0）。
```

6. void USART_ITConfig（USART_TypeDef* USARTx, u16 USART_IT, FunctionalState NewState）

功能描述：使能或失能指定的 USART 中断。

输入参数：USARTx（x=1，2，3）：指定 USART 外设；

USART_IT：待使能或者失能的 USART 中断源，USART_IT 值可以取以下的一个或多个值的组合：

USART_IT_PE：奇偶错误中断

USART_IT_TXE：发送中断

USART_IT_TC：传输完成中断

USART_IT_RXNE：接收中断

USART_IT_IDLE：空闲总线中断

USART_IT_LBD：LIN 中断检测中断

USART_IT_CTS：CTS 中断

USART_IT_ERR：错误中断

NewState：外设 USARTx 的新状态，可取：ENABLE 或 DISABLE。

例如：使能外设 USART1 的发送中断。

```
USART_ITConfig(USART1,USART_IT_TXE ENABLE);
```

7. ITStatus USART_GetITStatus（USART_TypeDef* USARTx, u16 USART_IT）

功能描述：检查指定的 USART 中断发生与否。

输入参数：USARTx（x=1，2，3）：指定 USART 外设；

USART_IT：待检查的 USART 中断源，取值同函数 USART_ITConfig 中的参数。

返回值：USART_IT 的新状态。

例如：检查外设 USART1 的发送中断。

```
FlagStatus Status;
Status=USART_GetFlagStatus(USART1,USART_FLAG_TXE);
```

8．void USART_ClearFlag（USART_TypeDef* USARTx, u16 USART_FLAG）

功能描述：清除外设 USARTx 的待处理标志。

输入参数：USARTx（x=1，2，3）：指定 USART 外设；

USART_FLAG：待清除的标志，取值同函数 USART_GetFlagStatus 中的参数。

9．void USART_ClearITPendingBit（USART_TypeDef* USARTx, u16 USART_IT）

功能描述：清除 USARTx 的中断待处理位。

输入参数：USARTx（x=1，2，3）：指定 USART 外设；

USART_IT：待检查的 USART 中断源，取值同函数 USART_ITConfig 中的参数。

例如：清除外设 USART1 的溢出错误中断待处理位。

```
USART_ClearITPendingBit(USART1,USART_IT_OverrunError);
```

5.3.7 RS-232 接口电路及使用示例

一般嵌入式微处理器集成的 UART 接口的电平符合 LVTTL 标准，而 PC 所用的 RS-232C 接口标准与此不同，如表 5.6 所示。因此两者通信必须经过信号电平的转换，常用电平转换集成芯片（又称接口芯片）来完成。RS-232 的接口电平转换芯片很多，应用最广泛的有 MAXIM 公司的 MAX232、MAX3232，ADI 公司的 ADM3101、ADM3232，TI 公司的 TRS3232、TRS232 等，ST 公司的 ST3241E 等。这些芯片引脚是完全兼容的，有的只是封装形式有所差别。

表 5.6 RS-232C 与 UART 接口电气特性

逻辑	3.3V LVTTL	RS-232C
1	2～3.3V	−15～−3V
0	0～0.4V	+3～+15V

以 ST3241E 芯片为例，该芯片有 3 个驱动器、5 个接收器以及一对泵升电路，其引脚说明如表 5.7 所示。使用该芯片扩展 RS-232 接口的电路原理图如图 5.19 所示。

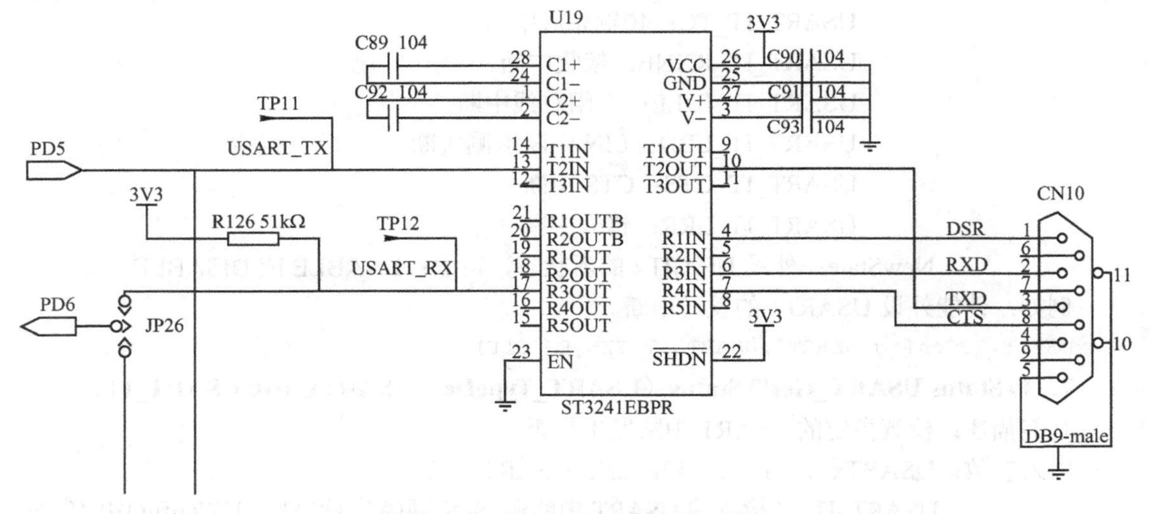

图 5.19 RS-232 接口电路原理图

表 5.7 ST3241E 引脚信号描述

编号	引脚	描　述	编号	引脚	描　述
1	C2+	反相电荷泵的正端	15	R5OUT	第五个接收器的输出
2	C2−	反相电荷泵的负端	16	R4OUT	第四个接收器的输出
3	V−	电荷泵产生的−5.5V	17	R3OUT	第三个接收器的输出
4	R1IN	第一个接收器的输入	18	R2OUT	第二个接收器的输出
5	R2IN	第二个接收器的输入	19	R1OUT	第一个接收器的输出
6	R3IN	第三个接收器的输入	20	R2OUTB	非反相互补接收器输出，总是激活等待唤醒
7	R4IN	第四个接收器的输入	21	R1OUTB	非反相互补接收器输出，总是激活等待唤醒
8	R5IN	第五个接收器的输入	22	$\overline{\text{SHDN}}$	关闭控制，低电平有效
9	T1OUT	第一个发送器的输出	23	$\overline{\text{EN}}$	接收器使能，低电平有效
10	T2OUT	第二个发送器的输出	24	C1−	倍压电荷泵电容的负端
11	T3OUT	第三个发送器的输出	25	GND	地线
12	T3IN	第三个发送器的输入	26	VCC	电源
13	T2IN	第二个发送器的输入	27	V+	电荷泵产生的+5.5V
14	T1IN	第一个发送器的输入	28	C1+	倍压电荷泵电容的正端

【示例】 设实验系统的处理器采用 STM32F107V，现要求编程，利用中断实现来传输和接收数据。

程序的具体实现途径为：通过中断将 TxBuffer2 内存缓冲区中的数据传递给 USARTz（即 USART2），USARTz 将这个数据传递给 USARTy（即 USART3），USARTy 的接收是中断处理的，中断服务程序将这些数据存放在 RxBuffer1 中，然后比较发送和接收的数据，检查传输是否正确。与此同时，通过中断将 TxBuffer1 内存缓冲区中的数据传递给 USARTy，USARTy 将这个数据传递给 USARTz，USARTz 的接收也是中断处理的，中断服务程序将这些数据存放在 RxBuffer2 中，然后比较发送和接收的数据，检查传输是否正确。

另外，在实验板上，连接 USART2 Tx 引脚（PD.05）到 USART3 Rx 引脚（PC.11），连接 USART2 Rx 引脚（PD.06）到 USART3 Tx 引脚（PC.10）。

特别说明：由于实现微处理器两个不同的 USART 之间的通信，这里的电路也可不通过 ST3241E 进行电平转换，而是直接连接微处理器的引脚。

【源程序分析】

1．头文件

```
#include "stm32f10x.h"
#include "platform_config.h"
#include "stm3210c_eval_lcd.h"
#include "stm32_eval.h"
#include <stdio.h>
```

2．函数和全局变量的声明

```
typedef enum {FAILED=0,PASSED=!FAILED} TestStatus;
#define TxBufferSize   (countof(TxBuffer))
```

```
#define countof(a)   (sizeof(a)/sizeof(*(a)))
USART_InitTypeDef USART_InitStructure;
uint8_t TxBuffer[]="Buffer Send from USART3 to USART2 using Flags";
uint8_t RxBuffer[TxBufferSize];
uint8_t TxCounter=0,RxCounter=0;
TestStatus TransferStatus=FAILED;

void RCC_Configuration(void);                    //配置系统时钟
void GPIO_Configuration(void);                   //GPIO端口配置
TestStatus Buffercmp(uint8_t* pBuffer1,uint8_t* pBuffer2,uint16_t BufferLength);
uint8_t index=0;
```

3. 主函数

```
int main(void)
  {
    RCC_Configuration();          //系统时钟配置
    GPIO_Configuration();         //GPIO端口配置

  /*USARTy和USARTz配置，配置信息：波特率230400bit/s，数据长度8bit，1位停止位，偶
校验，无硬件流控制，发送和接收使能  */
    USART_InitStructure.USART_BaudRate=230400;
    USART_InitStructure.USART_WordLength=USART_WordLength_8b;
    USART_InitStructure.USART_StopBits=USART_StopBits_1;
    USART_InitStructure.USART_Parity=USART_Parity_Even;
    USART_InitStructure.USART_HardwareFlowControl=
                                    USART_HardwareFlowControl_None;
    USART_InitStructure.USART_Mode=USART_Mode_Rx | USART_Mode_Tx;

    USART_Init(USARTy,&USART_InitStructure);          //配置USARTy
    USART_Init(USARTz,&USART_InitStructure);          //配置USARTz

    USART_Cmd(USARTy,ENABLE);                         //使能USARTy
    USART_Cmd(USARTz,ENABLE);                         //使能USARTz

    while(TxCounter<TxBufferSize)
      {
       USART_SendData(USARTy,TxBuffer[TxCounter++]);
                              //从USARTy发送一个字节给USARTz

       while(USART_GetFlagStatus(USARTy,USART_FLAG_TXE)==RESET)
                              //等待USARTy的数据寄存器为空，即等待发送完成
```

```
        {   }
    while(USART_GetFlagStatus(USARTz,USART_FLAG_RXNE)==RESET)
                                //等待 USARTz 的接收数据寄存器非空，即等待接收完成
        {   }
    RxBuffer[RxCounter++]=(USART_ReceiveData(USARTz) & 0x7F);
                                //将接收到的数据保存至 RxBuffer
  }
  GPIO_PinRemapConfig(GPIO_PartialRemap_USART3,DISABLE);
                                             //USART3 的引脚重映射
  STM3210C_LCD_Init();                       //初始化 LCD
  LCD_Clear(White);                          //清屏
  LCD_SetTextColor(Black);                   //设置 LCD 文字颜色
  printf("   STM3210C-EVAL    \n");          //在 LCD 屏上显示信息
  printf("USART with interrupt\n");

   /* 检查接收数据是否正确 */
  if(Buffercmp(TxBuffer,RxBuffer,TxBufferSize))
     printf("UART2 transmitted successful\n");
  else
     printf("UART2 transmitted failed\n");

  while (1)
  {  }
  }
```

4. RCC_Configuration 配置

```
void RCC_Configuration(void)
{
   SystemInit();                     //初始化微处理器，包括 Flash、系统时钟等
   /* 使能 GPIO 时钟 */
   RCC_APB2PeriphClockCmd(USARTy_GPIO_CLK | USARTz_GPIO_CLK |
                          RCC_APB2Periph_AFIO,ENABLE);

   /* 初始化 USARTy 的时钟 */
#ifndef USE_STM3210C_EVAL
  RCC_APB2PeriphClockCmd(USARTy_CLK,ENABLE);
#else
  RCC_APB1PeriphClockCmd(USARTy_CLK,ENABLE);
#endif
   /* 初始化 USARTz 的时钟 */
```

```
  RCC_APB1PeriphClockCmd(USARTz_CLK,ENABLE);
}
```

5. GPIO 配置

```
void GPIO_Configuration(void)
{
  GPIO_InitTypeDef GPIO_InitStructure;

#ifdef USE_STM3210C_EVAL
    /* 使能 USART3 引脚重映射 */
  GPIO_PinRemapConfig(GPIO_PartialRemap_USART3,ENABLE);

    /* 使能 USART2 引脚重映射 */
  GPIO_PinRemapConfig(GPIO_Remap_USART2,ENABLE);
#elif defined USE_STM3210B_EVAL
    /* 使能 USART2 引脚重映射 */
  GPIO_PinRemapConfig(GPIO_Remap_USART2,ENABLE);
#endif

    /* 将 USARTy Rx 引脚配置为输入浮空 */
  GPIO_InitStructure.GPIO_Pin=USARTy_RxPin;
  GPIO_InitStructure.GPIO_Mode=GPIO_Mode_IN_FLOATING;
  GPIO_Init(USARTy_GPIO,&GPIO_InitStructure);

    /* 将 USARTz Rx 引脚配置为输入浮空 */
  GPIO_InitStructure.GPIO_Pin=USARTz_RxPin;
  GPIO_Init(USARTz_GPIO,&GPIO_InitStructure);

    /* 将 USARTy Tx 引脚配置为推挽式输出 */
  GPIO_InitStructure.GPIO_Pin=USARTy_TxPin;
  GPIO_InitStructure.GPIO_Speed=GPIO_Speed_50MHz;
  GPIO_InitStructure.GPIO_Mode=GPIO_Mode_AF_PP;
  GPIO_Init(USARTy_GPIO,&GPIO_InitStructure);

    /* 将 USARTz Tx 引脚配置为推挽式输出*/
  GPIO_InitStructure.GPIO_Pin=USARTz_TxPin;
  GPIO_Init(USARTz_GPIO,&GPIO_InitStructure);
}
```

6. NVIC 配置

```
void NVIC_Configuration(void)
{
```

```
NVIC_InitTypeDef NVIC_InitStructure;

    /* 配置 NVIC 优先级抢占位 */
    NVIC_PriorityGroupConfig(NVIC_PriorityGroup_0);

    /* 使能 USARTy 中断 */
    NVIC_InitStructure.NVIC_IRQChannel=USARTy_IRQn;
    NVIC_InitStructure.NVIC_IRQChannelSubPriority=0;
    NVIC_InitStructure.NVIC_IRQChannelCmd=ENABLE;
    NVIC_Init(&NVIC_InitStructure);

    /* 使能 USARTz 中断 */
    NVIC_InitStructure.NVIC_IRQChannel=USARTz_IRQn;
    NVIC_InitStructure.NVIC_IRQChannelSubPriority=1;
    NVIC_InitStructure.NVIC_IRQChannelCmd=ENABLE;
    NVIC_Init(&NVIC_InitStructure);
}
```

7. Buffercmp 接收数据检测函数

```
TestStatus Buffercmp(uint8_t* pBuffer1,uint8_t* pBuffer2,uint16_t BufferLength)
  {
   while(BufferLength--)
   {
       if(*pBuffer1 != *pBuffer2)
       {
           return FAILED;
       }

       pBuffer1++;
       pBuffer2++;
   }

  return PASSED;
  }
```

5.4 EXTI 中断系统

绝大多数的嵌入式系统都是反应系统，需要对外部发生的事件产生正确的响应，嵌入式控制系统也是这样。但与其他嵌入式系统不同的是，嵌入式控制系统还是一个实时系统，即系统要求对外部事件的响应和处理必须在规定的时间期限内完成，这个时间期限称为截止期

（Deadline）。而外部事件的产生是不可预测的，没有固定的周期，还有可能是并发的，即有多个外部事件同时发生并要求处理器响应和处理。因此，在实际的自动控制系统中，为了满足实时性要求，外部突发事件的响应通常采用中断的形式完成。

本节主要介绍 STM32 的中断系统，首先介绍中断的基本概念。

5.4.1 中断的基本概念

中断的概念在本书 2.4.5 节已经简略介绍过，这里补充几个与中断相关的名词。

1. 中断源

中断源指产生中断信号的设备或指令。依据中断源的不同，一般把中断分成三类：硬件中断、软件中断和处理器中断。硬件设备产生的中断就是硬件中断；由 INT 指令产生的中断称为软件中断；而由 CPU 本身产生的中断就是处理器中断。

2. 中断服务程序

中断服务程序是 CPU 在收到中断信号后所执行的、为中断源提供服务的程序。一般中断服务程序比较小，不会占用 CPU 太长时间。

3. 中断响应

中断响应是当 CPU 发现有中断请求时，中止现行程序的执行，保存现场，并自动引出中断处理程序的过程。中断响应是解决中断的发现和接收问题的过程，是由中断装置完成的。中断响应是硬件对中断请求做出响应的过程，包括识别中断源、保留现场、引出中断处理程序等过程。

4. 中断优先级

为使系统能及时响应并处理发生的所有中断，系统根据引起中断事件的重要性和紧迫程度，将中断源分为若干个级别，称作中断优先级。

引入多级中断的目的是使系统能及时地响应和处理所发生的紧迫中断，同时又不至于丢失其他的中断信号。多级中断的处理原则是当多级中断同时发生时，CPU 按照由高到低的顺序逐个响应。如果高级的中断发生时，CPU 正在执行一个低级中断的服务程序，那么高级中断可以打断低级中断处理程序的运行，转而执行高级中断处理程序，等高级中断的服务程序执行完毕后，再恢复低级中断服务程序的运行，当同级中断同时到时，则按事先确定的顺序进行响应。

5. 中断嵌套

中断嵌套是指中断系统正在执行一个中断服务时，有另一个优先级更高的中断提出中断请求，这时会暂时终止当前正在执行的级别较低的中断源的服务程序，去处理级别更高的中断源，待处理完毕，再返回到被中断了的中断服务程序继续执行。

6. 中断挂起

如果中断发生时，正在处理同级或高优先级中断（异常），或该中断被屏蔽，则中断不能立即得到响应，此时中断被挂起。中断的挂起状态可通过“中断设置挂起寄存器”和“中断挂起清除寄存器”来查询，当然也可以通过写入来手动挂起某些中断。

5.4.2 STM32 的中断系统简介

ARM Cortex-M3 内核支持 256 个中断（16 个内核+240 个外部）和可编程 256 级中断优

先级的设置，与其相关的中断控制和中断优先级控制寄存器（NVIC、SYSTICK 等）也都属于 ARM Cortex-M3 内核的部分。STM32 采用了 ARM Cortex-M3 内核，所以这部分仍旧保留使用，但 STM32 并没有使用 ARM Cortex-M3 内核全部的东西（如内存保护单元 MPU 等），因此它的 NVIC 是 ARM Cortex-M3 内核的 NVIC 的子集。

STM32 目前支持 84 个中断（16 个内核+68 个外部）和 16 级可编程中断优先级的设置。STM32F107 可以支持的 68 个外部中断已固定地分配给相应的外部设备。STM32 具体支持的中断及中断向量表如表 5.8 所示。

表 5.8　STM32 中断向量表

位置	优先级	优先级类型	名称	说明	地址
	—	—	—	保留	0x0000_0000
	–3	固定	Reset	复位	0x0000_0004
	–2	固定	NMI	不可屏蔽中断	0x0000_0008
	–1	固定	硬件失效（HardFault）	所有类型的失效	0x0000_000C
	0	可设置	存储管理（MemManage）	存储器管理	0x0000_0010
	1	可设置	总线错误（BusFault）	预取指令失败，存储器访问失败	0x0000_0014
	2	可设置	错误应用（UsageFault）	未定义的指令或非法状态	0x0000_0018
	—	—	—	保留	0x0000_001C～0x0000_002B
	3	可设置	SVCall	通过 SWI 指令的系统服务调用	0x0000_002C
	4	可设置	调试监控（DebugMonitor）	调试监控器	0x0000_0030
	—	—	—	保留	0x0000_0034
	5	可设置	PendSV	可挂起的系统服务	0x0000_0038
	6	可设置	SysTick	系统嘀嗒定时器	0x0000_003C
0	7	可设置	WWDG	窗口定时器中断	0x0000_0040
1	8	可设置	PVD	连到 EXTI 的电源电压检测（PVD）中断	0x0000_0044
2	9	可设置	TAMPER	侵入检测中断	0x0000_0048
3	10	可设置	RTC	实时时钟（RTC）全局中断	0x0000_004C
4	11	可设置	FLASH	闪存全局中断	0x0000_0050
5	12	可设置	RCC	复位和时钟控制（RCC）中断	0x0000_0054
6	13	可设置	EXTI0	EXTI 线 0 中断	0x0000_0058
7	14	可设置	EXTI1	EXTI 线 1 中断	0x0000_005C
8	15	可设置	EXTI2	EXTI 线 2 中断	0x0000_0060
9	16	可设置	EXTI3	EXTI 线 3 中断	0x0000_0064
10	17	可设置	EXTI4	EXTI 线 4 中断	0x0000_0068
11	18	可设置	DMA1 通道 1	DMA1 通道中断	0x0000_006C
12	19	可设置	DMA1 通道 2	DMA1 通道中断	0x0000_0070
13	20	可设置	DMA1 通道 3	DMA1 通道中断	0x0000_0074
14	21	可设置	DMA1 通道 4	DMA1 通道中断	0x0000_0078

（续）

位置	优先级	优先级类型	名称	说明	地址
15	22	可设置	DMA1 通道 5	DMA1 通道中断	0x0000_007C
16	23	可设置	DMA1 通道 6	DMA1 通道中断	0x0000_0080
17	24	可设置	DMA1 通道 7	DMA1 通道中断	0x0000_0084
18	25	可设置	ADC1_2	ADC1 和 ADC2 全局中断	0x0000_0088
19	26	可设置	CAN1_TX	CAN1 发送中断	0x0000_008C
20	27	可设置	CAN1_RX0	CAN1 接收 0 中断	0x0000_0090
21	28	可设置	CAN1_RX1	CAN1 接收 1 中断	0x0000_0094
22	29	可设置	CAN1_SCE	CAN1 SCE 中断	0x0000_0098
23	30	可设置	EXTI9_5	EXTI 线[9:5]中断	0x0000_009C
24	31	可设置	TIM1_BRK	TIM1 刹车中断	0x0000_00A0
25	32	可设置	TIM1_UP	TIM1 更新中断	0x0000_00A4
26	33	可设置	TIM1_TRG_COM	TIM1 触发和通信中断	0x0000_00A8
27	34	可设置	TIM1_CC	TIM1 捕获比较中断	0x0000_00AC
28	35	可设置	TIM2	TIM2 全局中断	0x0000_00B0
29	36	可设置	TIM3	TIM3 全局中断	0x0000_00B4
30	37	可设置	TIM4	TIM4 全局中断	0x0000_00B8
31	38	可设置	I2C1_EV	I^2C1 事件中断	0x0000_00BC
32	39	可设置	I2C1_ER	I^2C1 错误中断	0x0000_00C0
33	40	可设置	I2C2_EV	I^2C2 事件中断	0x0000_00C4
34	41	可设置	I2C2_ER	I^2C2 错误中断	0x0000_00C8
35	42	可设置	SPI1	SPI1 全局中断	0x0000_00CC
36	43	可设置	SPI2	SPI2 全局中断	0x0000_00D0
37	44	可设置	USART1	USART1 全局中断	0x0000_00D4
38	45	可设置	USART2	USART2 全局中断	0x0000_00D8
39	46	可设置	USART3	USART3 全局中断	0x0000_00DC
40	47	可设置	EXTI15_10	EXTI 线[15:10]中断	0x0000_00E0
41	48	可设置	RTCAlarm	连到 EXTI 的 RTC 闹钟中断	0x0000_00E4
42	49	可设置	OTG_FS_WKUP 唤醒	连到 EXTI 的全速 USB OTG 唤醒中断	0x0000_00E8
—	—	—	—	保留	0x0000_00EC～ 0x0000_0104
50	57	可设置	TIM5	TIM5 全局中断	0x0000_0108
51	58	可设置	SPI3	SPI3 全局中断	0x0000_010C
52	59	可设置	UART4	UART4 全局中断	0x0000_0110
53	60	可设置	UART5	UART5 全局中断	0x0000_0114
54	61	可设置	TIM6	TIM6 全局中断	0x0000_0118
55	62	可设置	TIM7	TIM7 全局中断	0x0000_011C

（续）

位置	优先级	优先级类型	名称	说明	地址
56	63	可设置	DMA2 通道 1	DMA2 通道 1 全局中断	0x0000_0120
57	64	可设置	DMA2 通道 2	DMA2 通道 2 全局中断	0x0000_0124
58	65	可设置	DMA2 通道 3	DMA2 通道 3 全局中断	0x0000_0128
59	66	可设置	DMA2 通道 4	DMA2 通道 4 全局中断	0x0000_012C
60	67	可设置	DMA2 通道 5	DMA2 通道 5 全局中断	0x0000_0130
61	68	可设置	ETH	以太网全局中断	0x0000_0134
62	69	可设置	ETH_WKUP	连到 EXTI 的以太网唤醒中断	0x0000_0138
63	70	可设置	CAN2_TX	CAN2 发送中断	0x0000_013C
64	71	可设置	CAN2_RX0	CAN2 接收 0 中断	0x0000_0140
65	72	可设置	CAN2_RX1	CAN2 接收 1 中断	0x0000_0144
66	73	可设置	CAN2_SCE	CAN2 SCE 中断	0x0000_0148
67	74	可设置	OTG_FS	全速的 USB OTG 全局中断	0x0000_014C

STM32 的外部中断控制器（EXTI）由 19/20 个产生事件/中断请求的边沿检测器组成，EXTI 的结构示意图如图 5.20 所示。每个输入线可以独立地配置输入类型（脉冲或挂起）和对应的触发事件（上升沿、下降沿或双边沿触发），每个输入线都可以独立地被屏蔽，挂起寄存器保持着状态线的中断请求。

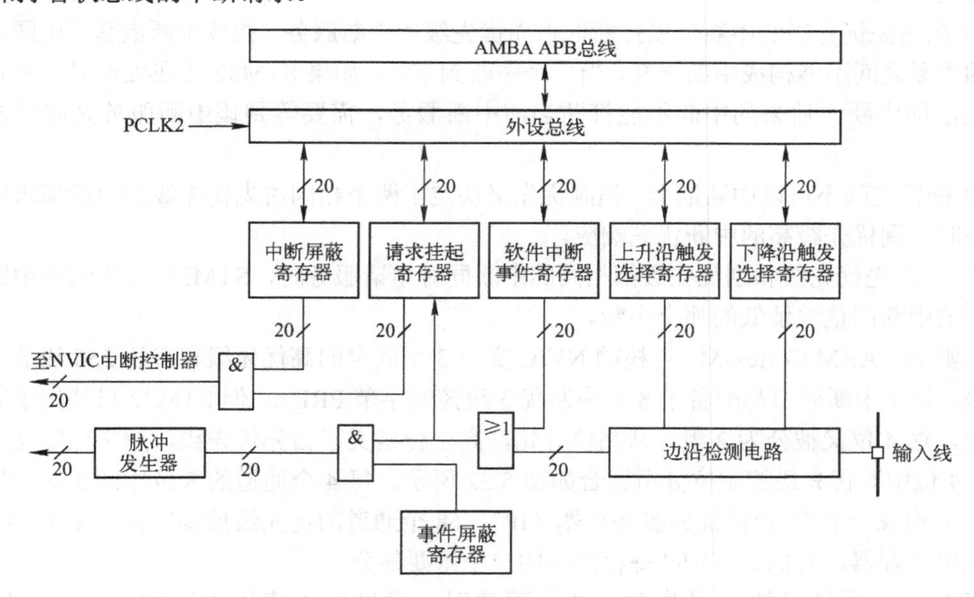

图 5.20 EXTI 结构示意图

EXTI 控制器的主要特性包括：每个中断/事件都有独立的触发和屏蔽，每个中断线都有专用的状态位，支持多达 20 个软件的中断/事件请求，检测脉冲宽度低于 APB2 时钟宽度的外部信号。EXTI 的中断信号实际上送至内核的嵌套向量中断控制器（NVIC）进行处理，因此下一节对嵌套向量中断控制器（NVIC）进行介绍。

5.4.3 嵌套向量中断控制器

嵌套向量中断控制器（NVIC）是 ARM Cortex-M3 内核搭载的一个总控制器，不论是来自 ARM Cortex-M3 内部的异常还是来自外设的中断，都通过 NVIC 来管理、配置、处理和逻辑控制。NVIC 的结构框图如图 5.21 所示。

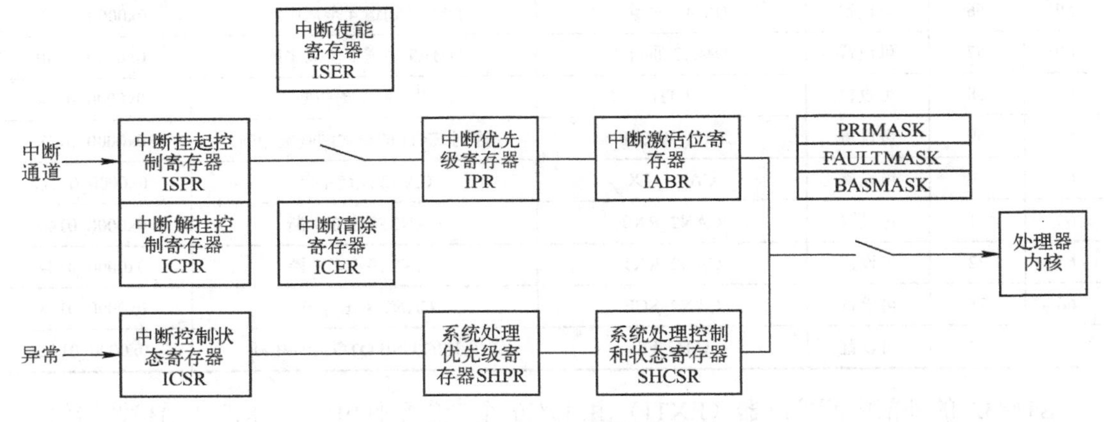

图 5.21　NVIC 结构框图

STM32 依靠中断优先级来完成中断嵌套。优先级分为两层：占先优先级和副优先级。相关的规则如下：

1）高占先优先级的中断可以打断低占先优先级的中断服务，构成中断嵌套。相同占先优先级的中断之间不能构成中断嵌套，当一个中断到来时，如果 STM32 正在处理另一个相同占先优先级的中断，后来的中断不能打断当前中断服务，需要等到该中断服务完成后才能被处理。

2）副优先级不可以中断嵌套，但副优先级决定了两个相同占先优先级的中断请求同时申请服务时，副优先级高的中断优先响应。

3）当占先优先级和副优先级都相同的中断同时申请服务时，STM32 优先响应中断通道所对应的中断向量地址低的那个中断。

原则上，ARM Cortex-M3 内核的 NVIC 支持 3 个固定的高优先级和多达 256 级的可设置优先级。每个中断通道都配备了 8 位中断优先级控制字节 PRI_n，但 STM32 只使用了其中的高 4 位，这 4 位又被分为 2 组，从高位开始，高 2 位定义了占先优先级，后 2 位定义了副优先级。4 位中断优先级控制位分组组合如图 5.22 所示。每 4 个通道的 8 位中断优先级控制字（PRI_n）构成一个 32 位的优先级寄存器（IP）。68 个通道的优先级控制字构成了 17 个 32 位的优先级寄存器，它们是 NVIC 寄存器中的一个重要部分。

任意一个系统只能使用其中一种分配情况，通过写入应用中断和复位控制寄存器（AIRCR）的第[10:8]位来选定。例如，将 0x05 写入到 AIRCR 的[10:8]位，选择系统只有 4 个占先优先级和 4 个副优先级。

1．响应中断

当 NVIC 响应一个中断时，会自动完成以下 3 项工作，以便安全、准确地跳转到相应的中断服务程序：

组号	PRIGROUP	分配情况	说明
0	7 PRIGROUP: 7; bit10: 1; bit9: 1; bit8: 1	0:4 bit7 bit6 bit5 bit4: 副优先级; bit3 bit2 bit1 bit0: 未使用	无占先优先级，16个副优先级
1	6 PRIGROUP: 6; bit10: 1; bit9: 1; bit8: 0	1:3 bit7: 占优; bit6 bit5 bit4: 副优先级; bit3 bit2 bit1 bit0: 未使用	2个占先优先级，8个副优先级
2	5 PRIGROUP: 5; bit10: 1; bit9: 0; bit8: 1	2:2 bit7 bit6: 占优; bit5 bit4: 副优; bit3 bit2 bit1 bit0: 未使用	4个占先优先级，4个副优先级
3	4 PRIGROUP: 4; bit10: 1; bit9: 0; bit8: 0	3:2 bit7 bit6 bit5: 占优; bit4: 副优; bit3 bit2 bit1 bit0: 未使用	8个占先优先级，2个副优先级
4	3/2/1/0 PRIGROUP: 3; bit10: 0; bit9: 1; bit8: 1	4:0 bit7 bit6 bit5 bit4: 占先优先级; bit3 bit2 bit1 bit0: 未使用	10个占先优先级，无副优先级

图 5.22　4 位中断优先级控制位分组组合

（1）入栈

把 8 个寄存器的值压入栈。当响应中断时，如果当前的代码正在使用 PSP，则压入 PSP（进程堆栈），否则就压入 MSP（主堆栈）。一旦进入了中断服务程序，就一直使用主堆栈。在自动入栈的过程中，将寄存器写入堆栈的顺序与时间顺序无关，ARM Cortex-M3 会保证正确的寄存器被保存到正确的位置。

（2）取向量

当数据总线（系统总线）进行入栈操作时，指令总线正在从向量表中找出正确的中断向量与对应的服务程序入口地址。

（3）更新寄存器

注意：

1）如果在某个中断得到响应前，被清除了挂起状态，则该中断被取消。

2）中断请求在得到响应时，由硬件自动清零其悬挂标志位。

3）如果中断源保持请求信号不放，该中断在服务程序返回后再次被置为挂起状态，即可能被再次响应。

4）如果某个中断得到响应前，其请求信号即便多次出现，也会被认为只有一次中断请求。

5）如果中断服务程序执行时，该中断的请求信号失效，但在从中断服务程序返回前又被置为有效，则 NVIC 会记住此动作，重新挂起该中断。

2．完成中断

当中断完成，返回主程序时，NVIC 自动完成以下两步：

（1）出栈

先前压入栈中的寄存器在这里恢复。内部的出栈顺序与入栈时的相对应，堆栈指针的值也改回先前的值。

（2）更新 NVIC 寄存器

当中断返回时，该中断的挂起标志位也被硬件清除。对于外部中断，倘若中断输入再次被置为有效，则挂起位也将再次置位，新一次的中断响应序列也会再次开始。

5.4.4 NVIC 和 EXTI 寄存器

STM32 的 NVIC 寄存器如表 5.9 所示。

值得注意的是，不同的中断号所对应的寄存器并不相同，一共提供了 3 组寄存器，即 x=0，1，2，其中 x=0 对应了 0～31 号中断，x=1 对应了 32～63 号中断，x=2 对应了 64～67 号中断。

EXTI 寄存器如表 5.10 所示，但必须注意，EXTI 寄存器不可以位寻址。

表 5.9 NVIC 寄存器

寄存器名称	寄存器描述
NVIC_ISER[x]	中断使能设置寄存器
NVIC_ICER[x]	中断使能清除寄存器
NVIC_ISPR[x]	中断悬挂设置寄存器
NVIC_ICPR[x]	中断悬挂清除寄存器
NVIC_IABR[x]	中断激活位寄存器
NVIC_IPR[x]	中断优先级寄存器

表 5.10 EXTI 寄存器

寄存器名称	寄存器描述
EXTI_IMR	中断屏蔽寄存器
EXTI_EMR	事件屏蔽寄存器
EXTI_RTSR	上升沿触发选择寄存器
EXTI_FTSR	下降沿触发选择寄存器
EXTI_SWIER	软件中断事件寄存器
EXTI_PR	挂起寄存器

寄存器具体的定义请读者阅读《STM32 用户手册》。

5.4.5 库函数

与中断机制相关的库函数包括 NVIC 的库函数与 EXTI 的库函数两个部分，下面介绍其中重要的库函数。

1．void NVIC_Init（NVIC_InitTypeDef* NIIC_InitStruct）

功能描述：根据 NVIC_InitStruct 中指定的参数初始化外设 NVIC 寄存器。

输入参数：NVIC_InitStruct 指向结构体 NVIC_InitTypeDef 的指针，NVIC_InitTypeDef 定义在文件“stm32f10x_nvic.h”中，具体如下：

```
typedef struct
{
u8 NVIC_IRQChannel;                         //设置 IRQ 通道
u8 NVIC_IRQChannelPreemtionPriority;        //设置 IRQ 通道优先级抢占
u8 NVIC_IRQChannelSubPriority;              //设置 IRQ 通道的子优先级
FunctionalState NVIC_IRQChannelCmd;         //IRQ 通道命令
}NVIC_InitTypeDef;
```

例如：

```
NVIC_InitTypeDef NVIC_InitStructure;                         //定义 NVIC 初始化结构体
NVIC_PriorityGroupConfig(NVIC_PriorityGroup_1);              //定义优先级字段
NVIC_InitStructure.NVIC_IRQChannel=TIM3_IRQChannel;//选择设置 TIM3 全局中断
```

```
NVIC_InitStructure.NVIC_IRQChannelPreemptionPriority=0;//设置占先优先级为 0
NVIC_InitStructure.NVIC_IRQChannelSubPriority=2;    //设置副优先级为 2
NVIC_InitStructure.NVIC_IRQChannelCmd=ENABLE;       //中断使能
NVIC_Init(&NVIC_InitStructure);        //函数调用，按照初始化结构体设置相关寄存器
```

2．void NVIC_StructInit（NVIC_InitTypeDef*NVIC_InitStruct）

功能描述：把 NVIC_InitStruct 中的每一个参数按缺省值填入。

输入参数：NVIC_InitStruct：指向结构 NVIC_InitTypeDef 的指针，待初始化。

例如：

```
NVIC_InitTypeDef structure
NVIC_InitTypeDef NVIC_InitStructure;
NVIC_StructInit(&NVIC_InitStructure);        //将相关寄存器设置为默认值
```

3．void NVIC_PriorityGroupConfig（u32 NVIC_PriorityGroup）

功能描述：设置优先级分组：占先优先级和副优先级。

输入参数：NVIC_PriorityGroup：优先级分组位长度，取值如下：

NVIC_PriorityGroup_0：占先优先级 0 位，副优先级 4 位
NVIC_PriorityGroup_1：占先优先级 1 位，副优先级 3 位
NVIC_PriorityGroup_2：占先优先级 2 位，副优先级 2 位
NVIC_PriorityGroup_3：占先优先级 3 位，副优先级 1 位
NVIC_PriorityGroup_4：占先优先级 4 位，副优先级 0 位

例如：

```
NVIC_PriorityGroupConfig(NVIC_PriorityGroup_1);//占先优先级字段为 1，副优先级字
                                                段为 3
```

4．void GPIO_EXTILineConfig（u8 GPIO_PortSource, u8 GPIO_PinSource）

功能描述：选择 GPIO 引脚用作外部中断线路。

输入参数：GPIO_PortSource：选择用作外部中断线源的 GPIO 端口；

GPIO_PinSource：待设置的外部中断线路，取值可以是 GPIO_PinSourcex（x=0，…，15）。

例如：选择 PB 0.8 作为外部中断线路 0。

```
GPIO_EXTILineConfig(GPIO_PortSource_GPIOB,GPIO_PinSource8)
```

5．void EXTI_Init（EXTI_InitTypeDef* EXTI_InitStruct）

功能描述：根据 EXTI_InitStruct 中指定的参数初始化外设 EXTI 寄存器。

输入参数：EXTI_InitStruct 指向结构体 EXIT_InitTypeDef 的指针，包含了外设 EXTI 的配置信息。

例如：设置外部中断线路 12 和 14 为下降沿触发。

```
EXTI_InitTypeDef EXTI_InitStructure;
EXTI_InitTypeDef EXTI_InitStructure.EXTI_line=EXTI_Line12 | EXTI_Line14;
EXTI_InitTypeDef EXTI_Mode=EXTI_Mode_Interrupt;
EXTI_InitTypeDef EXTI_Trigger=EXTI_Trigger_Falling;
EXTI_InitTypeDef EXTI_LineCmd=ENABLE;
```

```
EXTI_Init (EXTI_InitStructure) ;
```

6. ITStatus EXTI_GetITStatus（u32 EXTI_Line）

功能描述：检查指定的 EXTI 线路触发请求发生与否。

输入参数：EXTI_Line 待检查的 EXTI 线路的挂起位。

返回值：EXTI_Line 的新状态位（SET 或 RESET）。

例如：检查 EXTI 第 8 条线路的中断触发请求。

```
ITStatue EXTIStatus;
EXTIStatus=ITStatus EXTI_GetITStatus (EXTI_Line8) ;
```

7. void EXTI_ClearITPendingBit（u32 EXTI_Line）

功能描述：清除 EXTI 线路挂起位。

输入参数：EXTI：待清除 EXTI 线路的挂起位。

例如：清除 EXTI 线路 2 的中断挂起位。

```
EXTI_ClearITPendingBit (EXTI_Line2) ;
```

5.4.6 中断示例

【示例】 在本例中，配置 3 个定时器（TIM2、TIM3、TIM4），在每一个更新时间时产生中断，3 个定时器分别链接到它们所对应的 IRQ 中断通道上。给每一个 IRQ 中断配置一个优先级：TIM2 拥有占先优先级 0，TIM3 拥有占先优先级 1，TIM4 拥有占先优先级 2。

通过中断服务程序，实现 TIM2 每秒触发 LED1（VL5）翻转状态，TIM3 每 2s 触发 LED2（VL6）翻转状态，TIM4 每 3s 触发 LED3（VL7）翻转状态。

本例的原理图同图 5.16 流水灯硬件连接图，不再重复给出。

【源代码分析】

（1）包含头文件

```
#include "stm32f10x.h"
#include "stm3210c_eval_lcd.h"
#include "stm32_eval.h"
#include <stdio.h>
```

（2）变量及函数声明

```
NVIC_InitTypeDef NVIC_InitStructure;
void RCC_Configuration(void);
void TIM_Configuration(void);
```

（3）主函数

```
int main(void)
    {
      RCC_Configuration();                       //配置系统时钟
      STM3210C_LCD_Init();                       //初始化 LCD
      LCD_Clear(White);                          //LCD 清屏
      LCD_SetTextColor(Black);                   //设置 LCD 文本颜色
      printf("   STM3210C-EVAL    \n");
```

```
    printf("    IRQ_channels    \n");

    /* 初始化 STM3210X-EVAL 实验板的 LED */
    STM_EVAL_LEDInit(LED1);
    STM_EVAL_LEDInit(LED2);
    STM_EVAL_LEDInit(LED3);
    STM_EVAL_LEDInit(LED4);

    TIM_Configuration();                                //配置 TIM
    NVIC_PriorityGroupConfig(NVIC_PriorityGroup_2);     //配置占先优先级的 2bit

    /* 使能 TIM2 的中断 */
    NVIC_InitStructure.NVIC_IRQChannel=TIM2_IRQn;
    NVIC_InitStructure.NVIC_IRQChannelPreemptionPriority=0;
    NVIC_InitStructure.NVIC_IRQChannelSubPriority=0;
    NVIC_InitStructure.NVIC_IRQChannelCmd=ENABLE;
    NVIC_Init(&NVIC_InitStructure);

    /* 使能 TIM3 的中断 */
    NVIC_InitStructure.NVIC_IRQChannel=TIM3_IRQn;
    NVIC_InitStructure.NVIC_IRQChannelPreemptionPriority=1;
    NVIC_Init(&NVIC_InitStructure);

    /* 使能 TIM4 的中断 */
    NVIC_InitStructure.NVIC_IRQChannel=TIM4_IRQn;
    NVIC_InitStructure.NVIC_IRQChannelPreemptionPriority=2;
    NVIC_Init(&NVIC_InitStructure);

    while (1)
    {   }
  }
```

(4）配置系统时钟

```
void RCC_Configuration(void)
  {
    SystemInit();  //初始化 PLL，更新系统频率变量，初始化 Flash
    /* 使能 TIM2、TIM3 和 TIM4 的时钟 */
RCC_APB1PeriphClockCmd(RCC_APB1Periph_TIM2|RCC_APB1Periph_TIM3|
                       RCC_APB1Periph_TIM4,ENABLE);
  }
```

（5）TIM 配置

```
void TIM_Configuration(void)
  {
    TIM_TimeBaseInitTypeDef  TIM_TimeBaseStructure;
    TIM_OCInitTypeDef  TIM_OCInitStructure;

    /* TIM2 配置 */
    TIM_TimeBaseStructure.TIM_Period=0x4AF;
    TIM_TimeBaseStructure.TIM_Prescaler=0xEA5F;
    TIM_TimeBaseStructure.TIM_ClockDivision=0x0;
    TIM_TimeBaseStructure.TIM_CounterMode=TIM_CounterMode_Up;
    TIM_TimeBaseStructure.TIM_RepetitionCounter=0x0000;
    TIM_TimeBaseInit(TIM2,&TIM_TimeBaseStructure);

    TIM_OCStructInit(&TIM_OCInitStructure);
    /* 将通道 1 初始化为输出比较时间模式 */
    TIM_OCInitStructure.TIM_OCMode=TIM_OCMode_Timing;
    TIM_OCInitStructure.TIM_Pulse=0x0;
    TIM_OC1Init(TIM2,&TIM_OCInitStructure);

    /* TIM3 配置 */
    TIM_TimeBaseStructure.TIM_Period=0x95F;

    TIM_TimeBaseInit(TIM3,&TIM_TimeBaseStructure);
    /* 将通道 1 初始化为输出比较时间模式 */
    TIM_OC1Init(TIM3,&TIM_OCInitStructure);

    /* TIM4 配置 */
    TIM_TimeBaseStructure.TIM_Period=0xE0F;

    TIM_TimeBaseInit(TIM4,&TIM_TimeBaseStructure);
    /* 将通道 1 初始化为输出比较时间模式 */
    TIM_OC1Init(TIM4,&TIM_OCInitStructure);

    /* TIM2、TIM3 和 TIM4 计数器使能 */
    TIM_Cmd(TIM2,ENABLE);
    TIM_Cmd(TIM3,ENABLE);
    TIM_Cmd(TIM4,ENABLE);

    /* 立即载入 TIM2、TIM3 和 TIM4 的预分频值*/
```

```
    TIM_PrescalerConfig(TIM2,0xEA5F,TIM_PSCReloadMode_Immediate);
    TIM_PrescalerConfig(TIM3,0xEA5F,TIM_PSCReloadMode_Immediate);
    TIM_PrescalerConfig(TIM4,0xEA5F,TIM_PSCReloadMode_Immediate);

    /* 清除 TIM2、TIM3 和 TIM4 的更新挂起标志 */
    TIM_ClearFlag(TIM2,TIM_FLAG_Update);
    TIM_ClearFlag(TIM3,TIM_FLAG_Update);
    TIM_ClearFlag(TIM4,TIM_FLAG_Update);

    /* 使能 TIM2、TIM3 和 TIM4 的更新中断 */
    TIM_ITConfig(TIM2,TIM_IT_Update,ENABLE);
    TIM_ITConfig(TIM3,TIM_IT_Update,ENABLE);
    TIM_ITConfig(TIM4,TIM_IT_Update,ENABLE);
}
```

（6）中断服务程序

TIM2、TIM3 和 TIM4 的中断服务程序类似，这里只给出 TIM2 的中断服务程序。

```
void TIM2_IRQHandler(void)
  {
    /* 清除 TIM2 的更新中断 */
    TIM_ClearITPendingBit(TIM2,TIM_IT_Update);

    /* 切换 LED1 的状态 */
    STM_EVAL_LEDToggle(LED1);

    LCD_DisplayStringLine(Line3,"TIM2 IRQ occur>>>>");
    LCD_ClearLine(Line3);
  }
```

5.5 通用定时器

嵌入式控制系统含有若干个并发的用户任务，其中控制任务（指完成闭环控制所需执行的控制算法等）是一种周期性实时任务，这类任务一般使用硬件定时器触发。此外，在工业检测和控制系统中，许多场合需要对某个特定的事件或时钟进行计数，以实现特定的功能，这些功能都需要利用定时/计数器实现。

定时器和计数器的工作原理相同，其实质都是由对一系列时钟脉冲计数的触发器构成。不同之处在于定时器是对微处理器时钟进行计数，而计数器是对外部脉冲进行计数。

STM32 共有 11 个不同类型的定时器，包括 2 个高级定时器 TIM1 和 TIM8，4 个通用定时器 TIM2、TIM3、TIM4 和 TIM5，2 个基本定时器 TIM6 和 TIM7，1 个实时定时器（RTC），2 个看门狗定时器和 1 个系统节拍定时器。

5.5.1 STM32 的通用定时器

STM32 的通用定时器是一个通过可编程预分频器驱动的 16 位自动装载计数器，可用于测量输入信号的脉冲长度、产生输出波形周期等。STM32 的每个通用定时器都是完全独立的。

STM32 通用定时器的主要功能有：

1）16 位向上、向下、向上/向下计数模式，自动装载计数器。

2）16 位可编程（可以实时修改）预分频器，计数器时钟频率的分频系数为 1～65535 之间的任意数值。

3）4 个独立通道（TIMx_CH1～4），可以用作为：①输入捕获；②输出比较；③PWM 生成（边缘或中间对齐模式）；④单脉冲模式输出。

4）可使用外部信号控制定时器和定时器互连（可以用 1 个定时器控制另外一个定时器）的同步电路。

5）如下事件发生时产生中断/DMA（具有 6 个独立的 IRQ/DMA 请求生成器）：

① 更新：计数器向上溢出/向下溢出，计数器初始化（通过软件或者内部/外部触发）；

② 触发事件（计数器启动、停止、初始化或者由内部/外部触发计数）；

③ 输入捕获；

④ 输出比较；

⑤ 支持针对定位的增量（正交）编码器和霍尔传感器电路；

⑥ 触发输入作为外部时钟或者按周期的电流管理。

STM32 通用定时器的内部结构如图 5.23 所示。

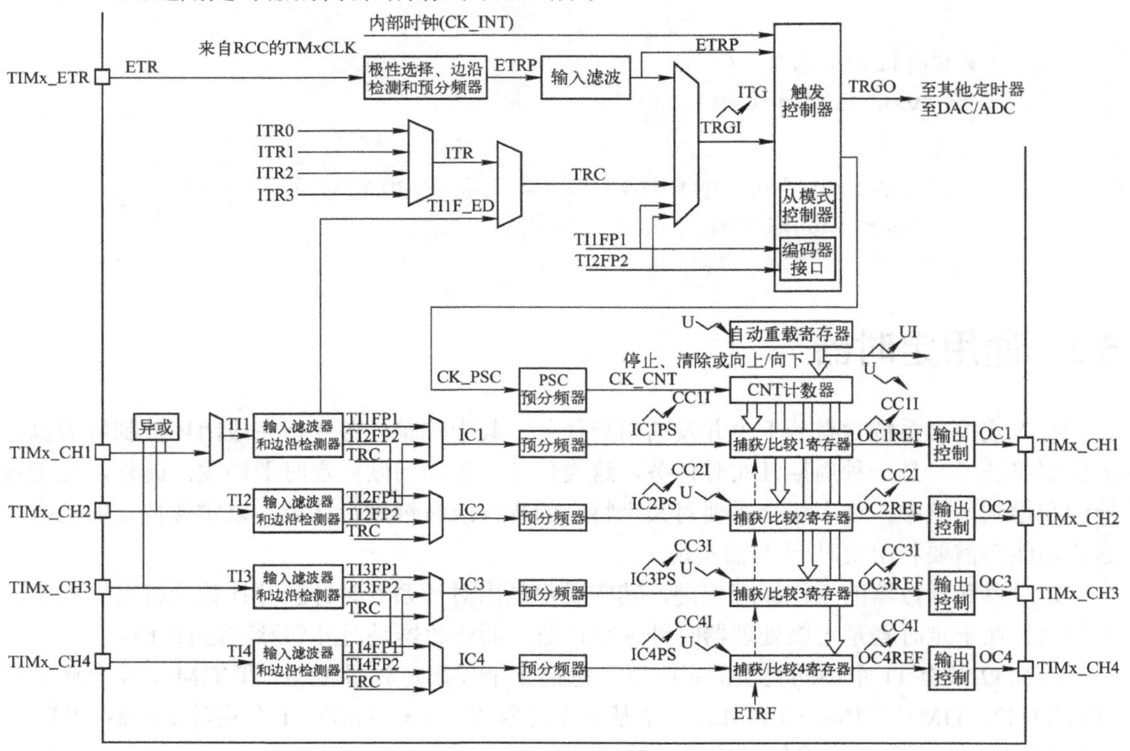

图 5.23　STM32 通用定时器的内部结构示意图

图 5.23 中部分缩写的注释如下：

TIMx_ETR：TIMER 外部触发引脚
ETR：外部触发输入
ETRP：分频后的外部触发引脚
ETRF：滤波后的外部触发输入
ITRx：内部触发 x（由另外的定时器触发）
TI1F_ED：TI1 的边沿检测器
TI1FP1/TI2FP2：滤波后定时器 1/2 的输入
TRGI：触发输入
TRGO：触发输出
CK_PSC：分频器时钟输入
CK_CNT：定时器时钟（用于计算定时周期）
TIMx_CHx：TIMER 输入脚
TIx：定时器输入信号 x
ICx：输入比较 x
ICxPS：分频后的 ICx
OCx：输出捕获 x
OCxREF：输出参考信号

由图 5.23 可知，通用定时器主要由 4 部分组成：计数时钟的选择、时基单元、输入捕获和输出比较。

1．计数时钟的选择

计数时钟可以选择以下时钟作为时钟源：

1）内部时钟（CK_INT）。

2）外部时钟模式 1：外部捕捉比较引脚（TI1FP1 或 TI1F_ED、TI2FP2）。

3）外部时钟模式 2：外部引脚输入（TIMx_ETR）。

4）内部触发输入（ITRx，x=1，2，3，4）：使用一个定时器作为另一个定时器的预分频器。

当选择内部时钟（CK_INT）时需要注意，该时钟来自于输入为 APB1 或 APB2 的一个倍频器，除非 APB1 的分频系数是 1，否则通用定时器的时钟等于 APB1 时钟的 2 倍。STM32 的通用定时器连接在 APB1 总线上，若 APB1 总线默认的时钟频率为 36MHz，则经过定时器的倍频器后，定时器时钟频率为 72MHz。

默认情况下：SYSCLK 时钟频率=72MHz、AHB 时钟频率=72MHz、APB1 时钟频率=36MHz，APB1 的分频系数=AHB 时钟频率/APB1 时钟频率=2。所以，通用定时器时钟频率 CK_INT=2×36MHz=72MHz。

最终经过 PSC 预分频系数转至 CK_CNT。

2．时基单元

时基单元提供通用定时器的时间基准，其核心是一个 16 位计数器和有关的自动装载寄存器。这个计数器可以向上计数、向下计数或向上向下双向计数，该计数器时钟由预分频器分频得到。

时基单元的寄存器包括：计数器寄存器（TIMx_CNT）、预分频器寄存器（TIMx_PSC）和自动装载寄存器（TIMx_ARR）。寄存器的具体含义参见 5.5.2 节。

3．计数模式

（1）向上计数模式

计数器从 0 计数到自动加载值（TIMx_ARR 的内容），然后重新从 0 开始计数并产生一个计数器溢出事件，如图 5.24 所示。

（2）向下计数模式

计数器从自动加载值（TIMx_ARR 的内容）开始向下计数到 0，然后从自动加载值重新开始，并产生一个计数器向下溢出事件，如图 5.25 所示。

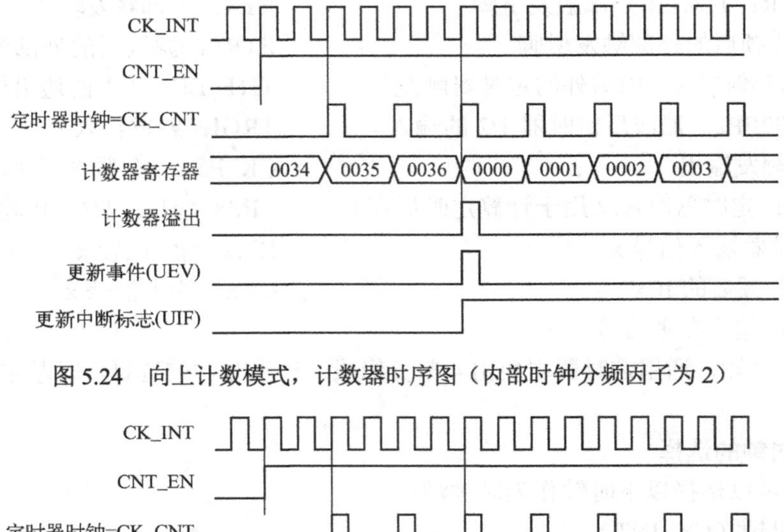

图 5.24　向上计数模式，计数器时序图（内部时钟分频因子为 2）

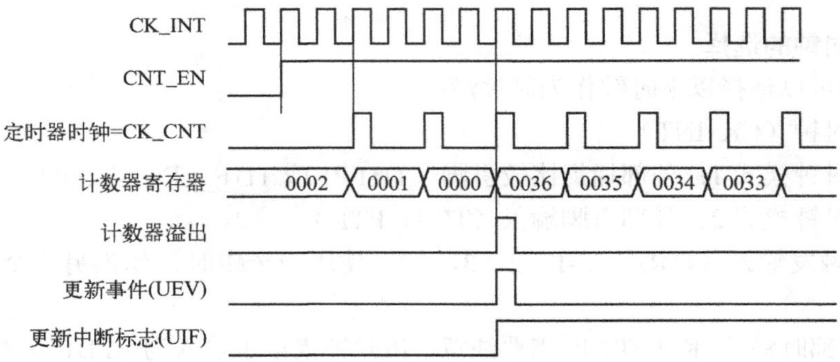

图 5.25　向下计数模式，计数器时序图（内部时钟分频因子为 2）

（3）向上向下计数（中央对齐）模式

计数器从 0 开始计数到自动加载值-1，产生一个计数器溢出事件，然后向下计数到 1 并且产生一个计数器溢出事件；然后再从 0 开始重新计数，如图 5.26 所示。

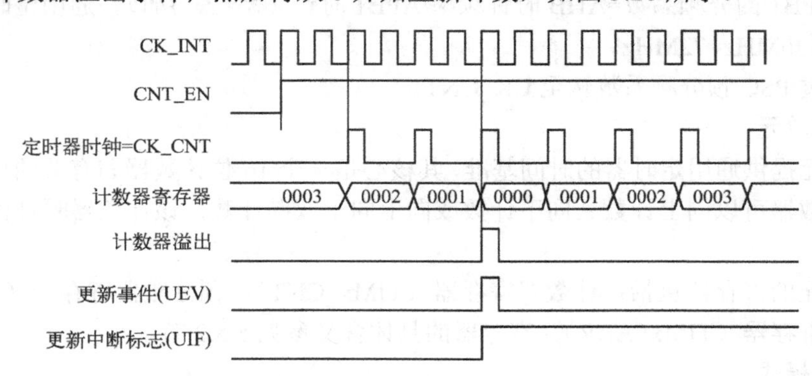

图 5.26　向上向下计数模式，计数器时序图（内部时钟分频因子为 2）

5.5.2　通用定时器的寄存器

通用定时器的寄存器可以用半字（16 位）或字（32 位）的方式进行操作。通用定时器主要的寄存器如表 5.11 所示。

5.5.3 通用定时器的库函数

表 5.11 通用定时器寄存器

寄存器名称	寄存器描述
TIMx_CR1	控制寄存器 1
TIMx_CR2	控制寄存器 2
TIMx_SMCR	从模式控制寄存器
TIMx_DIER	DMA/中断使能寄存器
TIMx_SR	状态寄存器
TIMx_EGR	事件产生寄存器
TIMx_CNT	计数器
TIMx_PSC	预分频器
TIMx_ARR	自动重装寄存器

下面介绍通用定时器的主要库函数。

（1）voidTIM_TimeBaseInit(TIM_TypeDef*TIMx, TIM_TimeBaseInitTypeDef*TIM_ TimeBaseInitStruct)

功能描述：根据 TIM_TimeBaseInitStruct 中的指定参数初始化定时器 TIMx 的时间基数单位。

参数说明：TIMx——指向结构体 TIM_TypeDef 的指针，用于选定哪个定时器，x=2，3，4，5。

TIM_TimeBaseInitStruct——指向结构体 TIM_TimeBaseInitTypeDef 的指针，包含了 TIMx 时间基数单位的配置信息。

```
typedef struct
{
uint16_t TIM_Prescaler;            //设置预分频值
uint16_t TIM_CounterMode;          //设置计数方式
uint16_t TIM_Period;               //设置自动重载计数周期值，即计数值
uint16_t TIM_ClockDivision;        //设置分频前的分频器
uint8_t TIM_RepetitionCounter;     //用于高级定时器，通用定时器不需要
} TIM_TimeBaseInitTypeDef;
```

例如：

```
TIM_TimeBaseInitTypeDef TIM_TimeBaseStructure;
RCC_APB1PeriphClockCmd(RCC_APB1Periph_TIM2,ENABLE); //开启 TIM2 时钟（一定要开
                                                     启定时器时钟）
TIM_DeInit(TIM2);                              //对 TIM2 进行一次复位
TIM_TimeBaseStructure.TIM_Prescaler=7199;      //设置预分频系数为 7199。由于时钟为
                                                 72MHz，因此，经过此分频后定时器时
                                                 钟为 10kHz
TIM_TimeBaseStructure.TIM_Period=9999;         //自动重载计数周期值,总计数值为 1s
TIM_TimeBaseStructure.TIM_CounterMode=TIM_CounterMode_Up; //设置计数方式为向
                                                            上计数
TIM_TimeBaseStructure.TIM_ClockDivision=TIM_CKD_DIV1;
TIM_TimeBaseInit(TIM2,&TIM_TimeBaseStructure);
TIM_ITConfig(TIM2,TIM_IT_Update,ENABLE);       //允许 TIM2 溢出中断
TIM_Cmd(TIM2,ENABLE);
```

（2）void TIM_ITConfig(TIM_TypeDef* TIMx, u16 TIM_IT, FunctionalState NewState)

功能描述：使能或失能指定的 TIM 中断。

参数说明：TIMx——用于选定哪个定时器，x=2，3，4，5。

TIM_IT——使能或失能的中断源，取值如下：

TIM_IT_Update	TIM 中断源
TIM_IT_CC1	TIM 捕获/比较 1 中断源
TIM_IT_CC2	TIM 捕获/比较 2 中断源
TIM_IT_CC3	TIM 捕获/比较 3 中断源
TIM_IT_CC4	TIM 捕获/比较 4 中断源
TIM_IT_Trigger	TIM 触发中断源

NewState：TIMx 中断新状态，可以取 ENABLE 或 DISABLE。

例如：使能 TIM2 捕获/比较 1 中断源。

```
TIM_ITConfig(TIM2, TIM_IT_CC1, ENABLE);
```

（3）void TIM_Cmd(TIM_TypeDef* TIMx, FunctionalState NewState)

功能描述：使能或失能 TIMx 外设。

参数说明：TIMx——用于选定哪个定时器，x=2，3，4，5。

NewState：外设 TIMx 的新状态，可以取 ENABLE 或 DISABLE。

例如：使能 TIM2 定时器。

```
TIM_ITCmd(TIM2,ENABLE);
```

（4）ITStatus TIM_GetITStatus(TIM_TypeDef* TIMx, u16 TIM_IT)

功能描述：检查指定的 TIMx 中断是否发生。

参数说明：TIMx——用于选定哪个定时器，x=2，3，4，5。

TIM_IT——待检查的 TIM 中断源。

返回值：ITStatus：TIM_IT 的新状态。

例如：检查 TIM2 捕获/比较 1 的中断是否发生。

```
if (TIM_GetITStatus(TIM2,TIM_IT_CC1)==SET)
 {
 }
//注：如果中断发生了，该函数返回值就为 SET(1)，没有就是 RESET(0)。用于进入中断服务程序时对中断进行确定
```

（5）void TIM_ClearITPendingBit(TIM_TypeDef* TIMx, u16 TIM_IT)

功能描述：清除指定的 TIMx 中断待处理位。

参数说明：TIMx——用于选定哪个定时器，x=2，3，4，5。

TIM_IT——待检查的 TIM 中断源。

例如：清除 TIM2 捕获/比较 1 的中断待处理位。

```
TIM_ClearITPendingBit (TIM2,TIM_IT_CC1);
```

（6）void TIM_ARRPreloadConfig(TIM_TypeDef* TIMx, FunctionalState NewState)

功能描述：使能或失能指定的 TIMx 在 ARR 上的预装载寄存器。

参数说明：TIMx——用于选定哪个定时器，x=2，3，4，5。

NewState：TIM_CR1 寄存器的 ARPE 位的新状态，可以取 ENABLE 或 DISABLE。

例如：使能 TIM2 的预装载寄存器。

```
TIM_ARRPreloadConfig (TIM2,ENABLE);
```

5.5.4 通用定时器的使用示例

【示例】 本示例程序演示了如何使用定时器测量外部信号的频率。本示例程序使用定时器 3 的通道 2 作为外部波形的输入通道。定时器 3 按照默认的参数进行配置，计数频率为 72MHz，输入捕获模式。

每一次外部信号产生上升沿时。触发 TIM3 的输入捕获中断，在中断处理函数中将计数器中的值记录下来，记录下两次采样的值之后相减，获得时间间隔，也就是周期，最后算出输入波形的频率，通过 LCD 显示出来。

本例中使用 TIM2 在 PA0 上产生一个固定周期的 PWM 波，作为 TIM3 通道 2（处理器引脚 PA7）的输入。TIM2 的 PWM 波的频率为 35.156kHz，占空比为 25%。

在实验板上用导线连接 PA0 和 PA7。

【关键源代码分析】

（1）头文件

```
#include "stm32f10x.h"
#include "stm3210c_eval_lcd.h"
#include "stm32_eval.h"
#include <stdio.h>
```

（2）变量及函数声明

```
TIM_ICInitTypeDef  TIM_ICInitStructure;
TIM_TimeBaseInitTypeDef  TIM_TimeBaseStructure;
TIM_OCInitTypeDef  TIM_OCInitStructure;
extern __IO uint32_t TIM3_FREQ ;

void RCC_Configuration(void);
void GPIO_Configuration(void);
void NVIC_Configuration(void)
```

（3）主函数

```
int main(void)
{
  RCC_Configuration();                          /* 配置系统时钟 */
  STM3210C_LCD_Init();                          /* 初始化 LCD */
  LCD_Clear(White);                             /* 清屏 */
  LCD_SetTextColor(Black);                      /* 设置文字颜色 */
  printf("  STM3210C-EVAL   \n");
  printf(" TIM input capture  \n");

  NVIC_Configuration();                         /* NVIC 配置 */
  GPIO_Configuration();                         /* 配置 GPIO 端口 */
```

```
/* 设置 PWM 输入，作为测试信号  */
TIM_TimeBaseStructure.TIM_Period=2047;
TIM_TimeBaseStructure.TIM_Prescaler=0;
TIM_TimeBaseStructure.TIM_ClockDivision=0;
TIM_TimeBaseStructure.TIM_CounterMode=TIM_CounterMode_Up;

TIM_TimeBaseInit (TIM2,&TIM_TimeBaseStructure);

/* 配置 PWM1 模式  */
TIM_OCInitStructure.TIM_OCMode=TIM_OCMode_PWM1;
TIM_OCInitStructure.TIM_OutputState=TIM_OutputState_Enable;
TIM_OCInitStructure.TIM_Pulse=512;
TIM_OCInitStructure.TIM_OCPolarity=TIM_OCPolarity_High;

TIM_OC1Init (TIM2,&TIM_OCInitStructure);

/* TIM3 配置为输入捕获模式，其中外部信号连接至 TIM2 的通道 2，引脚（PA.07），上升沿有效，
使用 TIM3 CCR2 通道计算频率 */
TIM_ICInitStructure.TIM_Channel=TIM_Channel_2;
TIM_ICInitStructure.TIM_ICPolarity=TIM_ICPolarity_Rising;
TIM_ICInitStructure.TIM_ICSelection=TIM_ICSelection_DirectTI;
TIM_ICInitStructure.TIM_ICPrescaler=TIM_ICPSC_DIV1;
TIM_ICInitStructure.TIM_ICFilter=0x0;
TIM_ICInit(TIM3,&TIM_ICInitStructure);

/* 使能 TIM2 和 TIM3  */
TIM_Cmd(TIM3,ENABLE);
TIM_Cmd(TIM2,ENABLE);

/* 使能 TIM3 的 CC2 中断请求 */
TIM_ITConfig(TIM3,TIM_IT_CC2,ENABLE);

while (1)
{
    printf("frequence=%dHz\r",TIM3_FREQ);
}
}
```

（4）GPIO 端口配置程序

```
void GPIO_Configuration(void)
```

```
{
  GPIO_InitTypeDef GPIO_InitStructure;

  /* 将 PA7 引脚配置为 TIM3 的通道 2 */
  GPIO_InitStructure.GPIO_Pin=GPIO_Pin_7;
  GPIO_InitStructure.GPIO_Mode=GPIO_Mode_IN_FLOATING;
  GPIO_InitStructure.GPIO_Speed=GPIO_Speed_50MHz;

  GPIO_Init(GPIOA,&GPIO_InitStructure);

  /* PA0(TIM2 CH1) 配置为上拉模式 */
  GPIO_InitStructure.GPIO_Pin=GPIO_Pin_0;
  GPIO_InitStructure.GPIO_Mode=GPIO_Mode_AF_PP;
  GPIO_InitStructure.GPIO_Speed=GPIO_Speed_50MHz;

  GPIO_Init(GPIOA,&GPIO_InitStructure);

}
```

（5）NVIC 配置程序

```
void NVIC_Configuration(void)
{
  NVIC_InitTypeDef NVIC_InitStructure;

  /* 使能 TIM3 全局中断 */
  NVIC_InitStructure.NVIC_IRQChannel=TIM3_IRQn;
  NVIC_InitStructure.NVIC_IRQChannelPreemptionPriority=0;
  NVIC_InitStructure.NVIC_IRQChannelSubPriority=1;
  NVIC_InitStructure.NVIC_IRQChannelCmd=ENABLE;
  NVIC_Init(&NVIC_InitStructure);
}
```

（6）TIM3 中断服务程序

```
void TIM3_IRQHandler(void)
{
  if (TIM_GetITStatus (TIM3,TIM_IT_CC2)==SET)
  {
    /* 清除 TIM3 捕获中断待处理位 */
    TIM_ClearITPendingBit (TIM3,TIM_IT_CC2);
    if (capture_number==0)
    {
```

```
      ic3_readvalue1=TIM_GetCapture2(TIM3);       /* 获取输入捕获的值 */

      capture_number=1;
    }
    else if(capture_number==1)
    {
      ic3_readvalue2=TIM_GetCapture2(TIM3);       /* 获取输入捕获的值 */
      /* 捕获计算 */
      if (ic3_readvalue2>ic3_readvalue1)
      {
        CAPTURE=(ic3_readvalue2-ic3_readvalue1)-1;
      }
      else
      {
        CAPTURE=((0xFFFF-ic3_readvalue1)+ic3_readvalue2)-1;
      }
      TIM3_FREQ=(u32)72000000/CAPTURE;            /* 频率计算 */
      capture_number=0;
    }
  }
}
```

5.6 模/数转换器（ADC）

嵌入式控制系统的被控对象很多时候是模拟设备，被控量也可能是一个模拟信号，有时候还是非电信号，例如温度、湿度、压力、液位等。当采用嵌入式计算机作为系统的控制器时，必须使得嵌入式微处理器能够识别并处理这些模拟信号，这就需要两个设备：传感器（Sensors）和模/数转换器（ADC）。传感器负责将非电物理量转化为与此相对应的电信号，例如电压、电流或频率等。这些电信号经过调理、放大/缩小、滤波等环节后，转换成一定范围内的电压或电流信号，然后由ADC转换为与原始物理量对应的数字量。这样嵌入式微处理器就可以处理和使用这些物理量，以实现控制等目标。

本节主要介绍模/数转换器的原理、功能、特性以及使用要点。

5.6.1 ADC 简介

将模拟量转换为数字量的过程称为模/数转换（A/D 转换），完成这一转换功能的器件称为模/数转换器（ADC）。A/D 转换一般要经过取样、保持、量化及编码 4 个过程。在实际电路中，这些过程有的是合并进行的，例如，取样和保持，量化和编码往往都是在转换过程中同时实现的。

模/数转换器的种类很多，按工作原理的不同，可分为间接 ADC 和直接 ADC。

1．间接 ADC

间接 ADC 是先将输入模拟电压转换成时间或频率，然后再把这些中间量转换成数字量，常用的有双积分型 ADC。

2．直接 ADC

直接 ADC 则是直接转换成数字量，常用的有并联比较型 ADC 和逐次逼近型 ADC。

双积分型 ADC 先对输入采样电压和基准电压进行两次积分，以获得与采样电压平均值成正比的时间间隔，同时在这个时间间隔内，用计数器对标准时钟脉冲（CP）计数，计数器输出的计数结果就是对应的数字量。双积分型 ADC 的优点是抗干扰能力强、稳定性好、可实现高精度模/数转换；主要缺点是转换速度低。因此这种转换器大多应用于要求精度较高而转换速度要求不高的仪器仪表中，例如多位高精度数字直流电压表。

并联比较型 ADC 采用各量级同时并行比较，各位输出码同时并行产生，所以转换速度快是它的突出优点，同时转换速度与输出码位的多少无关。并联比较型 ADC 的缺点是成本高、功耗大。因为 n 位输出的 ADC，需要 $2n$ 个电阻，（$2n-1$）个比较器和 D 触发器，以及复杂的编码网络，其元器件数量随位数的增加，以几何级数上升。所以这种 ADC 适用于要求高速、低分辨率的场合。

逐次逼近型 ADC 也会产生一系列比较电压 VR，但与并联比较型 ADC 不同，它是逐个产生比较电压，逐次与输入电压分别比较，以逐渐逼近的方式进行模/数转换的。逐次逼近型 ADC 每次转换都要逐位比较，需要（$n+1$）个节拍脉冲才能完成，所以它比并联比较型 ADC 的转换速度慢，比双积分型 ADC 要快得多，属于中速 ADC 器件。另外，位数多时，它需用的元器件比并联比较型少得多，所以它是集成 ADC 中应用较广的一种。

5.6.2　STM32 的 ADC 概述

STM32F107 系列有 3 个 ADC，这些 ADC 可以独立使用，也可以使用双重/三重模式（提高采样率）。STM32F107 的 ADC 是 12 位逐次逼近型的模/数转换器，它具有 18 个复用通道，可测量 16 个外部源、2 个内部信号源，这些通道的 A/D 转换可以单次、连续、扫描或间断模式执行。ADC 的结果可以左对齐或右对齐方式存储在 16 位数据寄存器中。ADC 具有模拟看门狗特性，允许应用程序检测输入电压是否超出用户定义的阈值上限或者下限。

STM32 集成的 ADC 主要特征如下：

1）12 位分辨率。

2）转换结束、注入转换结束和发生模拟看门狗事件时产生中断。

3）单次和连续转换模式。

4）从通道 0 到通道 n 的自动扫描模式。

5）自校准。

6）带内嵌数据一致性的数据对齐。

7）采样间隔可以按通道分别编程。

8）规则转换和注入转换均有外部触发选项。

9）间断模式。

10）双重模式（带 2 个或以上 ADC 的器件）。

11）ADC 转换时间：时钟频率为 56MHz 时为 1μs；时钟频率为 72MHz 时为 1.17μs。

12）ADC 供电要求：2.4～3.6V。

13）ADC 输入范围：VREF−≤VIN≤VREF+。

14）规则通道转换期间有 DMA 请求产生。

STM32 ADC 的硬件结构示意图如图 5.27 所示，该 ADC 模块相关的引脚有：模拟参考电源的正负极（VREF+、VREF−）、模拟电源与地（VDDA、VSSA），以及 16 路模拟输入信号（ADCx_IN[15:0]）。

STM32 将 ADC 的转换分为两个通道组：规则通道组和注入通道组。规则通道组（以下简称“规则组”）相当于运行的程序，而注入通道组（以下简称“注入组”）相当于中断。在程序正常执行的时候，中断是可以打断程序正常执行的，因此注入通道的转换可以打断规则通道组的转换，在注入通道组转换完成后，规则通道组才可以继续转换。而通道组内的转换顺序允许用户自定义。

1）规则组有 16 个转换通道，它们的转换顺序在 ADC_SQRx 寄存器中选择，其总数应写入 ADC_SQR1 寄存器的 L[3:0]位中。

2）注入组有 4 个转换通道，它们的转换顺序在 ADC_JSQR 寄存器中选择，其总数应写入 ADC_JSQR 寄存器的 L[1:0]位中。

3）STM32 内部的温度传感器和通道 ADC_IN16 相连接，内部参考电压 VREFINT 和 ADC_IN17 相连接，可以按注入通道或规则通道进行转换。

如果 ADC_SQRx 或 ADC_JSQR 寄存器在转换期间被更改，当前的转换值被消除，一个新的启动脉冲将发送到 ADC 以转换新选择的组。

STM32 ADC 支持 4 种工作模式，分别是：

1）单次转换模式，此时 ADC 只执行一次转换。

2）连续转换模式，此时当 ADC 完成一次转换后立即启动下一次转换。

3）扫描模式，此时 ADC 按顺序完成一组模拟通道的转换。

4）间断模式，分为规则通道模式和注入通道模式。

（1）规则组

通过设置 ADC_CR1 寄存器中的 DISCEN 位可以激活规则组的间断模式，用于执行一个段序列的 n（$n≤8$）次转换，此转换是 ADC_SQRx 寄存器所选择的转换次序的一部分，n 由 ADC_CR1 寄存器的 DISCNUM[2:0]位给出。

一个外部触发信号可以启动 ADC_SQRx 寄存器中描述的下一轮 n 次转换，直到此序列所有的转换完成为止。总的序列长度由 ADC_SQR1 寄存器的 L[3:0]位定义。

例如：n=3，被转换的通道为 0，1，2，3，6，7，9，10。

第一次触发：转换的序列为 0，1，2；

第二次触发：转换的序列为 3，6，7；

第三次触发：转换的序列为 9，10，并产生 EOC 事件；

第四次触发：转换的序列为 0，1，2。

注意：

当一个规则组以间断模式转换时，转换序列结束后不自动从头开始。当所有子组被转换完成后，下一次触发启动第一个子组的转换。

在上面的例子中，第四次触发重新转换第一子组的通道 0，1 和 2。

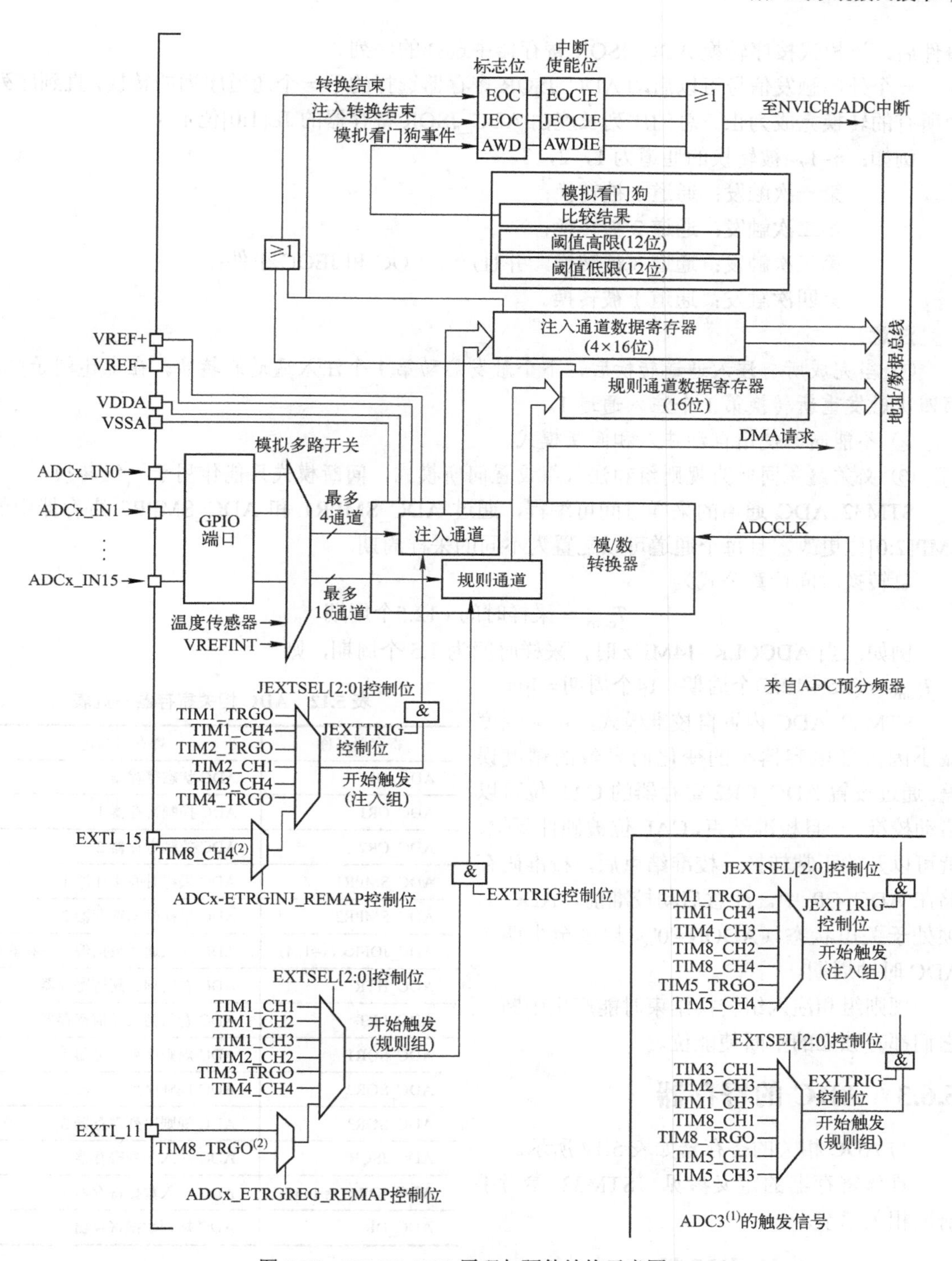

图 5.27　STM32 ADC 原理与硬件结构示意图

注：（1）表示 ADC3 的规则转换和注入转换触发与 ADC1 和 ADC2 的不同。

（2）表示 TIM8_CH4 和 TIM8_TRGO 及它们的重映射位只存在于大容量产品中。

（2）注入组

通过设置 ADC_CR1 寄存器的 JDISCEN 位可以激活注入组的间断模式。在一个外部触发事件后，该模式按序转换 ADC_JSQR 寄存器中选择的序列。

一个外部触发信号可以启动 ADC_JSQR 寄存器选择的下一个通道序列的转换，直到序列中所有的转换完成为止。总的序列长度由 ADC_JSQR 寄存器的 JL[1:0]位定义。

例如：n=1，被转换的通道为 1，2，3。

第一次触发：通道 1 被转换；

第二次触发：通道 2 被转换；

第三次触发：通道 3 被转换，并且产生 EOC 和 JEOC 事件；

第四次触发：通道 1 被转换。

注意：

① 当完成所有注入通道转换后，下个触发启动第 1 个注入通道的转换。在上述例子中，第四次触发重新转换第 1 个注入通道 1。

② 不能同时使用自动注入和间断模式。

③ 必须避免同时为规则组和注入组设置间断模式，间断模式只能作用于一组转换。

STM32 ADC 通道的采样时间可编程，通过 ADC_SMPR1 和 ADC_SMPR2 寄存器中的 SMP[2:0]位更改，且每个通道可以配置为不同的采样周期。

总转换时间计算公式为

$$T_{\text{conv}} = \text{采样时间} + 12.5\text{个周期}$$

例如：当 ADCCLK=14MHz 时，采样时间为 1.5 个周期，则

$$T_{\text{conv}} = (1.5 + 12.5)\text{个周期} = 14\text{个周期} = 1\mu\text{s}$$

STM32 ADC 内置自校准模式，可大幅度减小因内部电容器组的变化而导致的精度误差。通过设置 ADC_CR2 寄存器的 CAL 位可以启动校准。一旦校准结束，CAL 位被硬件复位，就可以开始正常转换。校准结束后，校准码存储在 ADC_CR 中。注意启动校准前，ADC 必须处于关电状态（ADON='0'）超过至少两个 ADC 时钟周期。

规则组和注入组转换结束时能产生中断，它们都有独立的中断使能位。

5.6.3 ADC 的寄存器

与 ADC 相关的寄存器如表 5.12 所示。

具体寄存器的定义参见《STM32 参考手册》相关章节。

表 5.12 ADC 相关寄存器一览表

寄存器名称	寄存器描述
ADC_SR	ADC 状态寄存器
ADC_CR1	ADC 控制寄存器 1
ADC_CR2	ADC 控制寄存器 2
ADC_SMPR1	ADC 采样时间寄存器 1
ADC_SMPR2	ADC 采样时间寄存器 2
ADC_JOFRx (x=1..4)	ADC 注入通道数据偏移寄存器 x
ADC_HTR	ADC 看门狗高阈值寄存器
ADC_LRT	ADC 看门狗低阈值寄存器
ADC_SQR1	ADC 规则序列寄存器 1
ADC_SQR2	ADC 规则序列寄存器 2
ADC_SQR3	ADC 规则序列寄存器 3
ADC_JSQR	ADC 注入序列寄存器
ADC_JDRx (x=1..4)	ADC 注入数据寄存器 x
ADC_DR	ADC 规则数据寄存器

5.6.4 ADC 的库函数

（1）void ADC_Init(ADC_TypeDef* ADCx，ADC_InitTypeDef* ADC_InitStruct)

功能描述：根据 ADC_InitStruct 中指定的参数初始化 ADCx 的寄存器。

参数说明：ADCx（x=1，2）——指定 ADC 外设 ADC1 或 ADC2；

ADC_InitStruct——指向结构体 ADC_InitTypeDef 的指针，包含了指定外设 ADC 的配置，定义如下：

```
typedef struct
{
    u32 ADC_Mode;                                //ADC 工作模式
    FunctionalState ADC_ScanConvMode;            //扫描模式或单次模式
    FunctionalState ADC_ContinousConvMode;       //连续模式或单次模式
    u32 ADC_ExternalTrigConv;                    //使用外部触发启动规则通道的转换
    u32 ADC_DataAlign;                           //ADC 数据左对齐还是右对齐
    u8 ADC_NbrOfChannel;                         //顺序进行规则转换的 ADC 通道数目
} ADC_InitTypeDef
```

例如：

```
ADC_InitTypeDef ADC_InitStructure;
ADC_InitStructure.ADC_Mode=ADC_Mode_Independent;
ADC_InitStructure.ADC_ScanConvMode=ENABLE;
ADC_InitStructure.ADC_ContinueConvMode=DISABLE;
ADC_InitStructure. ADC_ExternalTrigConv=ADC_ExternalTrigConv_EXT_IT11;
ADC_InitStructure. ADC_DataAlign=ADC_DataAlign_Right;
ADC_InitStructure. ADC_NbrOfChannel=16;
ADC_Init (ADC_InitStructure);
```

（2）void ADC_RegularChannelConfig (ADC_TypeDef* ADCx, u8 ADC_Channel, u8 Rank, u8 ADC_Sample_Time)

功能描述：设置指定的 ADC 通道规则、转换顺序和采样时间。

参数说明：ADCx（x=1，2）指定 ADC 外设 ADC1 或 ADC2；

ADC_Channel——被设置的 ADC 通道；

Rank——规则组采样顺序，取值范围为 1～16；

ADC_Sample_Time——指定 ADC 通道的采样时间值。

例如：

```
/* 配置 ADC1 的通道 2 为第一个转换通道，采样时间为 7.5 个周期 */
ADC_RegularChannelConfig(ADC1,ADC_Channel_2,1,ADC_SampleTime_7Cycles5);
/* 配置 ADC1 的通道 8 为第二个转换通道，采样时间为 1.5 个周期 */
ADC_RegularChannelConfig(ADC1,ADC_Channel_8,2,ADC_SampleTime_1Cycles5);
```

（3）void ADC_DMACmd(ADC_TypeDef* ADCx, FunctionalState NewState)

功能描述：使能或失能指定 ADC 的 DMA 请求。

参数描述：ADCx（x=1，2）——指定 ADC 外设 ADC1 或 ADC2；

NewState——ADC DMA 传输的新状态，可以取 ENABLE 或 DISABLE。

例如：使能 ADC2 的 DMA 传输。

```
ADC_DMACmd(ADC2,ENABLE);
```

（4）void ADC_ResetCalibration(ADC_TypeDef* ADCx)

功能描述：重置指定的 ADC 的校准寄存器。

参数描述：ADCx（x=1，2）——指定 ADC 外设 ADC1 或 ADC2。

例如：重置 ADC1 的校准寄存器。

```
ADC_ResetCalibration(ADC1);
```

（5）FlagStatus ADC_GetResetCalibrationStatus(ADC_TypeDef* ADCx)

功能描述：获取 ADC 重置校准寄存器的状态。

参数描述：ADCx（x=1，2）——指定 ADC 外设 ADC1 或 ADC2。

返回值：ADC 重置校准寄存器的新状态（SET 表示未校准完成，RESET 表示已经完成校准）。

例如：获取 ADC2 重置校准寄存器的状态。

```
FlagStatus Status;
Status=ADC_GetResetCalibrationStatus (ADC2);
```

（6）void ADC_StartCalibration (ADC_TypeDef* ADCx)

功能描述：开始指定 ADC 的校准状态。

参数描述：ADCx（x=1，2）——指定 ADC 外设 ADC1 或 ADC2。

例如：开始 ADC2 的校准。

```
ADC_StartCalibration (ADC2);
```

（7）FlagStatus ADC_GetCalibrationStatus(ADC_TypeDef* ADCx)

功能描述：获取指定 ADC 的校准程序。

参数描述：ADCx（x=1，2）——指定 ADC 外设 ADC1 或 ADC2。

返回值：ADC 校准的新状态（SET 表示未校准完成，RESET 表示已经完成校准）。

例如：获取 ADC2 校准的状态。

```
FlagStatus Status;
Status=ADC_GetCalibrationStatus (ADC2);
```

（8）void ADC_SoftwareStartConvCmd (ADC_TypeDef* ADCx, FunctionalState NewState)

功能描述：使能或失能指定 ADC 的软件转换启动功能。

参数描述：ADCx（x=1，2）指定 ADC 外设 ADC1 或 ADC2；
NewState——指定 ADC 的软件转换启动新状态，可以取 ENABLE 或 DISABLE。

例如：使能 ADC1 的软件转换启动功能。

```
ADC_ SoftwareStartConvCmd (ADC1,ENABLE);
```

（9）void ADC_TempSensorVrefintCmd(FunctionalState NewState)

功能描述：使能或失能温度传感器和内部参考电压通道。

参数描述：NewState——温度传感器和内部参考电压通道的新状态，可以取 ENABLE 或 DISABLE。

例如：使能温度传感器和内部参考电压通道。

```
ADC_TempSensorVrefintCmd (ENABLE);
```

（10）FlagStatus ADC_GetSoftwareStartConvStatus(ADC_TypeDef* ADCx)

功能描述：获取 ADC 软件转换启动状态。

参数描述：ADCx 指定 ADC 外设 ADC1 或 ADC2。

返回值：ADC——软件转换启动的新状态（SET 或者 RESET）。

例如：获取 ADC1 的软件转换启动状态。

```
FlagStatus Status;
Status=ADC_GetSoftwareStartConvStatus(ADC1);
```

（11）u16 ADC_GetConversionValue(ADC_TypeDef* ADCx)

功能描述：返回最近一次 ADCx 规则组的转换结果。

参数描述：ADCx——指定 ADC 外设 ADC1 或 ADC2。

返回值：转换结果。

例如：返回 ADC1 最后一个通道转换结果。

```
u16 DataValue;
DataValue=ADC_GetConversionValue(ADC1);
```

（12）u32 ADC_GetDualModeConversionValue( )

功能描述：返回最近一次双 ADC 模式下的转换结果。

返回值：转换结果。

例如：返回 ADC1 和 ADC2 最近一次的转换结果。

```
u32 DataValue;
DataValue=ADC_GetDualModeConversionValue();
```

（13）FlagStatus ADC_GetFlagStatus(ADC_TypeDef* ADCx, u8 ADC_FLAG)

功能描述：检查制定 ADC 标志位置 1 与否。

参数描述：ADCx——指定 ADC 外设 ADC1 或 ADC2；

ADC_FLAG——指定需检查的标志位，取值如下：

ADC_FLAG_AWD：模拟看门狗标志位

ADC_FLAG_EOC：转换结束标志位

ADC_FLAG_JEOC：注入组转换结束标志位

ADC_FLAG_JSTRT：注入组转换开始标志位

ADC_FLAG_STRT：规则组转换开始标志位

例如：检查 ADC1 EOC 标志位是否置 1。

```
FlagStatus Status;
Status=ADC_GetFlagStatus(ADC1,ADC_FLAG_EOC);
```

（14）void ADC_ClearFlag(ADC_TypeDef* ADCx, u8 ADC_FLAG)

功能描述：清除 ADCx 的待处理标志位。

参数描述：ADCx——指定 ADC 外设 ADC1 或 ADC2；

ADC_FLAG——指定需检查的标志位，取值同上。

例如：清除 ADC2 STRT 挂起标志位。

```
ADC_ClearFlag(ADC2,ADC_FLAG_STRT);
```

（15）ITStatus ADC_GetITStatus(ADC_TypeDef* ADCx, u16 ADC_IT)

功能描述：检查指定的 ADC 中断是否发生。

参数描述：ADCx——指定 ADC 外设 ADC1 或 ADC2；

ADC_IT——将要被检查 ADC 中断源。

例如：检测 ADC1 AWD 的中断是否发生。

```
ITStatus Status;
Status=ADC_GetITStatus(ADC1,ADC_IT_AWD);
```

（16）void ADC_ClearITPendingBit(ADC_TypeDef* ADCx, u16 ADC_IT)

功能描述：清除 ADCx 的中断待处理位。

参数描述：ADCx——指定 ADC 外设 ADC1 或 ADC2；

ADC_IT——待清除的 ADC 中断待处理位。

例如：清除 ADC2 JEOC 的中断挂起位。

```
ADC_ClearITPendingBit(ADC2,ADC_IT_JEOC);
```

5.6.5 ADC 示例

【示例】 本例中使用 ADC1 和 DMA 连续地把 ADC1 的转换数据从 ADC1 传输到存储空间。ADC1 被配置成从 ADC 的 14 号通道连续地转换数据。每结束一次 ADC 转换就触发一次 DMA 传输，在 DMA 循环模式中，持续地把 ADC1 的 DR 数据寄存器的数据传输到 ADC_ConvertedValue 变量，然后通过 LCD 显示出来。

本例的相关电路图如图 5.28 所示，旋转可调电位器 RV1 可以在 PC4 引脚上产生 0～3.3V 的电压，相应的转换结果可以在 LCD 或者 ADC1 的数据寄存器中读出。

【源代码分析】

（1）头文件

```
#include "stm32f10x.h"
#include "stm3210c_eval_lcd.h"
#include "stm32_eval.h"
#include <stdio.h>
```

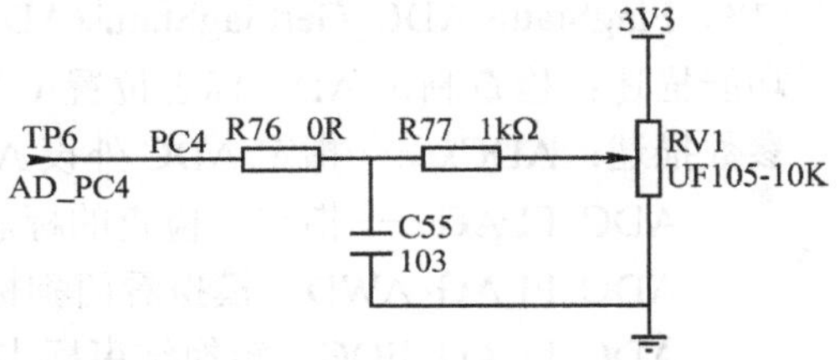

图 5.28 ADC 引脚连接可调电阻电路

（2）变量及函数声明

```
ADC_InitTypeDef ADC_InitStructure;
DMA_InitTypeDef DMA_InitStructure;
__IO uint16_t ADCConvertedValue;
ErrorStatus HSEStartUpStatus;

void RCC_Configuration(void);
void GPIO_Configuration(void);
```

（3）主函数

```
int main(void)
{
  RCC_Configuration();                        //配置系统时钟
  GPIO_Configuration();                       //GPIO 端口配置
  STM3210C_LCD_Init();                        //LCD 初始化
  LCD_Clear(White);                           //LCD 清屏
  LCD_SetTextColor(Black);                    //设置 LCD 文本颜色
```

```
printf("    STM3210C-EVAL     \n");
printf("  Example on how to use the ADC with DMA\n");

/* 配置DMA1 通道1 */
DMA_DeInit(DMA1_Channel1);
DMA_InitStructure.DMA_PeripheralBaseAddr=ADC1_DR_Address;
DMA_InitStructure.DMA_MemoryBaseAddr=(uint32_t)&ADCConvertedValue;
DMA_InitStructure.DMA_DIR=DMA_DIR_PeripheralSRC;
DMA_InitStructure.DMA_BufferSize=1;
DMA_InitStructure.DMA_PeripheralInc=DMA_PeripheralInc_Disable;
DMA_InitStructure.DMA_MemoryInc=DMA_MemoryInc_Enable;
DMA_InitStructure.DMA_PeripheralDataSize=DMA_PeripheralDataSize_HalfWord;
DMA_InitStructure.DMA_MemoryDataSize=DMA_MemoryDataSize_HalfWord;
DMA_InitStructure.DMA_Mode=DMA_Mode_Circular;
DMA_InitStructure.DMA_Priority=DMA_Priority_High;
DMA_InitStructure.DMA_M2M=DMA_M2M_Disable;
DMA_Init(DMA1_Channel1,&DMA_InitStructure);

DMA_Cmd(DMA1_Channel1,ENABLE);          //使能DMA1 通道1

/* 配置ADC1 */
ADC_InitStructure.ADC_Mode=ADC_Mode_Independent;
ADC_InitStructure.ADC_ScanConvMode=ENABLE;
ADC_InitStructure.ADC_ContinuousConvMode=ENABLE;
ADC_InitStructure.ADC_ExternalTrigConv=ADC_ExternalTrigConv_None;
ADC_InitStructure.ADC_DataAlign=ADC_DataAlign_Right;
ADC_InitStructure.ADC_NbrOfChannel=1;
ADC_Init(ADC1,&ADC_InitStructure);

/* 配置ADC1 规则通道14 */
ADC_RegularChannelConfig(ADC1,ADC_Channel_14,1,ADC_SampleTime_55Cycles5);

ADC_DMACmd(ADC1,ENABLE);                              //使能ADC1 DMA

ADC_Cmd(ADC1,ENABLE);                                 //使能ADC1

ADC_ResetCalibration(ADC1);                           //使能ADC1复位校准寄存器
while(ADC_GetResetCalibrationStatus(ADC1));           //检查ADC1复位校准寄存器是否
                                                        完成使能
```

```
  ADC_StartCalibration(ADC1);                       //启动ADC1校准
  while(ADC_GetCalibrationStatus(ADC1));            //检查ADC1校准是否完成

  ADC_SoftwareStartConvCmd(ADC1,ENABLE);            //启动ADC1软件转换

  while (1)
  {
   printf("ADC result: %3.2fV\r",(float)(ADCConvertedValue)/0xfff*3.21);
  }
}
```

(4）系统时钟配置程序

```
void RCC_Configuration(void)
{
  RCC_DeInit();                                     //RCC系统复位

  RCC_HSEConfig(RCC_HSE_ON);                        //使能HSE

  HSEStartUpStatus=RCC_WaitForHSEStartUp();         //等待HSE准备好

  if(HSEStartUpStatus==SUCCESS)
  {
    FLASH_PrefetchBufferCmd(FLASH_PrefetchBuffer_Enable); //使能预取缓存
    FLASH_SetLatency(FLASH_Latency_2);              //设置Flash2等待状态

    RCC_HCLKConfig(RCC_SYSCLK_Div1);                //设置HCLK=SYSCLK
    RCC_PCLK2Config(RCC_HCLK_Div1);                 //设置PCLK2=HCLK
    RCC_PCLK1Config(RCC_HCLK_Div2);                 //设置PCLK1=HCLK/2
    RCC_ADCCLKConfig(RCC_PCLK2_Div4);               //设置ADCCLK=PCLK2/4

#ifdef STM32F10X_CL
RCC_PLLConfig(RCC_PLLSource_HSE_Div1,RCC_PLLMul_7);
                                                    //PLLCLK=8MHz×7=56MHz
#else
    /* 配置PLLs */
    /* 配置PLL2 configuration: PLL2CLK=(HSE/5)×8=40MHz */
    RCC_PREDIV2Config(RCC_PREDIV2_Div5);
    RCC_PLL2Config(RCC_PLL2Mul_8);

    RCC_PLL2Cmd(ENABLE);                            //使能PLL2
```

```
    while (RCC_GetFlagStatus(RCC_FLAG_PLL2RDY)==RESET) //等待 PLL2 完成启动
    {  }

    /* 配置 PLL : PLLCLK=(PLL2/5)×7=56MHz */
    RCC_PREDIV1Config(RCC_PREDIV1_Source_PLL2,RCC_PREDIV1_Div5);
    RCC_PLLConfig(RCC_PLLSource_PREDIV1,RCC_PLLMul_7);
  #endif

    RCC_PLLCmd(ENABLE);                                    //使能 PLL
    while(RCC_GetFlagStatus(RCC_FLAG_PLLRDY)==RESET)//等待 PLL 完成启动
    {    }

    RCC_SYSCLKConfig(RCC_SYSCLKSource_PLLCLK);         //选择 PLL 作为系统时钟源
    while(RCC_GetSYSCLKSource() != 0x08)              //等待 PLL 配置为系统时钟源
    {  }
  }
  /* 使能外设时钟 */
  RCC_AHBPeriphClockCmd(RCC_AHBPeriph_DMA1,ENABLE);  //使能 DMA1 时钟
  RCC_APB2PeriphClockCmd(RCC_APB2Periph_ADC1|RCC_APB2Periph_GPIOC,ENABLE);
                                                      //使能 ADC1 和 GPIOC 时钟
  }
```

（5）GPIO 端口配置

```
void GPIO_Configuration(void)
{
  GPIO_InitTypeDef GPIO_InitStructure;

  /* 将 PC4 (ADC 通道 14) 配置为模拟输入引脚 */
  GPIO_InitStructure.GPIO_Pin=GPIO_Pin_4;
  GPIO_InitStructure.GPIO_Mode=GPIO_Mode_AIN;
  GPIO_Init(GPIOC,&GPIO_InitStructure);
}
```

5.7 CAN 总线

5.7.1 CAN 简介

CAN（Controller Area Network，控制器域网）是 ISO 国际标准化的串行通信协议。在汽车产业中，出于安全性、舒适性、方便性、低公害、低成本要求，开发了各种各样的电子控制系统。但这些系统之间通信所用的数据类型不尽相同，造成总线构成繁多，且互不通用的

尴尬局面，导致线束数量急剧增加。为减少线束的数量、共享资源和数据，1986 年德国博世公司开发了面向汽车的 CAN 通信协议。此后，CAN 通过 ISO11898 及 ISO11519 进行了标准化，并被广泛地应用于工业自动化、船舶、医疗设备、工业设备等。

CAN 总线技术的主要特点如下：

1. 多主站依据优先权进行访问

CAN 采用多主站方式工作，网络的任一节点在任何时候都可以主动地向网络上的其他节点发送信息。

2. 采用短帧传送

CAN 采用短帧结构，不再对传统的站地址编码，而是对通信数据进行编码。每帧的数据长度为 0～8 个字节，由用户决定。

3. 无破坏基于优先权的仲裁

当多个节点同时向总线发送信息时，优先级较低的节点会主动退出，而最高优先级的节点可不受影响地继续传输数据，大大节省了总线冲突时间。

4. 借助接收滤波的多地址帧传送

CAN 只需通过报文滤波即可实现点对点、一点对多点及全局广播等几种方式来传输数据，无需专门的“调度”。各个接收站依据报文中反映数据性质的标识符过滤报文，决定是否接收。

5. 强有力的错误控制及错误重发功能

CAN 的每帧信息都有 CRC 校验及其他检错措施，在错误严重的情况下具有自动关闭输出的功能。发送期间若丢失仲裁或由于出错而遭受破坏的帧，可自动重新发送，每帧信息中不可检错的概率低于 3×10^{-5}。

6. 长距离高速率发送

CAN 的直接通信距离最远可达 10km（速率 5kbit/s 以下）；通信速率最高可达 1Mbit/s（此时通信距离最长为 40m）。

7. CAN 总线多负载能力

CAN 的节点数主要取决于物理总线的驱动电路，节点数可达 110 个。报文标识符 2032 种（CAN2.0A 标准），而扩展标准（CAN2.0B）的报文标识符几乎不受限制。

5.7.2 CAN 总线的帧结构

CAN 总线主要有 4 种不同类型的帧：数据帧、远程帧、错误帧以及超载帧。

1. 数据帧

数据帧携带数据由发送器至接收器，它由 7 个不同的位域组成，分别是帧起始、仲裁域、控制域、数据域、CRC 域、应答域及帧结束。具体帧格式如图 5.29 所示。

其中，帧起始——标志一个数据帧或远程帧的开始。只有在总线空闲时才允许节点开始发送（信号）。所有节点必须同步于首先开始发送报文的节点的帧起始前沿。

仲裁域——包括报文标识符 11 位（CAN2.0A 标准）和远程发送申请 RTR 位，这 12 位共同组成报文优先权信息。数据帧的优先权比同一标识符的远程帧的优先权要高。

控制域——包括 2 位作为控制总线发送电平的备用位（留作 CAN 通信协议扩展功能用）与 4 位数据长度码。其中数据长度码（DLC0～DLC3）指出了数据域中的字节数目。

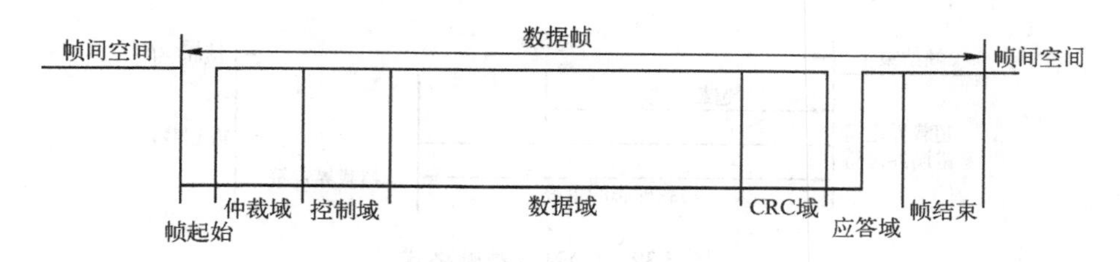

图 5.29　CAN 数据帧格式

数据域——存储在发送缓冲器数据区或接收缓冲器数据区中以待发送或接收的数据。数据域最多可容纳 8 个字节的数据。

CRC 域——又名循环冗余码校验域，包括 CRC 序列（15 位）和 CRC 界定符（1 个隐性位）。CRC 域通过一种多项式的运算，来检查报文传输过程中的错误并自动纠正错误。

应答域——包括应答间隙和应答界定符两位。

帧结束——每一个数据帧和远程帧均结束于帧结束序列，它由 7 个隐性位组成。

2．远程帧

远程帧用来申请数据。当一个节点需要接收数据时，可以发送一个远程帧，通过标识符与置RTR为高来寻址数据源，网络上具有与该远程帧相同标识符的节点则发送相应的数据帧。如图 5.30 所示，远程帧由帧起始、仲裁域、控制域、CRC 域、应答域和帧结束组成。这几个部分与数据帧中的相同，只是数据帧的 RTR 位为低而已。远程帧的数据长度码为其对应的将要接收的数据帧中 DLC 的数值。

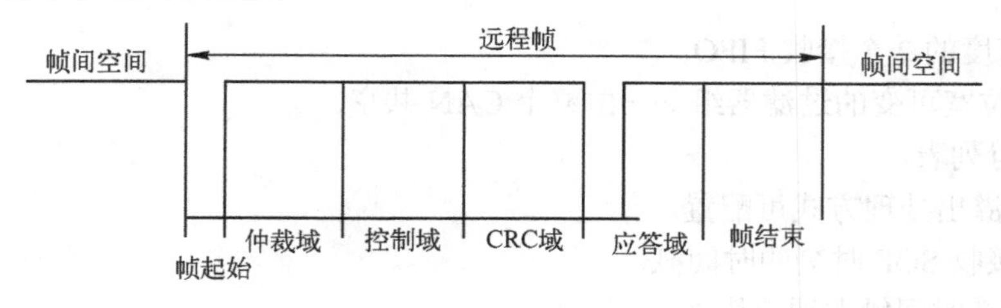

图 5.30　CAN 远程帧格式

3．错误帧

在发送和接收报文时，CAN 节点如果检测出了错误，那么该节点就会发送错误帧，通知总线上的其他节点，自己出错了。错误帧结构如图 5.31 所示，由两个不同域组成，一个是由来自各站的错误标志叠加得到，另一个是错误界定符。

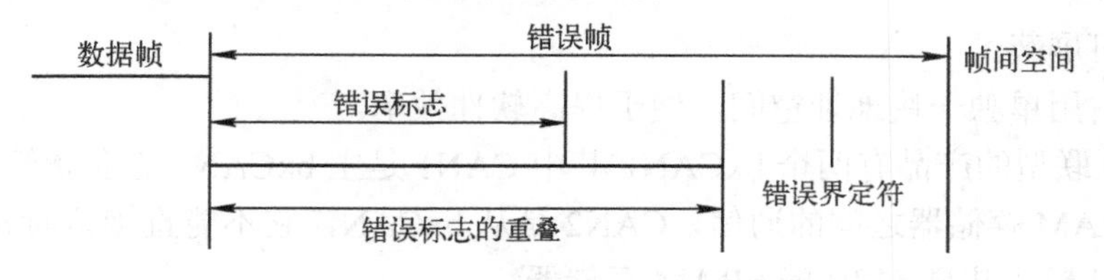

图 5.31　CAN 错误帧格式

4．超载帧

如图 5.32 所示，超载帧由超载标识和超载界定符组成。在 CAN 中，存在两个条件导致发送超载帧，一个是接收器未准备就绪，另一个是在间隙场检测到显性位。

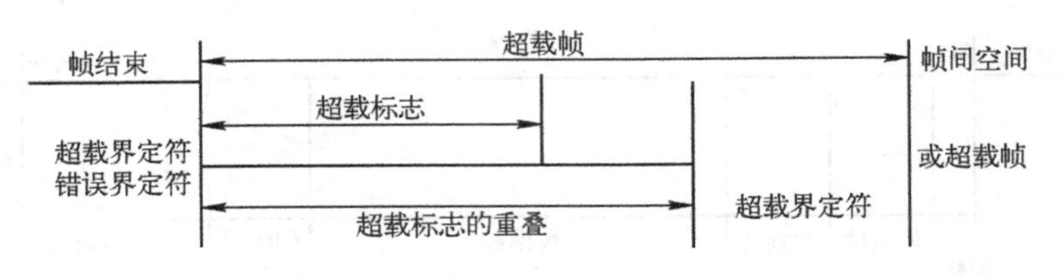

图 5.32　CAN 超载帧格式

5.7.3　STM32 CAN 总线

5.7.3.1　CAN 总线的特点

STM32 自带了基本扩展 CAN（bxCAN），支持 CAN 2.0A 和 2.0B 协议，最高数据传输速率可达 1Mbit/s，支持 11 位标准帧格式和 29 位扩展帧格式的接收和发送。其主要特点有：

（1）支持 CAN 协议 2.0A 和 2.0B 主动模式。

（2）波特率最高可达 1Mbit/s。

（3）支持时间触发通信功能。

（4）发送。

1）3 个发送邮箱。

2）发送报文的优先级特性可软件配置。

3）记录发送 SOF 时刻的时间戳。

（5）接收。

1）3 级深度的 2 个接收 FIFO。

2）14 个位宽可变的过滤器组——由整个 CAN 共享。

3）标识符列表。

4）FIFO 溢出处理方式可配置。

5）记录接收 SOF 时刻的时间戳。

（6）可支持时间触发通信模式。

（7）禁止自动重传模式。

（8）16 位自由运行定时器。

（9）定时器分辨率可配置。

（10）可在最后 2 个数据字节发送时间戳。

（11）管理。

1）中断可屏蔽。

2）邮箱占用单独一块地址空间，便于提高软件效率。

STM32 互联型的产品有两个 bxCAN，其中 CAN1 是主 bxCAN，它负责管理在从 bxCAN 和 512B 的 SRAM 存储器之间的通信，CAN2 是从 bxCAN，它不能直接访问 SRAM 存储器，这两个 bxCAN 模块共享 512B 的 SRAM 存储器。

在中容量和大容量产品中，USB 和 CAN 共用一个专用的 512 字节的 SRAM 存储器，用于数据的发送和接收，因此 USB 和 CAN 可以同时用于一个应用中，但不能在同一个时间使用（共享的 SRAM 被 USB 和 CAN 模块互斥地访问）。

STM32 bxCAN 的结构如图 5.33 所示。

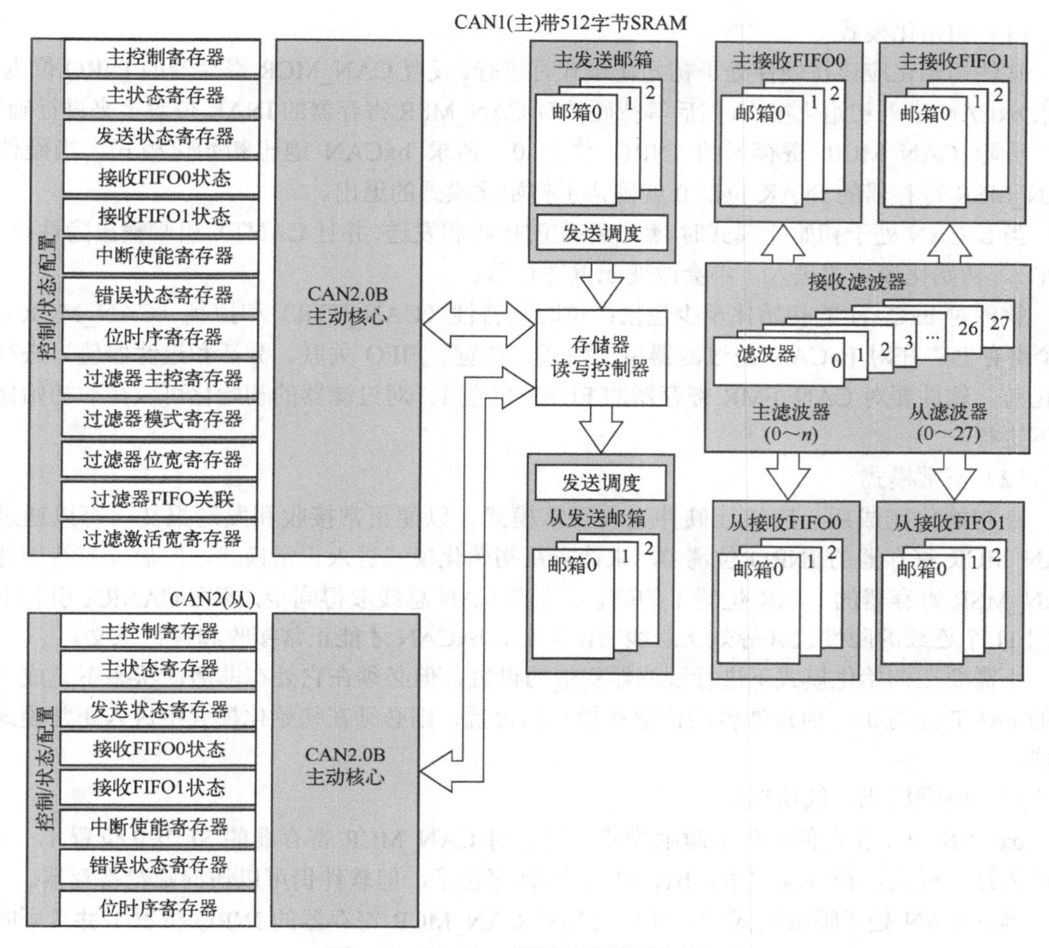

图 5.33　双 CAN 框图（互联型产品）

如图 5.33 所示，bxCAN 总线包括控制/状态/配置寄存器、发送邮箱、接收过滤器等部件。应用程序通过控制/状态/配置寄存器可以配置 CAN 参数（如波特率等）、请求发送报文、处理报文接收、管理中断、获取诊断信息。bxCAN 共有 3 个发送邮箱可发送报文，由发送调度器根据优先级决定哪个邮箱的报文先被发送。在互联型产品中，bxCAN 提供 28 个位宽可变/可配置的标识符过滤器组，通过对它们编程，在收到的报文中选择需要的报文，丢弃其他报文。在其他 STM32F103xx 系列产品中有 14 个位宽可变/可配置的标识符过滤器组。bxCAN 还提供了 2 个接收 FIFO，每个 FIFO 可以存放 3 个完整的报文。

5.7.3.2　bxCAN 的工作模式

bxCAN 有 3 个主要的工作模式：初始化、正常和睡眠模式。硬件复位后，bxCAN 工作在睡眠模式以节省电能，同时 CANTX 引脚的内部上拉电阻被激活。通过对 CAN_MCR 寄存器的 INRQ 或 SLEEP 位置 1，可请求 bxCAN 进入初始化或睡眠模式。一旦进入了初始化或睡眠模式，bxCAN 就对 CAN_MSR 寄存器的 INAK 或 SLAK 位置 1 来进行确认，同时内部上拉电阻被禁用。当 INAK 和 SLAK 位都为 0 时，bxCAN 就处于正常模式。在进入正常模式前，bxCAN 必须跟 CAN 总线取得同步；为取得同步，bxCAN 要等待 CAN 总线达到空闲状态，即在 CANRX 引脚上监测到 11 个连续的隐性位。

（1）初始化模式

软件初始化应该在硬件处于初始化模式时进行。设置 CAN_MCR 寄存器的 INRQ 位为 1，请求 bxCAN 进入初始化模式，然后等待硬件对 CAN_MSR 寄存器的 INAK 位置 1 来进行确认。

清除 CAN_MCR 寄存器的 INRQ 位为 0，请求 bxCAN 退出初始化模式，当硬件对 CAN_MSR 寄存器的 INAK 位清 0 就确认了初始化模式的退出。

当 bxCAN 处于初始化模式时，禁止报文的接收和发送，并且 CANTX 引脚输出隐性位（高电平）。初始化模式的进入，不会改变配置寄存器。

软件对 bxCAN 的初始化至少包括：位时间特性（CAN_BTR）和控制（CAN_MCR）这 2 个寄存器。在对 bxCAN 的过滤器组（模式、位宽、FIFO 关联、激活和过滤器值）进行初始化前，软件要对 CAN_FMR 寄存器的 FINIT 位置 1。对过滤器的初始化可以在非初始化模式下进行。

（2）正常模式

在初始化完成后，应该让硬件进入正常模式，以便正常接收和发送报文。可以通过对 CAN_MCR 寄存器的 INRQ 位清 0，来请求从初始化模式进入正常模式，然后要等待硬件对 CAN_MSR 寄存器的 INAK 位置 1 的确认。在跟 CAN 总线取得同步，即在 CANRX 引脚上监测到 11 个连续的隐性位（等效于总线空闲）后，bxCAN 才能正常接收和发送报文。

不需要在初始化模式下进行过滤器初值的设置，但必须在它处在非激活状态下完成（相应的 FACT 位为 0）。而过滤器的位宽和模式的设置，则必须在初始化模式中进入正常模式前完成。

（3）睡眠模式（低功耗）

bxCAN 可工作在低功耗的睡眠模式。通过对 CAN_MCR 寄存器的 SLEEP 位置 1，来请求进入这一模式。在该模式下，bxCAN 的时钟停止了，但软件仍可以访问邮箱寄存器。

当 bxCAN 处于睡眠模式时，软件必须对 CAN_MCR 寄存器的 INRQ 位置 1 并且同时对 SLEEP 位清 0，才能进入初始化模式。

有两种方式可唤醒 bxCAN：通过软件对 SLEEP 位置 1，或硬件检测到 CAN 总线的活动。

如果 CAN_MCR 寄存器的 AWUM 位为 1，一旦检测到 CAN 总线的活动，硬件就自动对 SLEEP 位清 0 来唤醒 bxCAN。如果 CAN_MCR 寄存器的 AWUM 位为 0，必须在唤醒中断的处理函数中对 SLEEP 位清 0 才能退出睡眠状态。

bxCAN 工作模式的转换如图 5.34 所示。

5.7.3.3 bxCAN 的发送流程

bxCAN 发送报文的流程如下：

1）应用程序选择一个空置的发送邮箱；设置标识符、数据长度和待发送数据。

2）对 CAN_TIxR 寄存器的 TXRQ 位置 1，来请求发送。

TXRQ 位置 1 后，邮箱就不再是空邮箱；当邮箱不再为空置，软件对邮箱寄存器就不再有写的权限。TXRQ 位置 1 后，邮箱马上进入挂号状态，并等待成为最高优先级的邮箱。一旦邮箱成为最高优先级的邮箱，其状态就变为预定发送状态。当 CAN 总线进入空闲状态，预定发送邮箱中的报文就马上被发送（进入发送状态）。而邮箱中的报文被成功发送后，它马上变为空置邮箱；硬件相应地对 CAN_TSR 寄存器的 RQCP 和 TXOK 位置 1，来表明一次成功发送。

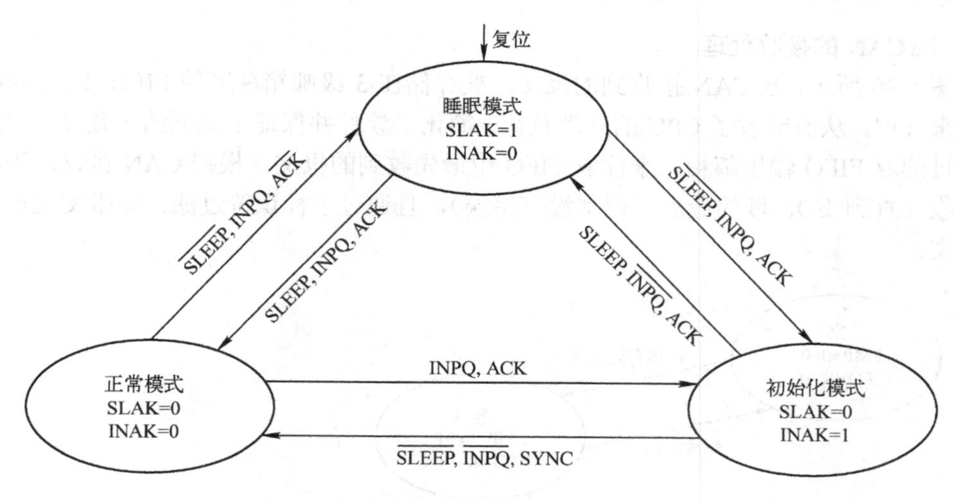

图 5.34　bxCAN 工作模式

如果发送失败，由于仲裁引起的就对 CAN_TSR 寄存器的 ALST 位置 1，由于发送错误引起的就对 TERR 位置 1。

当有超过一个发送邮箱在挂号时，发送顺序由邮箱中报文的标识符决定。根据 CAN 协议，标识符数值最低的报文具有最高的优先级。如果标识符的值相等，那么邮箱号小的报文先被发送。

bxCAN 的发送处理如图 5.35 所示。

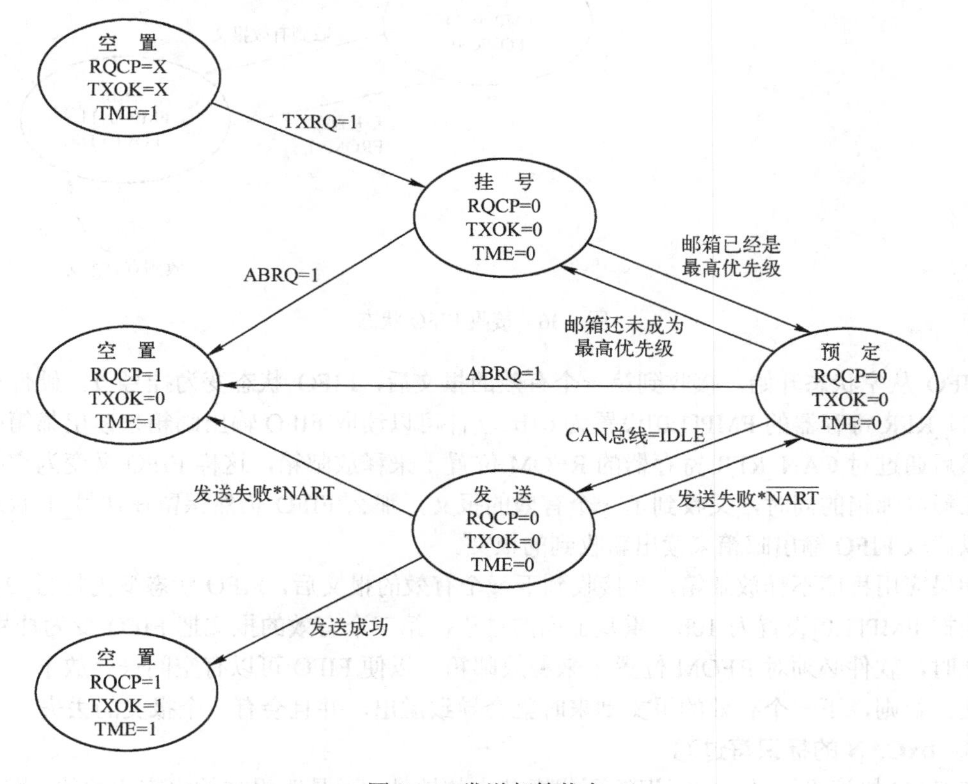

图 5.35　发送邮箱状态

5.7.3.4 bxCAN 的接收处理

如图 5.36 所示，bxCAN 接收到的报文，被存储在 3 级邮箱深度的 FIFO 中。FIFO 完全由硬件来管理，从而节省了 CPU 的处理负荷，简化了软件并保证了数据的一致性。应用程序只能通过读取 FIFO 输出邮箱，来读取 FIFO 中最先收到的报文。根据 CAN 协议，当报文被正确接收（直到 EOF 域的最后一位都没有错误），且通过了标识符过滤，该报文就被认为是有效报文。

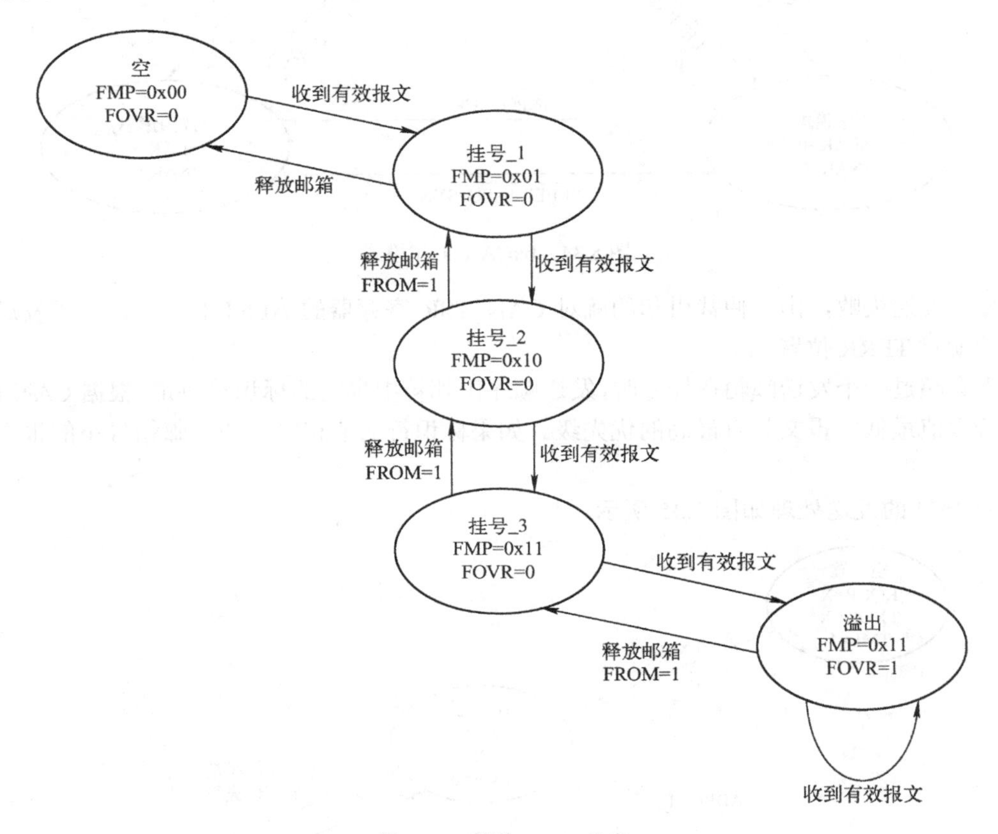

图 5.36　接收 FIFO 状态

FIFO 从空状态开始，接收到第一个有效的报文后，FIFO 状态变为挂号_1，硬件相应地把 CAN_RFR 寄存器的 FMP[1:0]设置为 01b。软件可以读取 FIFO 输出邮箱来读出邮箱中的报文，然后通过对 CAN_RFR 寄存器的 RFOM 位置 1 来释放邮箱，这样 FIFO 又变为空状态。如果在释放邮箱的同时，又收到了一个有效的报文，那么 FIFO 仍然保留在挂号_1 状态，软件可以读取 FIFO 输出邮箱来读出新收到的报文。

如果应用程序不释放邮箱，在接收到下一个有效的报文后，FIFO 状态变为挂号_2，硬件相应地把 FMP[1:0]设置为 10b。重复上面的过程，第三个有效的报文把 FIFO 变为挂号_3 状态。此时，软件必须对 RFOM 位置 1 来释放邮箱，以便 FIFO 可以有空间来存放下一个有效的报文；否则，下一个有效的报文到来时就会导致溢出，并且会有一个报文的丢失。

5.7.3.5 bxCAN 的标识符过滤

在 CAN 协议里，报文的标识符不代表节点的地址，而是跟报文的内容相关的。因此，发送者以广播的形式把报文发送给所有的接收者。节点在接收报文时根据标识符的值决定软件是否需要该报文；如果需要，就复制到SRAM里；如果不需要，报文就被丢弃且无需软件的干预。

在互联型产品中，bxCAN控制器为应用程序提供了28个位宽可变的、可配置的过滤器组（27～0）；在其他产品中，bxCAN控制器为应用程序提供了14个位宽可变的、可配置的过滤器组（13～0），以便只接收那些软件需要的报文。硬件过滤的做法节省了CPU开销，否则就必须由软件过滤从而占用一定的CPU开销。每个过滤器组x由2个32位寄存器、CAN_FxR0和CAN_FxR1组成。

过滤器可配置为屏蔽位模式和标识符列表模式。

1．屏蔽位模式

在屏蔽位模式下，标识符寄存器和屏蔽寄存器一起，指定报文标识符的任何一位，应该按照“必须匹配”或“不用关心”处理。

2．标识符列表模式

在标识符列表模式下，屏蔽寄存器也被当作标识符寄存器用。因此，不是采用一个标识符加一个屏蔽位的方式，而是使用2个标识符寄存器。接收报文标识符的每一位都必须与过滤器标识符相同。

5.7.4 CAN的寄存器

bxCAN相关的寄存器如表5.13所示。

表5.13 CAN寄存器

寄存器名称		寄存器描述
CAN控制和状态寄存器	CAN_MCR	CAN主控制寄存器
	CAN_MSR	CAN主状态寄存器
	CAN_TSR	CAN发送状态寄存器
	CAN_RF0R	CAN接收FIFO0寄存器
	CAN_RF1R	CAN接收FIFO1寄存器
	CAN_IER	CAN中断使能寄存器
	CAN_ESR	CAN错误状态寄存器
	CAN_BTR	CAN位时序寄存器
CAN邮箱寄存器	CAN_TIxR	发送邮箱标识符寄存器
	CAN_TDTxR	发送邮箱数据长度和时间戳寄存器
	CAN_TDLxR	发送邮箱低字节数据寄存器
	CAN_TDHxR	发送邮箱高字节数据寄存器
	CAN_RIxR	接收FIFO邮箱标识符寄存器
	CAN_RDTxR	接收FIFO邮箱数据长度和时间戳寄存器
	CAN_RDLxR	接收FIFO邮箱低字节数据寄存器
	CAN_RDHxR	接收FIFO邮箱高字节数据寄存器

（续）

寄存器名称		寄存器描述
CAN 过滤器寄存器	CAN_FMR	CAN 过滤器主控寄存器
	CAN_FM1R	CAN 过滤器模式寄存器
	CAN_FS1R	CAN 过滤器位宽寄存器
	CAN_FFA1R	CAN 过滤器 FIFO 关联寄存器
	CAN_FA1R	CAN 过滤器激活寄存器
	CAN_FiRx	CAN 过滤器组 i 的寄存器

其中，x=1,2，在互联型产品中 i=0,…,27，其他产品中 i=0,…,13。

5.7.5 CAN 的库函数

1．u8 CAN_Init(CAN_InitTypeDef* CAN_InitStruct)

功能描述：根据 CAN_InitStruct 中指定的参数初始化外设 CAN 的寄存器。

参数描述：CAN_InitStruct 指向结构 CAN_InitTypeDef 的指针，包含了指定外设 CAN 的配置信息：

```
typedef struct
{
  FunctionnalState CAN_TTCM;          //使能或者失能时间触发通信模式
  FunctionnalState CAN_ABOM;          //使能或者失能自动离线管理
  FunctionnalState CAN_AWUM;          //使能或者失能自动唤醒模式
  FunctionnalState CAN_NART;          //使能或者失能非自动重传输模式
  FunctionnalState CAN_RFLM;          //使能或者失能接收 FIFO 锁定模式
  FunctionnalState CAN_TXFP;          //使能或者失能发送 FIFO 优先级
  u8 CAN_Mode;                        //CAN 的工作模式
  u8 CAN_SJW;                         //重新同步跳跃宽度
  u8 CAN_BS1;                         //时间段 1 的时间单位数目
  u8 CAN_BS2;                         //时间段 2 的时间单位数目
  u16 CAN_Prescaler;                  //一个时间单位的长度
} CAN_InitTypeDef;
```

返回值：指示 CAN 初始化成功的常数；

CANINITFAILED=初始化失败；

CANINITOK=初始化成功。

例如：将 CAN 初始化为普通模式，速率为 1Mbit/s，锁定接收 FIFO。

```
CAN_InitTypeDef CAN_InitStructure;
CAN_InitStructure.CAN_TTCM=DISABLE;
CAN_InitStructure.CAN_ABOM=DISABLE;
CAN_InitStructure.CAN_AWUM=DISABLE;
CAN_InitStructure.CAN_NART=DISABLE;
```

```
CAN_InitStructure.CAN_RFLM=ENABLE;
CAN_InitStructure.CAN_TXFP=DISABLE;
CAN_InitStructure.CAN_Mode=CAN_Mode_Normal;
CAN_InitStructure.CAN_BS1=CAN_BS1_4tq;
CAN_InitStructure.CAN_BS2=CAN_BS2_3tq;
CAN_InitStructure.CAN_Prescaler=0;
CAN_Init(&CAN_InitStructure);
```

2. void CAN_FilterInit(CAN_FilterInitTypeDef* CAN_FilterInitStruct)

功能描述：根据 CAN_FilterInitStruct 中指定的参数初始化外设 CAN 的过滤器。

输入参数：CAN_FilterInitStruct 指向结构 CAN_FilterInitTypeDef 的指针，包含了相关配置信息：

```
typedef struct
{
u8 CAN_FilterNumber;                //待初始化的过滤器，范围是 1~13
u8 CAN_FilterMode;                  //过滤器将被初始化到的模式
u8 CAN_FilterScale;                 //过滤器位宽
u16 CAN_FilterIdHigh;               //设定过滤器标识符，范围是 0x0000～0xFFFF
u16 CAN_FilterIdLow;                //设定过滤器标识符，范围是 0x0000～0xFFFF
u16 CAN_FilterMaskIdHigh;           //设定过滤器屏蔽标识符或者过滤器标识符，范围同上
u16 CAN_FilterMaskIdLow;            //设定过滤器屏蔽标识符或者过滤器标识符，范围同上
u16 CAN_FilterFIFOAssignment;       //指向过滤器的 FIFO（0 或 1）
FunctionalState CAN_FilterActivation;   //使能或者失能过滤器
} CAN_FilterInitTypeDef;
```

例如：初始化 CAN 过滤器 2。

```
CAN_FilterInitTypeDef CAN_FilterInitStructure;
CAN_FilterInitStructure.CAN_FilterNumber=2;
CAN_FilterInitStructure.CAN_FilterMode=CAN_FilterMode_IdMask;
CAN_FilterInitStructure.CAN_FilterScale=CAN_FilterScale_One32bit;
CAN_FilterInitStructure.CAN_FilterIdHigh=0x0F0F;
CAN_FilterInitStructure.CAN_FilterIdLow=0xF0F0;
CAN_FilterInitStructure.CAN_FilterMaskIdHigh=0xFF00;
CAN_FilterInitStructure.CAN_FilterMaskIdLow=0x00FF;
CAN_FilterInitStructure.CAN_FilterFIFO=CAN_FilterFIFO0;
CAN_FilterInitStructure.CAN_FilterActivation=ENABLE;
CAN_FilterInit(&CAN_InitStructure);
```

3. void CAN_StructInit(CAN_InitTypeDef* CAN_InitStruct)

功能描述：把 CAN_InitStruct 中的每一个参数按默认值填入。

参数描述：CAN_InitStruct 指向待初始化结构 CAN_InitTypeDef 的指针。

例如：将 CAN 的 CAN_InitTypeDef 结构体初始化为默认值。

```
CAN_InitTypeDef CAN_InitStructure;
CAN_StructInit(&CAN_InitStructure);
```

此后，

```
CAN_TTCM=DISABLE
CAN_ABOM=DISABLE
CAN_AWUM=DISABLE
CAN_NART=DISABLE
CAN_RFLM=DISABLE
CAN_TXFP=DISABLE
CAN_Mode=CAN_Mode_Normal
CAN_SJW=CAN_SJW_1tq
CAN_BS1=CAN_BS1_4tq
CAN_BS2=CAN_BS2_3tq
CAN_Prescaler=1
```

4．void CAN_ITConfig(u32 CAN_IT, FunctionalState NewState)

功能描述：使能或者失能指定的 CAN 中断。

参数描述：CAN_IT——待使能或者失能的 CAN 中断；

NewStateCAN——中断的新状态，可以取：ENABLE 或 DISABLE。

例如：使能 CAN FIFO0 溢出中断。

```
CAN_ITConfig(CAN_IT_FOV0,ENABLE);
```

5．u8 CAN_Transmit(CanTxMsg* TxMessage)

功能描述：开始一个消息的传输。

参数描述：TxMessage 指向某结构的指针，该结构包含 CAN id、CAN DLC 和 CAN data。

返回值：所使用邮箱的号码，如果没有空邮箱，则返回 CAN_NO_MB。

结构 CanTxMsg 定义于文件“stm32f10x_can.h”：

```
typedef struct
{
  u32 StdId;                //设定标准标识符，取值范围为 0～0x7FF
  u32 ExtId;                //设定扩展标识符，取值范围为 0～0x3FFFF
  u8 IDE;                   //设定消息标识符的类型，CAN_ID_STD：使用标准标识符；
                              CAN_ID_EXT：使用标准标识符+扩展标识符
  u8 RTR;                   //设定待传输消息的帧类型，CAN_RTR_DATA：数据帧；
                              CAN_RTR_REMOTE：远程帧
  u8 DLC;                   //设定待传输消息的帧长度，取值范围是 0～0x8
  u8 Data[8];               //待传输数据
} CanTxMsg;
```

例如：通过 CAN 发送一个消息。

```
CanTxMsg TxMessage;
TxMessage.StdId=0x1F;
```

```
TxMessage.ExtId=0x00;
TxMessage.IDE=CAN_ID_STD;
TxMessage.RTR=CAN_RTR_DATA;
TxMessage.DLC=2;
TxMessage.Data[0]=0xAA;
TxMessage.Data[1]=0x55;
CAN_Transmit(&TxMessage);
```

6. u8 CAN_TransmitStatus(u8 TransmitMailbox)

功能描述：检查消息传输的状态。

参数描述：TransmitMailbox——用来传输的邮箱号码；

返回值：　　　CANTXOK——CAN 驱动是否在传输数据；

　　　CANTXPENDING——消息是否挂号；

　　　　CANTXFAILED——其他。

例如：检查 CAN 消息传输的状态。

```
CanTxMsg TxMessage;
 …
switch(CAN_TransmitStatus(CAN_Transmit(&TxMessage))
{
  case CANTXOK: …; break; …
}
```

7. u8 CAN_FIFORelease(u8 FIFONumber)

功能描述：释放一个 FIFO。

输入描述：FIFONumber——接收 FIFO、CANFIFO0 或 CANFIFO1。

例如：释放 FIFO 0。

```
CAN_FIFORelease(CANFIFO0);
```

8. u8 CAN_MessagePending(u8 FIFONumber)

功能描述：返回挂号的信息数量。

参数描述：FIFONumber——接收 FIFO、CANFIFO0 或者 CANFIFO1；

返回值：NbMessage 为挂号的信息数量。

例如：检查 FIFO0 中挂号的信息数量。

```
u8 MessagePending=0;
MessagePending=CAN_MessagePending(CANFIFO0);
```

9. void CAN_Receive(u8 FIFONumber, CanRxMsg* RxMessage)

功能描述：接收一个消息。

参数描述：FIFONumber——接收 FIFO、CANFIFO0 或者 CANFIFO1；

　　　　　RxMessage——指向 CanRxMsg 结构体的指针，该结构定义如下：

```
typedef struct
{
  u32 StdId;          //标准标识符，取值范围为 0～0x7FF
```

```
  u32 ExtId;              //扩展标识符，取值范围为 0～0x3FFFF
  u8 IDE;                 //消息标识符的类，CAN_ID_STD: 使用标准标识符;
                            CAN_ID_EXT: 使用标准标识符+扩展标识符
  u8 RTR;                 //消息的帧类型，CAN_RTR_DATA: 数据帧;
                            CAN_RTR_REMOTE 远程帧
  u8 DLC;                 //消息的帧长度，取值范围是 0～0x8
  u8 Data[8];             //传输数据
  u8 FMI;                 //消息将要通过的过滤器索引
} CanRxMsg;
```

例如：通过 CAN 接收一个消息。

```
CanRxMsg RxMessage;
CAN_Receive(&RxMessage);
```

10. ITStatus CAN_GetITStatus(u32 CAN_IT)

功能描述：检查指定的 CAN 中断发生与否。

参数描述：CAN_IT——待检查的 CAN 中断源。

返回值：CAN_IT 的新状态（SET 或者 RESET）。

例如：检查 CAN FIFO0 的溢出中断是否发生。

```
ITStatus Status;
Status=CAN_GetITStatus(CAN_IT_FOVR0);
```

5.7.6 CAN 接口电路及示例

由于 STM32 自带了 bxCAN 外设，扩展 CAN 总线接口相对比较简单，只需要外接一片总线收发器即可实现。如图 5.37 所示为利用 TI（德州仪器）公司生产的 SN65HVD230 扩展 CAN 总线接口的电路图，为实验验证方便，在 PB9 引脚扩展了一个按键，用于控制 CAN 的发送。

SN65HVD230 是一款 CAN 收发器，属于 CAN 物理层器件，用于连接单端主机 CAN 协议控制器和工业、楼宇自动化和汽车应用中的差分 CAN 总线。SN65HVD230 的引脚如表 5.14 所示，更详细的描述参考 TI 公司的《SN65HVD23x 3.3V CAN 总线收发器数据手册》。

表 5.14 SN65HVD230 引脚一览表

引脚		类型	描　述
名称	编号		
D	1	输入	CAN 发送数据输入，也称为 TXD
GND	2	地	地线
VCC	3	供电	发送器 3.3V 供电
R	4	输出	CAN 接收数据输出，也称为 RXD
Vref	5	输出	参考输出
CANL	6	输入/输出	低电平 CAN 总线
CANH	7	输入/输出	高电平 CAN 总线
RS	8	输入	模式选择引脚，拉低为高速模式，拉高为低能耗模式，通过 10kΩ或 100kΩ连接至 GND，为斜坡控制模式（Slope Control Mode）

【示例】 利用图 5.37 扩展的 CAN 总线接口，在普通模式下，实现消息的发送和接收，其中 CAN 的配置为：通信速率=1Mbit/s，CAN 时钟=HSE 外部时钟，ID 不过滤，DLC=1B。这里需要通过按下实验板上的“key”键来发送。

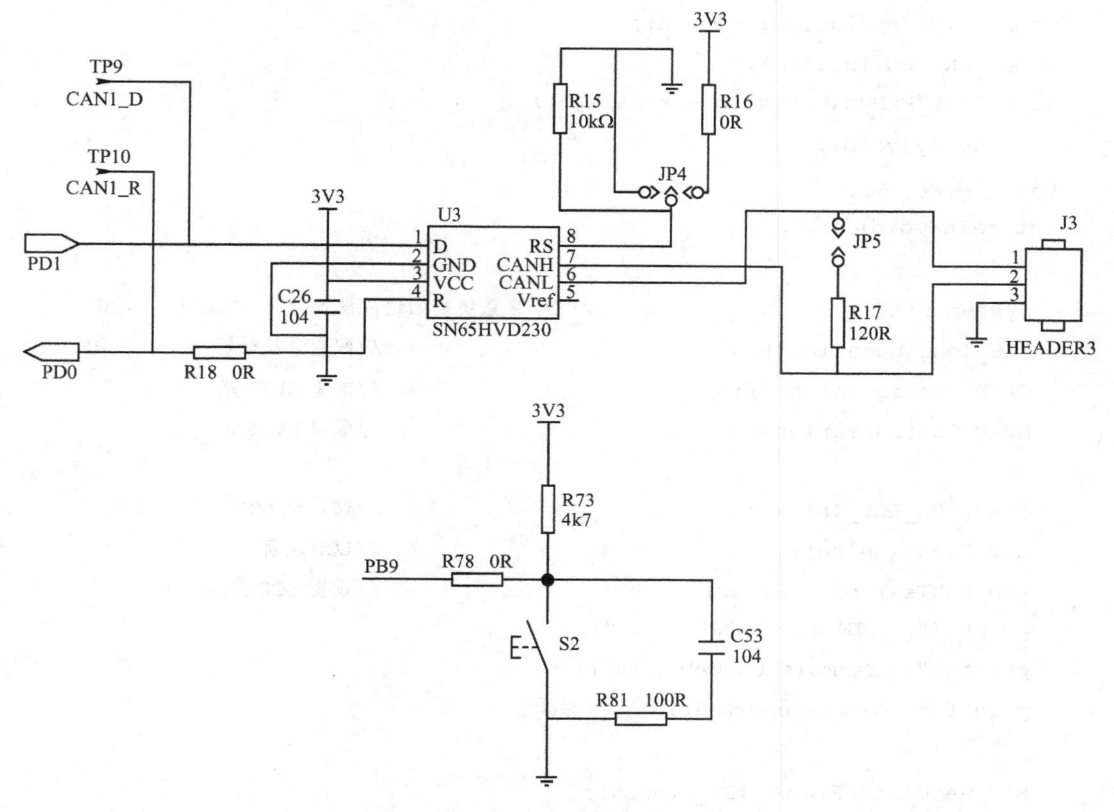

图 5.37 CAN 总线扩展示例

【源代码分析】

（1）头文件

```
#include "stm32f10x.h"
#include "platform_config.h"
#include "stm3210c_eval_lcd.h"
#include "stm32_eval.h"
#include <stdio.h>
```

（2）变量及函数声明

```
#define Key_Pressed   0x01
#define Key_NoPressed 0x00
CAN_InitTypeDef CAN_InitStructure;
CAN_FilterInitTypeDef CAN_FilterInitStructure;
RCC_ClocksTypeDef RCC_Clocks;
CanTxMsg TxMessage;
uint8_t Key_Pressed_Number=0x0;
```

```
void RCC_Configuration(void);
void GPIO_Configuration(void);
void NVIC_Configuration(void);
void CAN_Config(void);
void Init_RxMes(CanRxMsg *RxMessage);
void Delay(void);
```

（3）主函数

```
int main(void)
{
  SystemInit();                          //STM32 系统初始化，设置时钟、PLL 和 Flash
  RCC_Configuration();                              //配置系统时钟
  GPIO_Configuration();                             //配置 GPIO 端口
  NVIC_Configuration();                             //配置 NVIC

  STM3210C_LCD_Init();                              //初始化 LCD
  LCD_Clear(White);                                 //LCD 清屏
  LCD_SetTextColor(Black);                          //设置 LCD 文本颜色
  printf("   STM3210C-EVAL    \n");
  printf("   Example on CAN   \n");
  printf("  normal operation  \n");

  RCC_GetClocksFreq(&RCC_Clocks);
  STM_EVAL_PBInit(Button_KEY,Mode_GPIO);            //配置按键引脚
  CAN_Config();                                     //配置 CAN
  CAN_ITConfig(CAN1,CAN_IT_FMP0,ENABLE);            //配置 CAN 中断

  while(1)
  {
    while(STM_EVAL_PBGetState(Button_KEY)==Key_Pressed) //检测到按键按下
    {
      if(Key_Pressed_Number==0x4)                   //判断按键的键值
      {
        Key_Pressed_Number=0x00;
      }
      else
      {
        printf("\n CAN send data NO.%d",Key_Pressed_Number);
        TxMessage.Data[0]=Key_Pressed_Number;
```

```
        CAN_Transmit(CAN1,&TxMessage);
        Delay();
        while(STM_EVAL_PBGetState(Button_KEY) != Key_NoPressed) //按键未按下
        {
        }
      }
    }
  }
}
```

（4）配置RCC时钟

```
void RCC_Configuration(void)
{
  RCC_APB2PeriphClockCmd(RCC_APB2Periph_AFIO |RCC_APB2Periph_GPIO_CAN,
                         ENABLE);           //GPIO时钟使能
  RCC_APB1PeriphClockCmd(RCC_APB1Periph_CAN1,ENABLE);
                                            //CAN1时钟使能
}
```

（5）GPIO配置

```
void GPIO_Configuration(void)
{
  GPIO_InitTypeDef GPIO_InitStructure;

  GPIO_InitStructure.GPIO_Pin=GPIO_Pin_CAN_RX;      //配置CAN的接收引脚
  GPIO_InitStructure.GPIO_Mode=GPIO_Mode_IPU;
  GPIO_Init(GPIO_CAN,&GPIO_InitStructure);
  GPIO_InitStructure.GPIO_Pin=GPIO_Pin_CAN_TX;      //配置CAN的发送引脚
  GPIO_InitStructure.GPIO_Mode=GPIO_Mode_AF_PP;
  GPIO_InitStructure.GPIO_Speed=GPIO_Speed_50MHz;
  GPIO_Init(GPIO_CAN,&GPIO_InitStructure);
  GPIO_PinRemapConfig(GPIO_Remap_CAN,ENABLE);       //GPIO引脚重映射
}
```

（6）NVIC配置

```
void NVIC_Configuration(void)
{
  NVIC_InitTypeDef NVIC_InitStructure;
  NVIC_PriorityGroupConfig(NVIC_PriorityGroup_0);
  NVIC_InitStructure.NVIC_IRQChannel=CAN1_RX0_IRQn;
  NVIC_InitStructure.NVIC_IRQChannelPreemptionPriority=0x0;
  NVIC_InitStructure.NVIC_IRQChannelSubPriority=0x0;
```

```
  NVIC_InitStructure.NVIC_IRQChannelCmd=ENABLE;
  NVIC_Init(&NVIC_InitStructure);
}
```

（7）CAN 配置

```
void CAN_Config(void)
{
  CAN_DeInit(CAN1);           //CAN1 恢复默认设置
  CAN_StructInit(&CAN_InitStructure);
/* CAN 核心单元初始化 */
  CAN_InitStructure.CAN_TTCM=DISABLE;
  CAN_InitStructure.CAN_ABOM=DISABLE;
  CAN_InitStructure.CAN_AWUM=DISABLE;
  CAN_InitStructure.CAN_NART=DISABLE;
  CAN_InitStructure.CAN_RFLM=DISABLE;
  CAN_InitStructure.CAN_TXFP=DISABLE;
  CAN_InitStructure.CAN_Mode=CAN_Mode_Normal;
  CAN_InitStructure.CAN_SJW=CAN_SJW_1tq;
  CAN_InitStructure.CAN_BS1=CAN_BS1_3tq;
  CAN_InitStructure.CAN_BS2=CAN_BS2_5tq;
  CAN_InitStructure.CAN_Prescaler=4;
  CAN_Init(CAN1,&CAN_InitStructure);
 /* CAN 过滤器初始化 */
  CAN_FilterInitStructure.CAN_FilterNumber=0;
  CAN_FilterInitStructure.CAN_FilterMode=CAN_FilterMode_IdMask;
  CAN_FilterInitStructure.CAN_FilterScale=CAN_FilterScale_32bit;
  CAN_FilterInitStructure.CAN_FilterIdHigh=0x0000;
  CAN_FilterInitStructure.CAN_FilterIdLow=0x0000;
  CAN_FilterInitStructure.CAN_FilterMaskIdHigh=0x0000;
  CAN_FilterInitStructure.CAN_FilterMaskIdLow=0x0000;
  CAN_FilterInitStructure.CAN_FilterFIFOAssignment=0;
  CAN_FilterInitStructure.CAN_FilterActivation=ENABLE;
  CAN_FilterInit(&CAN_FilterInitStructure);
   /* CAN 发送器初始化 */
  TxMessage.StdId=0x321;
  TxMessage.ExtId=0x01;
  TxMessage.RTR=CAN_RTR_DATA;
  TxMessage.IDE=CAN_ID_STD;
  TxMessage.DLC=1;
 }
```

```
/*  CAN 接收结构体初始化  */
void Init_RxMes(CanRxMsg *RxMessage)
{
  uint8_t i=0;
  RxMessage->StdId=0x00;
  RxMessage->ExtId=0x00;
  RxMessage->IDE=CAN_ID_STD;
  RxMessage->DLC=0;
  RxMessage->FMI=0;
  for (i=0;i<8;i++)
    RxMessage->Data[i]=0x00;
}
```

（8）接收中断处理函数

```
void CAN1_RX0_IRQHandler(void)
{
  CAN_Receive(CAN1,CAN_FIFO0,&RxMessage);        //接收消息
if((RxMessage.StdId==0x321)&&(RxMessage.IDE==
    CAN_ID_STD)&&(RxMessage.DLC==1))              //判断该消息是否是需要接收的消息
  {
    printf("\n CAN get data NO.%d",RxMessage.Data[0]);
    Key_Pressed_Number=RxMessage.Data[0];
  }
}
```

本章小结

本章介绍了嵌入式控制系统的接口技术，主要内容包括：STM32 微处理器的最小系统、GPIO 端口、USART 串行接口、EXTI 中断系统、通用定时器、模/数转换器（ADC）、CAN 总线通信接口等。针对每种接口电路，详细介绍了微处理器片内外设的原理、寄存器以及库函数，并给出了相关接口程序的例程和说明。通过本章的学习，读者可以对嵌入式系统的常用接口设计有较为全面的了解。

思考题与习题

5-1　嵌入式系统最小系统电路的组成包括哪些部分？并简述各部分的功能。

5-2　嵌入式系统电源电路的设计需要注意哪些？

5-3　请归纳 STM32 GPIO 端口的概况，如何使用 GPIO 端口控制继电器的开和断？

5-4　请给出基于 STM32 微处理器的嵌入式系统与其他系统通过 RS-422 进行通信所需的接口电路，并编写程序，利用 Keil μVersion 的仿真功能，验证所设计程序是否正确。

5-5　简述串行通信的基本原理与数据帧格式。

5-6　利用定时器中断实现定时控制是嵌入式控制系统常用的一种编程实现方式，请自行编程，使用 STM32 的定时器 1，实现 5ms 的控制定时，并利用 Keil μVersion 的仿真功能，验证所设计程序是否正确。

5-7　试简述定时/计数器的工作原理，并比较定时和计数功能实现的异同点。

5-8　试简述中断优先级及中断嵌套的概念，并举例说明中断嵌套的处理过程。

5-9　非编码键盘是嵌入式系统中常用的输入设备，包括独立按键与矩阵式键盘两大类。试分别设计 2 个独立按键和 4×4 矩阵式键盘的接口扩展电路，并用查询和中断两种方式获取按键的信息，并利用 Keil μVersion 和 Proteus 对所设计的电路和程序进行仿真验证。

5-10　七段 LED 数码管是比较常用的一种显示设备，用于显示包括数字在内的多种提示信息，请基于 STM32 微处理器，设计 4 个七段 LED 数码管的接口电路与程序，并利用 Keil μVersion 和 Proteus 对所设计的电路和程序进行仿真验证。

5-11　试简述 CAN 总线的特点及其接口设计的方法。

第 6 章 嵌入式操作系统及应用

导读

本章首先从嵌入式实时操作系统的基本概念出发，介绍了嵌入式实时操作系统中任务、调度等基本知识，随后介绍了常见的嵌入式操作系统及各自的优缺点。以μC/OS-II 为例，介绍了其内核结构、任务管理、时间管理及任务间的通信与同步等机制，最后介绍了基于μC/OS-II 的程序设计模式。通过本章的学习，读者可以了解嵌入式操作系统及基于 RTOS 的应用程序设计的基本知识。

本章知识点

- 嵌入式实时操作系统的概念
- 常见的嵌入式操作系统
- μC/OS-II 的内核机制
- 基于μC/OS-II 的嵌入式控制系统程序设计

嵌入式操作系统（Embedded Operating System，EOS）是指用于嵌入式系统的操作系统，通常包括与硬件相关的底层驱动软件、系统内核、设备驱动接口、通信协议、图形界面、标准化浏览器等。嵌入式操作系统负责嵌入式系统的全部软、硬件资源的分配、任务调度，控制、协调并发活动。

本章首先介绍嵌入式操作系统的基本概念，然后以μC/OS-II 为例，介绍该操作系统的组成、工作原理及基于该操作系统的应用程序设计。

6.1 嵌入式实时操作系统概述

操作系统（Operating System，OS）是管理计算机硬件与软件资源的计算机程序，同时也是计算机系统的内核与基石。操作系统需要处理如管理与配置内存、决定系统资源供需的优先次序、控制输入与输出设备、操作网络与管理文件系统等基本事务。操作系统也提供一个让用户与系统交互的操作界面。

根据操作系统的使用环境和对作业的处理方式，可分为批处理系统（例如：MVX、DOS/VSE）、分时系统（例如：Windows、UNIX、XENIX、Mac OS）、实时系统（例如：iEMX、VRTX、RTOS、RT Linux）；根据所支持的用户数目，可分为单用户系统（例如：MSDOS、OS/2）、多用户系统（例如：UNIX、MVS、Windows）；根据硬件结构，可分为网络操作系统（例如：Netware、Windows NT、OS/2 warp）、分布式系统（例如：Amoeba）、多媒体系统（例如：Amiga）等。

嵌入式操作系统指支持嵌入式系统应用的操作系统，是嵌入式系统的重要组成部分。其既具有通用操作系统的基本特点，同时由于嵌入式系统大部分都是实时系统，因此操作系统也需提供系统实时性需求的功能，如调度、控制、协调并发活动等。因此常常将嵌入式操作系统称为嵌入式实时操作系统（Embedded Real-time Operation System，ERTOS，或简写为RTOS）。

为了解嵌入式实时操作系统的工作机理，首先介绍相关基本概念。

6.1.1 嵌入式实时操作系统的概念

1．进程和线程

进程是具有一定独立功能的程序关于某个数据集合的一次运行活动，是操作系统进行资源分配和调度的一个独立单位。进程需要资源，包括 CPU、内存、I/O 设备和文件，以完成它的任务。一个应用程序的执行包括由操作内核建立一个进程，分配内存空间和其他资源，在多任务系统中还包括分配一个优先级给该进程，将程序二进制代码读入内存，以及完成应用程序的初始化，然后该进程开始与用户和其他硬件设备进行交互。当进程终止时，所有可再利用的资源将会被释放并归还给操作系统。

线程是进程内的执行路径，是进程的一个实体，是 CPU 调度和分派的基本单位，它是比进程更小的能独立运行的基本单位。理论上，线程可以做任何进程可以做的事情。进程和线程的基本区别是两者所需要完成的工作，线程通常完成小的任务，进程完成许多重量级的任务，例如应用软件的执行。因此，线程又被称为轻量级进程。

进程可以是单线程的也可以是多线程的。同一进程中的多个线程共享相同的地址空间，而不同进程的线程并不这样。多个线程还共享全局和静态变量、文件描述符、信号簿记、代码区和堆栈，这使得多个线程可以对相同的数据结构和变量进行读写，并在线程之间方便地通信，因此，多线程对资源的需求远少于多进程。然而，同一进程的每个线程具有独立的线程状态、程序计数器、寄存器和堆栈。

2．资源与资源共享

任何被进程（也称任务）所占用的实体就称为资源。嵌入式系统中，常用的资源包括数据结构、变量、主内存区域、文件、寄存器以及 I/O 单元。系统资源可以分为可抢占的和不可抢占的两种，可抢占的资源指那些已占用该资源的任务正在使用的或仍需继续使用这些资源时，被另一个任务强行抢走并占用；不可抢占的资源指只有当占用者不再需要该资源并主动释放时，其他任务才可以抢占的资源，即其他任务不能在使用者进程使用资源的过程中强行抢占。例如：CPU 和主存储器属于可抢占的资源，而打印机等外设则属于不可抢占的资源。

可以被一个以上任务使用的资源称为共享资源。资源共享可能导致数据被破坏，因此需要引入互斥条件等机制，确保任意一个任务在访问共享资源时都是独占该资源，这样可保证共享资源数据的安全性。

3．代码的临界区

代码的临界区（Critical Section）指一个访问共用资源（例如：共用设备或是共用存储器）的程序片段，而这些共用资源有无法同时被多个线程访问的特性。当有线程进入临界区段时，其他线程或是进程必须等待，有一些同步的机制必须在临界区段的进入点与离开点实现，以确保这些共用资源是被互斥获得使用，是只能被单一线程访问的设备。

进程进入临界区的调度原则是：

1）如果有若干进程要求进入空闲的临界区，一次仅允许一个进程进入。

2）任何时候，处于临界区内的进程不可多于一个。如已有进程进入自己的临界区，则其他所有试图进入临界区的进程必须等待。

3）进入临界区的进程要在有限时间内退出，以便其他进程能及时进入自己的临界区。

4）若进程不能进入自己的临界区，则应让出 CPU，避免进程出现“忙等”现象。

4. 任务切换

任务切换，也称作上下文切换，指 CPU 从一个进程或线程切换到另一个进程或线程。上下文是指某一时间点 CPU 内部的寄存器和程序计数器的内容。

上下文切换过程中，CPU 对于进程（包括线程）进行以下的活动：

1）挂起一个进程，将这个进程在 CPU 中的状态（上下文）存储于内存的某处。

2）在内存中检索下一个进程的上下文并将其恢复到 CPU 的寄存器中。

3）跳转到程序计数器所指向的位置（即跳转到进程被中断时的代码行），以恢复该进程。

上下文切换也可以简单地描述为：内核挂起 CPU 当前执行的进程，然后继续执行之前挂起的众多进程中的某一个。

上下文切换有时也因硬件中断而触发，但只能发生在内核态中。在多任务操作系统中，上下文切换是一个必需的特性，会消耗相当可观的处理器时间。

5. 任务优先级

优先级是指操作系统给任务指定的优先等级，决定了任务在使用资源时的优先次序。在实时系统中，任务优先级反映了一个任务的重要性与紧迫性。操作系统给任务赋予的优先级有两种，分别是静态优先级和动态优先级。这样的系统分别称为静态优先级系统和动态优先级系统。

静态优先级系统中任务的优先级是在创建时确定的，且在整个运行期间保持不变。一般地，优先级是用某一范围内的一个整数来表示，例如，0～7 或 0～255 中的某一整数。

动态优先级系统是指在创建任务时所赋予的优先级随着该任务的执行或其等待时间的增加而改变。例如，可以规定就绪队列中的进程，随其等待时间的增长，其优先级以速率 a 提高。

6. 优先级翻转

优先级翻转是实时系统中出现最多的问题，指当一个高优先级任务通过信号量机制访问共享资源时，由于该信号量已被一低优先级任务占有，因此造成高优先级任务被具有较低优先级任务阻塞，实时性难以得到保证。

例如：有 A、B 和 C 三个任务，优先级的顺序为：A>B>C，任务 A、B 处于挂起状态，等待某一事件发生，任务 C 正在运行，此时任务 C 开始使用一共享资源 S。在使用过程中，任务 A 等待的事件到来，任务 A 转为就绪态。由于它的优先级高于任务 C 的优先级，所以立即执行。但当任务 A 要使用共享资源 S 时，由于其正在被任务 C 占用，且未释放，因此任务 A 被挂起，任务 C 恢复运行。如果此时任务 B 等待事件到来，类似的情况还会发生。直到任务 C 释放共享资源 S 后，任务 A 才得以执行。在这种情况下，优先级发生了翻转，任务 C 先于任务 A 运行。

解决优先级翻转问题的方法主要有优先级天花板和优先级继承两种。

优先级天花板是当任务申请某资源时，把该任务的优先级提升到可访问这个资源的所有任务中的最高优先级，这个优先级称为该资源的优先级天花板。这种方法简单易行，不必进行复杂的判断，不管任务是否阻塞了高优先级任务的运行，只要任务访问共享资源都会提升任务的优先级。

优先级继承是当任务 A 申请共享资源 S 时，如果 S 正在被任务 C 使用，通过比较任务 C 与任务 A 的优先级，如任务 C 的优先级小于任务 A 的优先级，则将任务 C 的优先级提升到任务 A 的优先级，任务 C 释放资源 S 后，再恢复任务 C 的原优先级。这种方法只在占有资源的低优先级任务阻塞了高优先级任务时才动态地改变任务的优先级，如果过程较复杂，则需要进行判断。

7. 任务调度

任务调度是操作系统的重要组成部分，它决定该轮到哪个任务运行。对于实时操作系统，任务调度直接影响系统的实时性能。任务调度常规方式可分为：不可抢占式调度和抢占式调度。

（1）不可抢占式调度

在这种方式下，系统一旦把处理器分配给就绪队列中优先级最高的任务后，该任务便一直执行下去，直至完成；或因发生某事件使该任务放弃处理器时，系统方可再将处理器重新分配给另一优先级最高的任务。这种调度算法主要用于批处理系统中，也可用于某些对实时性要求不严的实时系统中。

（2）抢占式调度

在这种方式下，系统同样是把处理器分配给优先级最高的任务，使之执行。但在其执行期间，若又出现了另一个优先级更高的任务，调度程序就立即停止当前任务（原优先级最高的任务）的执行，重新将处理器分配给新到的优先级最高的任务。

抢占式调度能更好地满足紧迫作业的要求，常用于要求比较严格的实时系统，以及对性能要求较高的批处理和分时系统中。

目前，实时操作系统的任务调度基本上都是基于优先级进行的。

6.1.2 应用程序在操作系统上的执行过程

下面以初学者编写的第一个程序“Hello World!”为例，说明一个应用程序在操作系统上的执行过程，及操作系统的工作过程。当然，这个“Hello World!”程序是运行在 PC 上的，但其执行的过程与该程序运行于嵌入式系统上并无本质区别。

“Hello World!”的源程序如下：

```
#include<stdio.h>
int main()
    {
        printf("Hello World! ")
        return 0;
    }
```

执行过程说明如下：

1）用户通过输入指令，告诉操作系统需执行上述程序。

2）操作系统找到该程序，检查其类型。

3）检查程序首部，找到正文和数据的地址。

4）文件系统找到第一个磁盘块。

5）父进程创建一个新的子进程，以执行上述程序。

6）操作系统将执行文件映射到进程结构。

7）操作系统设置CPU上下文环境，并跳到程序开始处。

8）程序的第一条指令执行，若失败，则缺页中断发生。

9）操作系统分配一页内存，并将代码从磁盘读入，继续执行。

10）更多的缺页中断，读入更多的页面。

11）程序执行系统调用，在文件描述符中写一字符串。

12）操作系统检查字符串的位置是否正确。

13）操作系统找到字符串被送往的设备。

14）设备是一个伪终端，由一个进程控制。

15）操作系统将字符串送给该进程。

16）该进程告诉窗口系统它要显示字符串。

17）窗口系统确定这是一个合法的操作，然后将字符串转成像素。

18）窗口系统将像素写入存储映像区。

19）视频硬件将像素表示的信息转换成一组显示器的控制信号。

20）用户在屏幕上看到“Hello World!”。

6.1.3 操作系统的分类

目前，操作系统主要有以下几种类型。

1．批处理操作系统

批处理操作系统的工作方式是：用户将作业交给系统操作员，系统操作员将许多用户的作业组成一批作业，之后输入到计算机中，在系统中形成一个自动转接的连续的作业流，然后启动操作系统，系统自动、依次执行每个作业。最后由操作员将作业结果交给用户。

批处理操作系统的特点是：多道和成批处理。

2．分时操作系统

分时操作系统的工作方式是：一台主机连接了若干个终端，每个终端有一个用户在使用。用户交互式地向系统提出命令请求，系统接收每个用户的命令，采用时间片轮转方式处理服务请求，并通过交互方式在终端上向用户显示结果。用户根据上步结果发出下一道命令。

分时操作系统将CPU的时间划分成若干个片段，称为时间片。操作系统以时间片为单位，轮流为每个终端用户服务。每个用户轮流使用一个时间片从而使每个用户并不感到有别的用户存在。分时系统具有多路性、交互性、“独占”性和及时性的特征。

多路性指同时有多个用户使用一台计算机，宏观上看是多个人同时使用一个CPU，微观上是多个人在不同时刻轮流使用CPU。

交互性是指用户根据系统响应结果进一步提出新请求（用户直接干预每一步）。

“独占”性是指用户感觉不到计算机为其他人服务，就像整个系统被他所独占。

及时性指系统对用户提出的请求及时响应。它支持位于不同终端的多个用户同时使用一台计算机，彼此独立互不干扰，用户感到好像一台计算机全为他所用。

常见的通用操作系统是分时系统与批处理系统的结合。其原则是：分时优先，批处理在后。“前台”响应需频繁交互的作业，如终端的要求；“后台”处理时间性要求不强的作业。

3．实时操作系统

实时操作系统（Real Time Operating System，RTOS）是指使计算机能及时响应外部事件的请求，在规定的严格时间内完成对该事件的处理，并控制所有实时设备和实时任务协调一致地工作的操作系统。实时操作系统追求的目标是：在严格的时间范围内对外部请求做出反应，具有高可靠性和完整性。实时操作系统的主要特点是资源的分配和调度首先要考虑实时性，然后才是效率。此外，实时操作系统应有较强的容错能力。

4．网络操作系统

网络操作系统是基于计算机网络的，是在各种计算机操作系统上按网络体系结构协议标准开发的软件，包括网络管理、通信、安全、资源共享和各种网络应用。网络操作系统的目标是相互通信及资源共享。在网络操作系统支持下，网络中的各台计算机能互相通信和共享资源。网络操作系统的主要特点是与网络的硬件相结合来完成网络的通信任务。

5．分布式操作系统

分布式操作系统是为分布计算系统配置的操作系统。大量的计算机通过网络被连接在一起，可以获得极高的运算能力及广泛的数据共享。分布式操作系统在资源管理、通信控制和操作系统的结构等方面都与其他操作系统有较大的区别。由于分布计算机系统的资源分布于系统的不同计算机上，操作系统对用户的资源需求不能像一般的操作系统那样等待有资源时直接分配，而是要在系统的各台计算机上搜索，找到所需资源后才可进行分配。对于有些资源，如具有多个副本的文件，还必须考虑一致性，即保证若干个用户对同一个文件所同时读出的数据是一致的。为此，操作系统须控制文件的读、写、操作，使得多个用户可同时读一个文件，而任一时刻最多只能有一个用户在修改文件。

分布式操作系统的通信功能类似于网络操作系统，但并不完全相同。由于分布计算机系统不像网络分布得很广，同时分布式操作系统还要支持并行处理，因此它提供的通信机制要求通信速率高。

分布式操作系统的结构也不同于其他操作系统，它分布于系统的各台计算机上，能并行地处理用户的各种需求，有较强的容错能力。

6.1.4 常见的嵌入式操作系统

常见的嵌入式操作系统大约有 40 种左右，包括：Linux、μClinux、Windows CE、PalmOS、Symbian、eCos、μC/OS-II、VxWorks、pSOS、Nucleus、ThreadX、Rtems、QNX、INTEGRITY、OSE、Cexecutive 等。它们基本可以分为两类：

一类是面向控制、通信等领域的实时操作系统，如 Windriver 公司的 VxWorks、ISI 公司的 pSOS、Qnx 系统软件公司的 QNX、Ati 公司的 nucleus 等；

另一类是面向消费电子产品的非实时操作系统，这类产品包括个人数字助理（PDA）、移动电话、机顶盒、电子书、webphone 等，操作系统有 Microsoft 公司的 Windows CE，3Com 公司的 Palm、Symbian 以及 Google 公司的 Android 等。

下面介绍几种具有一定市场占有率的嵌入式操作系统。

1．VxWorks

VxWorks 操作系统是美国 WindRiver 公司于 1983 年设计开发的一种嵌入式实时操作系

统，是 Tornado 嵌入式开发环境的关键组成部分。它凭借良好的持续发展能力、高性能的内核以及友好的用户开发环境，在嵌入式实时操作系统领域逐渐占据了一席之地。

VxWorks 具有可裁剪微内核结构、高效的任务管理、灵活的任务间通信、微秒级的中断处理，支持 POSIX 1003.1b 实时扩展标准，支持多种物理介质及标准的、完整的 TCP/IP 网络协议等。

由于该操作系统本身以及开发环境都是专有的，因此价格比较高，通常需花费 10 万元人民币以上才能建起一个可用的开发环境，对每一个应用一般还要另外收取版税。该操作一般不提供源代码，只提供二进制代码。由于它是专用操作系统，需要专门的技术人员掌握开发技术和维护，所以软件的开发和维护成本都非常高。

2．Windows CE

Windows CE 与 Windows 系列有较好的兼容性，无疑是 Windows CE 推广的一大优势。Windows CE 系列嵌入式操作系统是一种针对小容量、移动式、智能化、32 位的模块化实时嵌入式操作系统，是为有限资源的平台设计的多线程、完整优先权、多任务的操作系统。它能在多种处理器体系结构上运行，适用于那些对内存占用空间具有一定限制的设备。它采用模块化设计，可以用于从掌上电脑到专用的工业控制器的电子设备。Windows CE 操作系统的基本内核需要至少 200KB 的 ROM。

从技术角度上讲，Windows CE 作为嵌入式操作系统有很多的缺陷：没有开放源代码，使应用开发人员很难实现产品的定制；在效率、功耗方面的表现并不出色，而且和 Windows 一样会占用过多的系统内存，运行程序庞大；版权许可费也是厂商不得不考虑的因素。

3．嵌入式 Linux

嵌入式 Linux 操作系统最大的特点是源代码公开并且遵循 GPL 协议，据 IDG 预测，嵌入式 Linux 将占嵌入式操作系统份额的 50%。

由于其源代码公开，人们可以任意修改，以满足自己的应用，并且查错也很容易。嵌入式 Linux 操作系统遵从 GPL，无须为每例应用交纳许可证费。它有大量的应用软件可用，其中大部分都遵从 GPL，是开放源代码和免费的。设计人员对嵌入式 Linux 源代码稍加修改后，应用于用户自己的系统。

嵌入式 Linux 有大量免费、优秀的开发工具，且都遵从 GPL，是开放源代码的。而且具有数量庞大的开发人员，无需专门的培训，只要懂 UNIX/Linux 和 C 语言即可。随着 Linux 的普及，这类人才越来越多，所以嵌入式 Linux 软件的开发和维护成本很低。

嵌入式 Linux 具有优秀的网络功能，而且内核精悍，运行所需资源少，十分适合嵌入式应用。嵌入式 Linux 的另一个优点是稳定。

嵌入式 Linux 支持的硬件数量庞大。它和普通 Linux 并无本质区别，PC 上用到的硬件嵌入式 Linux 几乎都支持。而且各种硬件的驱动程序源代码都可以得到，为用户编写自己专有硬件的驱动程序带来了很大方便。

4．μC/OS-Ⅱ

μC/OS-Ⅱ是由 Jean J. Labrosse 于 1992 年编写的一个嵌入式多任务实时操作系统。它也是一个著名的源代码公开的实时内核，是专为嵌入式应用设计的，可用于 8 位、16 位和 32 位微处理器或数字信号处理器。它是在原版本μC/OS 的基础上做了重大改进与升级，并有了近十年的使用实践，目前有许多成功应用该实时内核的案例。它的主要特点如下：

1）公开源代码。用户可以免费获得操作系统的源代码，并将之用于教学、科研等活动，但商业应用需要获得许可。

2）可移植性。μC/OS-Ⅱ绝大部分的源代码是用 C 语言写的，可读性强，便于移植到其他微处理器上。

3）可固化。如同其他嵌入式操作系统一样，μC/OS-Ⅱ可以固化到目标板的 ROM 或 Flash Memory 中。

4）可裁剪性。用户可以根据应用系统的需求，选择使用需要的系统服务，以减少系统所需的存储空间。

5）占先式。μC/OS-Ⅱ具有完全占先式的实时内核，总是运行就绪条件下优先级最高的任务。

6）多任务。μC/OS-Ⅱ最多可管理 64 个任务，其中用户任务最多可以有 56 个，任务的优先级必须是不同的，不支持时间片轮转调度法。

7）可确定性。μC/OS-Ⅱ中函数调用与服务的执行时间具有其可确定性，不依赖于任务的多少。

8）实用性和可靠性。目前已有许多成功应用该实时内核的案例，且在 2000 年得到了美国联邦航空管理局的认证，允许μC/OS-Ⅱ用于商用飞机，这些是其实用性和可靠性的最好证据。

由于μC/OS-Ⅱ仅是一个实时内核，这就意味着它不像其他实时存在系统那样提供给用户的只是一些 API 函数接口，还有很多工作需要用户自己去完成。

2011 年 8 月，μC/OS-Ⅲ作为μC/OS-Ⅱ的后续发布。μC/OS-Ⅲ做了很多改进，已经不仅仅是一个 RTOS 内核，而是包含很多与该内核配套的软件开发包，但使用许可策略仍然不变。

5．QNX

QNX 操作系统是由加拿大 QSSL 公司（QNX Software System Ltd.）开发的分布式实时操作系统。该操作系统既能运行于以 Intel x86、Pentium 等 CPU 为核心的硬件环境下，也能运行于以 PowerPC、MIPS 等 CPU 为核心的硬件环境。QNX 操作系统符合 POSIX 基本标准和实时标准。QNX 实时操作系统实时、稳定、可靠、强壮，具有模块化程度高、剪裁自如、易于扩展的特点。

QNX 的特殊之处在于其并非采用传统的高阶硬件虚拟层方式设计，而是以非常细碎的 tasks 形式来执行，由许多的微核心为基础组成完整的 OS 服务，因此 QNX 的硬件设计者可以自由地选择加载执行或不加载某些特定的服务，而不用去变更 QNX 的核心程序部分。因此基于 QNX 的嵌入式操作系统可以做到非常小，而且依然可以具有相当高的效率与完整的菜单。

QNX 是一个微内核实时操作系统，其核心仅提供 4 种服务：进程调度、进程间通信、底层网络通信和中断处理，其进程在独立的地址空间运行，因此 QNX 核心非常小巧（QNX4.x 大约为 12KB），而且运行速度极快。

QNX 实时操作系统还是一个开放的系统，其应用程序接口完全符合 POSIX 标准。使 Linux/UNIX 程序能够方便地移植到 QNX 系统上来，极大地扩展了 QNX 系统的可用资源。

虽然 QNX 公司在 2004 年出售给了 Haman International Industries 公司，但 QNX 操作系统的发展脚步依旧没有停止。在国外，QNX 除了与国际汽车大厂合作，成为车用电子的主力操作系统以外，也获得相当多航空公司与重要军事单位的青睐。在 2005 年底，QNX 也与国内几家公司包含联电、Zinwell 等进行了合作，研华、控创等工业计算机厂商也都有针对这方面的发展。

6．Nucleus Plus

这款嵌入式操作系统主要特征就是轻薄短小，其架构上的延展性，可以让 Nucleus Plus RTOS 所占的存储空间压缩到仅有 13KB 左右，而且 Nucleus Plus 是一款不需授权费的操作系统，并且提供了源代码。

Nucleus Plus 本身只是 Acclerated Technology 公司完整解决方案里面的其中一环，属于抢占式多任务架构，超过 95%的源代码是用标准的 ANSI C 语言所编写，因此可以移植到各种不同的平台。Nucleus Plus 在 CISC 架构处理器中，核心部分大约占去 20KB 左右的存储空间，而在 RISC 处理器上只占用 40KB 左右，核心仅占约 1.5KB。由于其即时响应、抢占式多任务、多进程并行以及开放原始码等特性，在国防、工控、航天工业、铁路、网络、POS、自动化控制以及信息家电等领域受到广泛应用。

就如同 QNX，Nucleus Plus 也可以根据目标产品的需求，自行剪裁所需要的系统功能，达到精简体积的目的。而配合相对应的编译器（Borland C/C++、Microsoft C/C++）以及动态链接程序库和各种底层驱动程序，开发十分便利。诸如飞思卡尔（Freescale）、罗技（Logitech）、NEC、SK Telecom 等公司，都在采用 Nucleus Plus 嵌入式操作系统开发产品。

7．SylixOS

SylixOS 是支持对称多处理（Symmetrical Multi-Processing，SMP）调度的大型硬实时操作系统，是一款国产的实时操作系统，其诞生可以摆脱国内一些关键性设备对国外嵌入式操作系统的依赖，为国内的嵌入式信息技术行业提供一个全新的选择。为了保证 SylixOS 能够持续开发，并且吸引大批开发人员参与测试，SylixOS 目前是以公开源代码项目的形式存在。

SylixOS 是一种抢占式多任务硬实时操作系统，具有如下功能特点：

1）兼容 IEEE 1003（ISO/IEC 9945）操作系统接口规范。

2）兼容 POSIX 1003.1b（ISO/IEC 9945-1）实时编程标准。

3）支持国军标 GJB7714—2012 操作系统接口规范。

4）优秀的实时性能[任务调度与切换算法时间复杂度为 O(1)]。

5）支持无限多任务。

6）抢占式调度支持 256 个优先级。

7）支持虚拟进程。

8）支持优先级继承，防止优先级翻转。

9）极其稳定的内核，很多基于 SylixOS 开发的产品都需要 7×24h 不间断运行。

10）支持紧耦合同构多处理器（SMP），例如：ARM Cortex-A9 SMPCore、Intel/AMD 全系列、龙芯全系列、飞腾全系列、Freescale MX6 系列、Xilinx Zynq-7000、Zynq UltraScale+ MPSoC 系列多核处理器。

11）根据项目需求可以支持 1～2s 启动。

12）支持标准 I/O、多路 I/O 复用与异步 I/O 接口。

13）支持多种新兴异步事件同步化接口，例如：signalfd、timerfd、eventfd 等。

14）支持众多标准文件系统：TPSFS（掉电安全）、FAT、YAFFS、ROOTFS、PROCFS、NFS、ROMFS 等。

15）支持文件记录锁，可支持数据库。

16）支持内存管理单元（MMU）。

17）支持第三方 GUI 图形库，例如：Qt、Microwindows、μC/GUI 等。

18）支持动态装载应用程序、动态链接库以及内核模块。

19）支持标准 TCP/IPv4/IPv6 双网络协议栈，提供标准的 socket 操作接口。

20）支持 AF_UNIX、AF_PACKET、AF_INET、AF_INET6 协议域。

21）内部集成众多网络工具，例如：FTP、TFTP、NAT、PING、TELNET、NFS 等。

22）内部集成 Shell 接口、支持环境变量（兼容常用 Linux Shell 操作）。

23）支持众多标准设备抽象，例如：TTY、BLOCK、DMA、ATA、SATA、GRAPH、RTC、PIPE 等。

24）支持多种工业设备或总线模型，例如：CAN、I^2C、SPI、SDIO、PCI/PCIE、1553B、USB 等。

25）提供高速定时器设备接口，可提供高于主时钟频率的定时服务。

26）支持热插拔设备。

27）支持设备功耗管理。

28）提供内核行为跟踪器，方便进行应用性能与故障分析。

SylixOS 经过多年的持续开发与改进，现已被广泛应用于航空航天、国防军工、电力电网、轨道交通、机器人、新能源等国家重要领域，是各个领域智能装备的基础核心软件。

本章后续内容以μC/OS-II 为例，介绍嵌入式实时操作系统的相关知识。

6.2 μC/OS-II 的内核机制

μC/OS-II 是一个微型的多任务实时操作系统，包括了一个操作系统最基本的一些特性，如任务调度、任务通信、内存管理、中断管理等。μC/OS-II 功能不是很完整，比如缺少文件系统、设备管理、网络协议栈、图形用户接口等，需要用户自行完善。

6.2.1 μC/OS-II 的内核结构

6.2.1.1 μC/OS-II 的任务

μC/OS-II 的各种服务都以任务的形式出现，每个任务都有一个唯一的优先级。μC/OS-II 的任务指在内存中存储可执行的程序代码、程序所需的数据、堆栈和任务控制块（Task Control Block，TCB），其中任务控制块保存任务的属性，任务堆栈在任务进行切换时保存任务运行的环境，任务代码就是任务的执行部分。

如图 6.1 所示，任务以块的形式存储在内存中，所有的任务形成一个链表，每个节点都由一个这样的结构组成。

1．任务的代码结构

从代码上来看，μC/OS-II 的任务可以描述为（C 语言描述）：

```
//任务代码
void mytask(void *pdata)
  {
```

```
    while (1)
      {
        OSMboxPend( );
        OSQPend( );
        OSSemPend( );
        OSTaskDel( OS_PRIO_SELF);
        OSTaskSuspend( OS_PRIO_SELF);
        OSTimeDly( );
        OSTimerDlyHMSM( );
        /* 用户代码  */
        ……
      }
}
```

由代码可见，一个任务通常是一个无限循环。

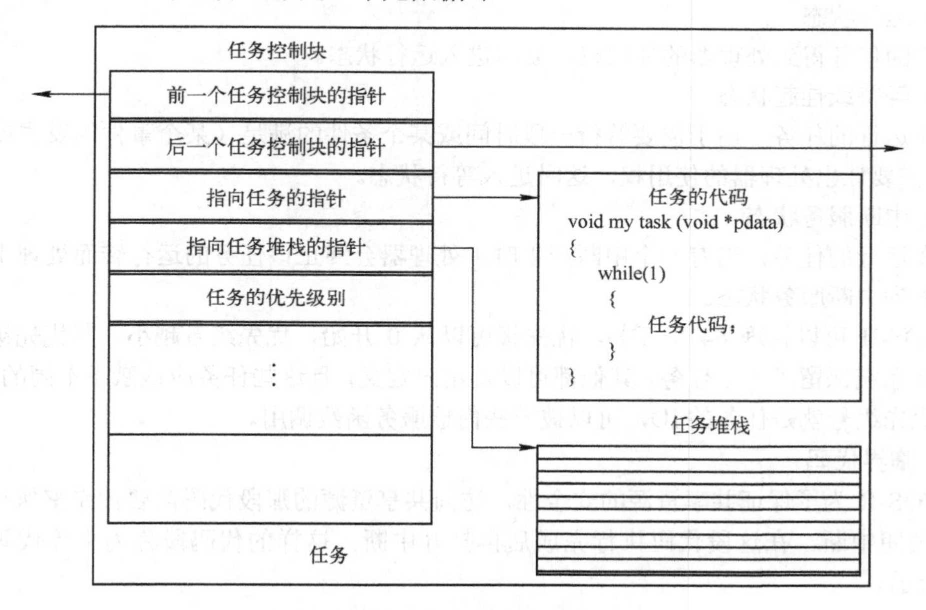

图 6.1　任务的存储结构

2．任务的状态

μC/OS-II 的任务一共有 5 个状态：休眠、就绪、运行、等待和中断服务。这些状态之间的转换关系如图 6.2 所示。

（1）休眠状态

任务驻留在内存中，但并不被操作系统内核调度。

（2）就绪状态

任务已经分配到任务块中，并具备了运行的条件，在就绪表已经被登记，但由于该任务的优先级低于正在执行的任务优先级，暂时不能运行。处于就绪状态的任务能够运行的条件是：高优先级的任务主动放弃处理器，且在就绪状态的任务序列中，该任务的优先级最高。

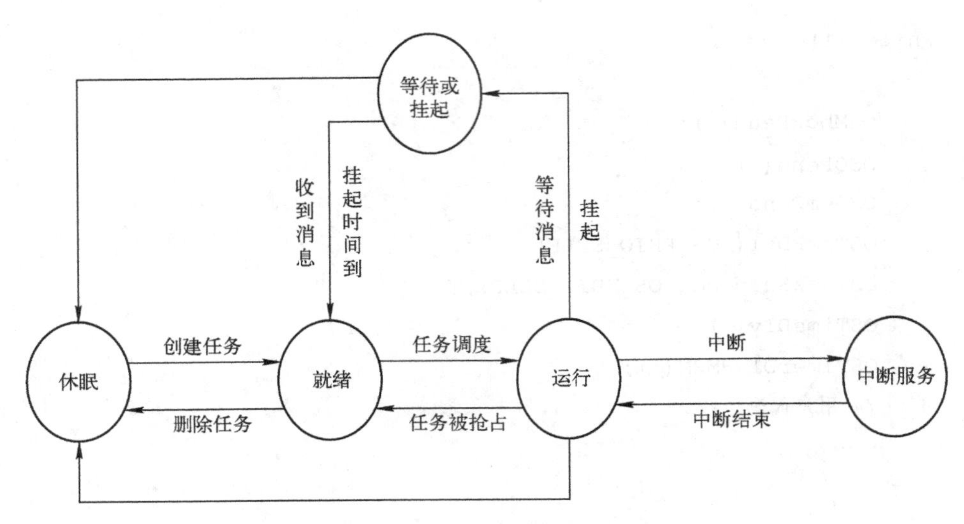

图 6.2　任务状态转换关系

（3）运行状态

就绪的任务得到处理器的使用权，立即进入运行状态。

（4）等待或挂起状态

正在运行的任务，由于需要等待一段时间或某个条件的满足（某个事件的发生或信号的生成），需要让出处理器的使用权，这时进入等待状态。

（5）中断服务状态

正在运行的任务，当有一个中断产生时，处理器会终止该任务的运行转而处理中断，此时该任务为中断服务状态。

μC/OS-II 可以管理 64 个任务，优先级可以从 0 开始，优先级号越小，其优先级越高。μC/OS-II 系统保留了 8 个任务，其他都可以由用户定义，且这些任务应该赋予不同的优先级。任务的优先级号就是任务的 ID，可以被一些内核服务函数调用。

6.2.1.2　临界代码

μC/OS-II 为了保证共享资源的安全性，访问共享资源的那段代码需要被完整执行，此时应临时关闭中断，在这段代码执行完成后再打开中断。这样的代码段称为临界代码段，如图 6.3 所示。

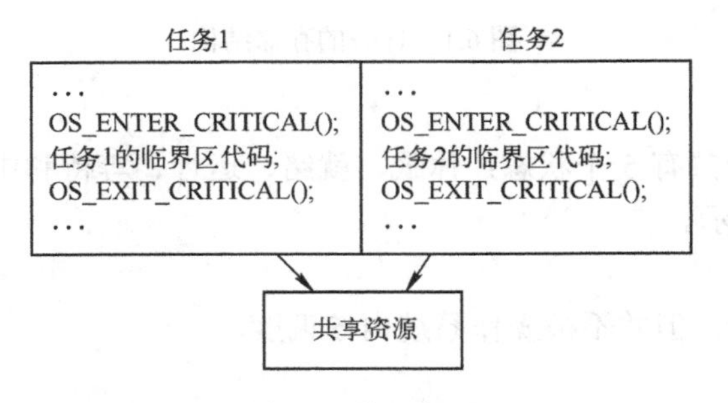

图 6.3　临界代码

μC/OS-II 通过两个宏 OS_ENTER_CRITICAL()和 OS_EXIT_CRITICAL()来实现中断的关闭和打开。μC/OS-II 中可采用如下 3 种方法开/关中断：

1. OS_CRITICAL_MOTHOD==1

//用处理器指令关中断，执行 OS_ENTER_CRITICAL()，开中断执行 OS_EXIT_CRITICAL()

2. OS_CRITICAL_MOTHOD==2

//实现 OS_ENTER_CRITICAL()时，先在堆栈中保存中断的开/关状态，然后再关中断；实现 OS_EXIT_CRITICAL()时，从堆栈中弹出原来中断的开/关状态

3. OS_CRITICAL_MOTHOD==2

//把当前处理器的状态字保存在局部变量中（如 OS_CPU_SR），关中断时保存，开中断时恢复

6.2.1.3 任务控制块

任务控制块用于记录任务堆栈指针、任务当前状态、任务优先级等与任务管理有关的属性。任务控制块是系统管理任务的依据，记录了任务的全部静态和动态信息。通过任务控制块，系统可以找到其可执行代码、存储这个任务私有数据的存储区等。系统运行一个任务时，先按照任务的优先级别找到任务的控制块，然后在任务堆栈中再获得任务代码指针。μC/OS-II通过两个链表来管理任务块，分别是空任务控制块链表和任务控制块链表。

空任务控制块链表是μC/OS-II 的全局数据结构，是在应用程序调用初始化函数 OSInit()对系统初始化时建立的。创建空任务控制块链表时，先在数据存储器中建立一个 OS_TCB 类型（结构体类型）的数组 OSTCBbl[]，该数组的每个元素都是一个任务控制块，然后利用 OS_TCB 的两个指针 OSTCBNext 和 OSTCBPrev，将这些控制块连接成一个链表。由于此时还没有分配具体的任务，因此这个链表称为空任务控制块链表。

任务控制块链表是在调用 OSTaskCreate()时建立的。每当应用程序创建一个任务时，系统从空任务控制链表的首部分配一个空任务控制块给该任务，将它加入到任务控制块链表中，并给各成员变量赋值。任务控制块链表的结构如图 6.4 所示。

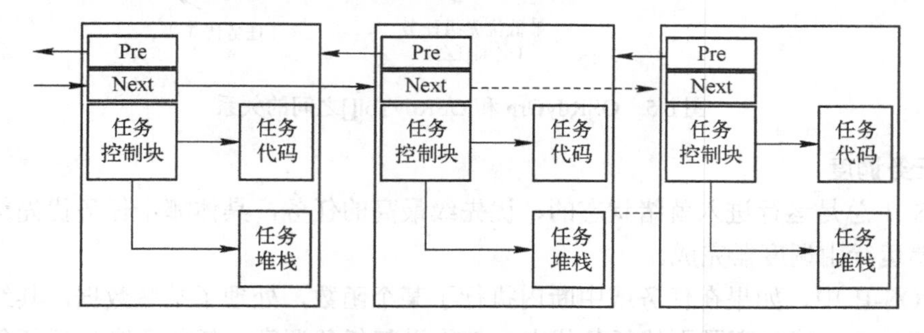

图 6.4 任务在内存表中的任务控制块链表结构

为了加快任务控制块的访问速度，任务控制块被设计为一个双向链表，定义了 OS_TCB * 结构类型的数组 OSTCBPrioTbl[]，用于存放指向各任务控制块的指针，并按照优先级把这些指针存放在数组的各个元素中，这样在访问某个任务的任务控制块时，就可以按照优先级直接从 OSTCBPrioTbl[]的对应元素中获得任务控制块指针，并通过该指针找到该任务的控制块。

6.2.1.4 就绪表

作为一个多任务操作系统，μC/OS-II 的核心功能之一是任务调度。当进行任务切换时，μC/OS-II 需要在众多已经就绪的任务中找到优先级最高的任务。μC/OS-II 利用查表方式实现快速查找优先级最高任务，这个表就称为就绪表。表中的元素为位，根据任务的优先级将就

绪任务填入表格的某位，然后由表格中的一些位可以计算出任务的优先级。任务调度时，根据表格中已经置位的位，可以找出优先级最高的就绪任务。每个任务的就绪状态标志都存放在就绪表格结构体中，就绪表有两个变量：OSRdyGrp 和 OSRdyTbl[]，其定义如下：

```
#DEFINE OS_RDY_TBL_SIZE              {( OS_LOWEST_PRIO)/8+1}
OS_EXT INT8U                         OSRdyGrp;
OS_EXT INT8U                         OSRdyTbl[OS_RDY_TBL_SIZE];
```

OSRdyGrp 和 OSRdyTbl[]之间的关系如图 6.5 所示。在 OSRdyGrp 中，按照优先级将任务分组，每组 8 个任务。OSRdyGrp 的每一位表示 8 组任务中每一组是否有进入就绪状态的任务。任务进入就绪状态时，就绪表 OSRdyTbl[]中相应的位也被置位。就绪表 OSRdyTbl[]数组的大小取决于 OS_LOWEST_RPIO。当用户任务较少时，可以减少 OS_LOWEST_RPIO 的值，降低μC/OS-II 对存储器的需求。

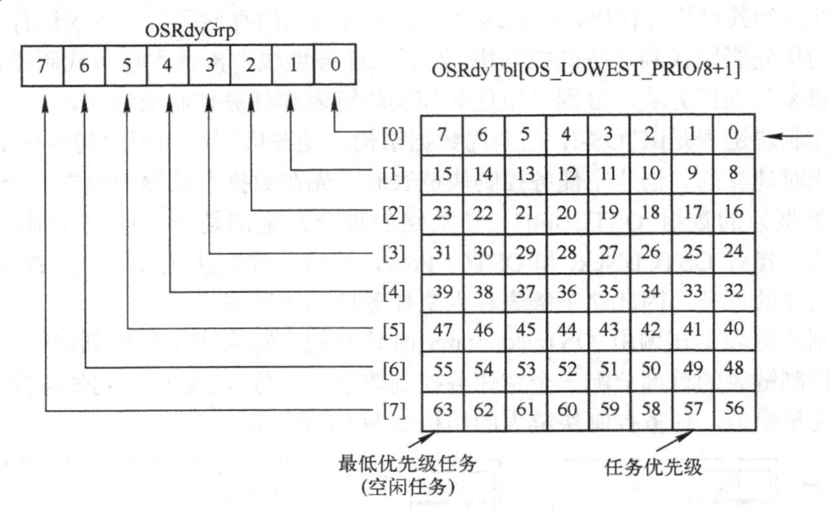

图 6.5　OSRdyGrp 和 OSRdyTbl[]之间的关系

6.2.1.5　任务调度

μC/OS-II 总是运行进入就绪状态的、优先级最高的任务，具体哪个任务优先级最高、哪个任务将要运行由调度器完成。

在μC/OS-II 中，如果在任务或中断内执行了某个函数，处理了某些数据，其结果改变了当前任务的状态，或改变了别的任务状态，都将引起任务调度。任务调度包括任务级的任务调度和中断级的任务调度。任务级的任务调度由函数 OSSched()完成，而中断级的任务调度由函数 OSIntExt()完成，两者所采用的调度算法是相同的。不同之处在于 OSSched()调用了任务切换函数 OS_TASK_SW()实现任务退出；而 OSIntExit()则调用 OSIntCtxSw()实现退出。

调度的具体内容可以分为最高优先级任务的寻找和任务切换，其中最高优先级任务的查找通过函数 OSSched()实现，而任务切换则需调用 OS_TASK_SW()函数完成。

μC/OS-II 中任何两个任务的优先级不能相同，因此对于重要性相同的任务，必须赋予不同的优先级别。需要注意的是，由于就绪队列中任务的优先级高于正在运行的任务，因而会抢占 CPU，高优先级的任务在处理完成后，必须进入等待或挂起状态，否则低优先级的任务永远也不可能执行。

μC/OS-II 中任务的优先级是由用户设定的，因此在分配优先级的时候，不能只考虑任务的重要程度，还需要考虑任务的周期、截止期及执行时间等因素，因为μC/OS-II 的任务调度中没有考虑上述因素。

当然μC/OS-II 的任务优先级是可变的，修改任务优先级的函数是 OSTaskChangePrio()。

6.2.1.6 中断处理

μC/OS-II 内核是可抢占的内核，支持中断机制。μC/OS-II 有两条特殊宏可以关中断（OS_ENTER_CRITICAL）和开中断（OS_EXIT_CRITICAL）。在μC/OS-II 中，中断服务程序要用汇编语言来编写，如果用户使用的 C 语言编译器支持在线汇编语言，可以直接将中断服务子程序代码放在 C 语言的程序文件中。

用户中断服务子程序示意代码如下：

```
保存全部 CPU 寄存器;
调用 OSIntEnter( )或 OSIntNesting 直接加 1;
if ( OSIntNesting==1)
{
    OSTCBCur->OSTCBStkPtr=SP;          //保存当前任务的 SP
}
清中断源;
开中断;
执行中断服务程序;
调用 OSIntExit( );
恢复所有 CPU 寄存器;
执行中断返回指令;
```

6.2.1.7 时钟节拍

μC/OS-II 需要提供周期性的信号源，用于实现延时和超时确认。节拍频率可以在 10～100Hz 之间，时钟节拍频率越高，系统额外负荷就越重。

时钟节拍中断服务程序的任务是为μC/OS-II 系统提供一个周期性时钟源，其示意代码如下：

```
void OSTickISR (void)
{
    保存 CPU 寄存器的值;
    调用 OSIntEnter( )，或将 OSIntNesting 加 1;
    if ( OSIntNesting==1)
    {
        OSTCBCur->OSTCBStrPtr=SP;
    }
    调用 OSTimeTick( );
    清除中断设备发出的请求;
    重新允许中断;
    调用 OSIntExit( );
```

```
    恢复 CPU 的寄存器值;
    执行中断返回指令;
}
```

μC/OS-II 的时钟节拍服务通过在中断服务子程序中调用 OSTimeTick()来实现。OSTimeTick()会跟踪所有任务的定时器及超时时限，时钟节拍中断服务子程序也必须用汇编语言编写。OSTimeTick()的主要工作是给每个任务的任务控制块中的时间延时项 OSTCBDly 减 1。当该任务的 OSTCBDly 减为 0 时，该任务就进入就绪态。因此，OSTimeTick()的执行时间与应用程序建立了多少个任务成正比。

值得注意的是，在多任务系统启动后，才能开启时钟节拍器，否则会导致错误。

6.2.1.8 任务的启动

μC/OS-II 的启动过程如图 6.6 所示。由图可见，μC/OS-II 多任务的启动是通过调用 OSStart()来实现的。在启动前，用户至少要建立一个应用任务。OSStart()从任务就绪表中找出优先级最高的任务，然后调用高优先级任务启动函数 OSStartHighRdy()，将最高优先级任务的任务栈出栈，使得该任务投入运行。

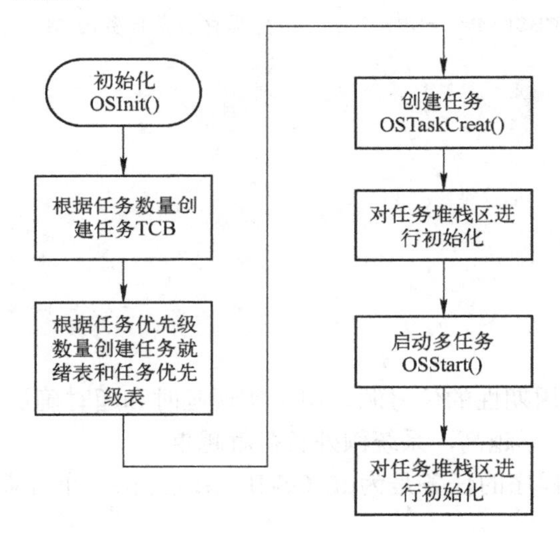

图 6.6 μC/OS-II 的启动过程

6.2.2 μC/OS-II 的任务管理

6.2.2.1 创建任务

任务的创建过程如图 6.7 所示。创建任务可以调用 OSTaskCreate()或 OSTaskCreateExt()函数实现，其中 OSTaskCreateExt()是扩展版本。任务可以在调度前建立，也可以在其他任务的执行过程中建立，但必须在多任务调度前，创建至少一个用户任务，且不能由中断服务程序创建这个任务。

如果 OSTaskCreateExt()函数是在某个任务的执行过程中被调用，任务调度函数会被调用来判断新建立的任务比原来任务的优先级是否更高。如果新任务的优先级更高，内核会进行一次从旧任务到新任务的任务切换。如果在多任务调度开始前，新任务就已经建立，则任务调度器不会被调用。

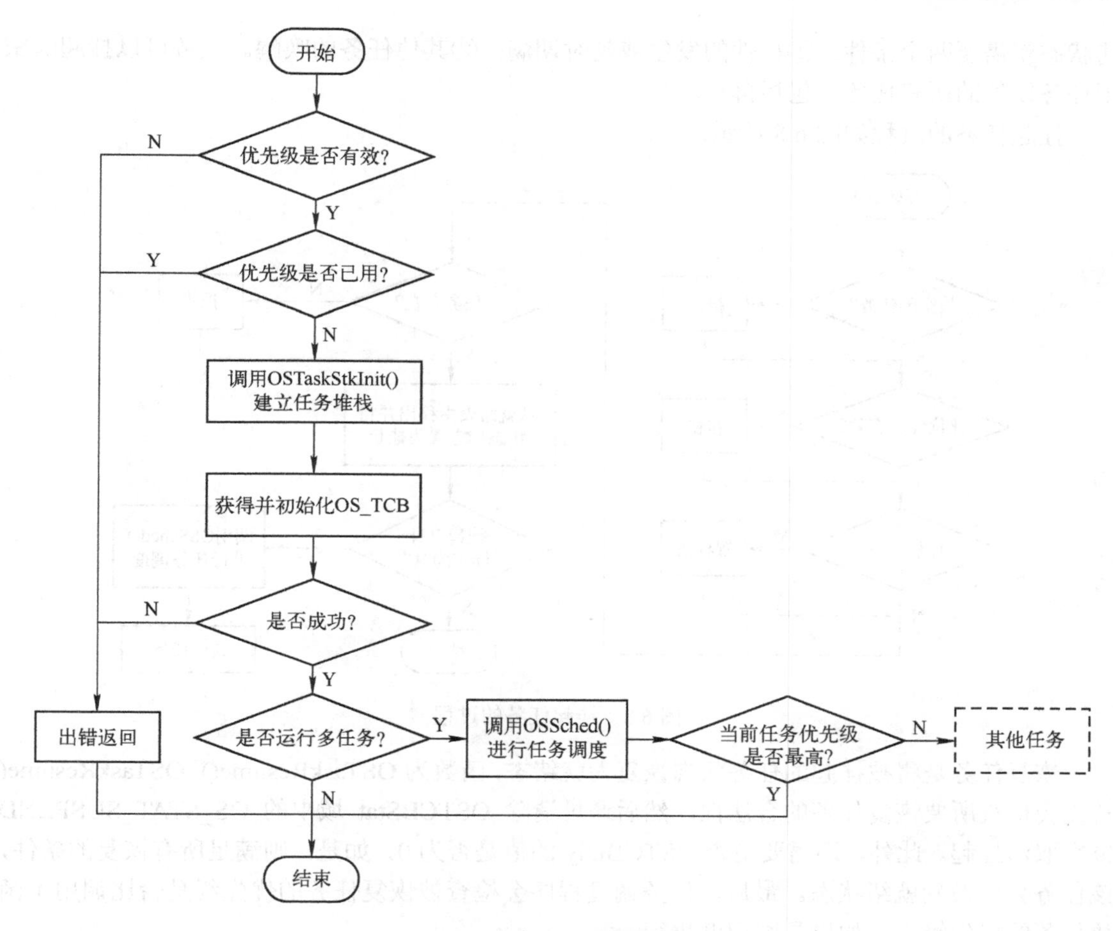

图 6.7 任务的创建过程

6.2.2.2 删除任务

删除任务是创建任务的一个逆过程，是将任务返回到休眠状态，而不是把任务的代码删除，当然该任务不再被μC/OS-II 调用。删除任务通过调用 OSTaskDel()函数实现。注意OSTaskDel()函数不能删除空闲任务，且确保不是在中断服务程序中删除任务。一旦删除的条件都满足后，该任务的 OS_TCB 将会从所有μC/OS-II 的数据结构中移去。μC/OS-II 支持任务的自我删除，只要使用参数 OS_PRIG_SELF 即可。

被删除的任务不会被其他任务或中断服务程序置为就绪状态，因为该任务已经从就绪任务表中删除，不能再次执行。

如果任务 A 拥有内存缓冲区或信号量之类的资源，而任务 B 想删除该任务，这时需要让拥有这些资源的任务在使用完该资源后释放资源，再删除。此时可以调用 OSTaskDelReq()函数来完成请求删除任务的功能。

任务被删除后，用户可以调用 OSTaskCreate()或 OS_TaskCreateExt()函数重新创建该任务。

6.2.2.3 挂起任务和恢复任务

挂起任务通过 OSTaskSuspend()函数来实现，被挂起的任务只能通过调用 OSTaskResume()来恢复。如果任务被挂起的同时已经在等待时间的发生或延时期满，则这个任务再次进入就绪状态就需要两个条件：①事件的发生或延时期满；②其他任务的唤醒。任务可以挂起除空闲任务以外的所有任务，包括自身。

挂起任务的过程如图 6.8 所示。

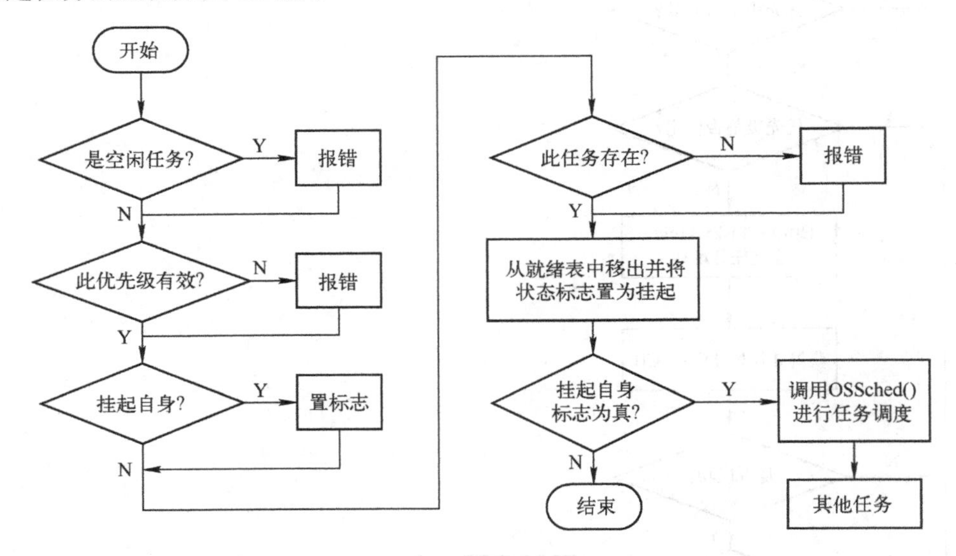

图 6.8　挂起任务的过程

恢复任务是将被挂起的任务状态恢复为就绪态，函数为 OSTaskResume()。OSTaskResume()首先会检查所要恢复任务的合法性，然后通过清除 OSTCBStat 域中的 OS_STAT_SUSPEND 位来取消挂起。此外，还需要检查 OSTCBDly 的值是否为 0，如是，则满足所有恢复的条件，该任务会切换到就绪状态。最后，任务调度程序会检查被恢复任务的优先级是否比调用本函数任务的优先级高，如果是则调度执行。

6.2.3　μC/OS-II 的时间管理

μC/OS-II 的时间管理包括延时、延时结束、系统时间的获取与设定 3 个部分。用户程序可以调用相应的函数来获得操作系统的服务。以下主要介绍几个可以处理时间问题的功能函数。

1．按节拍延时函数

μC/OS-II 中，任务可以申请系统服务延时一段时间后再执行，延时时间的长短用时钟节拍的数目来确定。实现这个系统服务的函数是 OSTimeDly()，调用该函数会使μC/OS-II 进行一次任务调度，并执行下一个优先级最高的就绪状态任务。任务调用 OSTimeDly()后，一旦规定的时间期满或有其他任务通过调用 OSTimeDlyResume()取消了延时，它会马上进入就绪状态。

用户程序可以延时的时钟节拍数必须在 0～65535 之间，0 表示不需要延时。

2．按时分秒延时函数

按时分秒延时的系统服务通过调用函数 OSTimeDlyHMSM()来实现，功能与调用 OSTimeDly()类似，不同的是按照小时、分、秒和毫秒来定义延时时间，而不是按时钟节拍数。

μC/OS-II 允许用户结束延时正处于延时期的任务，即延时的任务不必等待延时期满，通

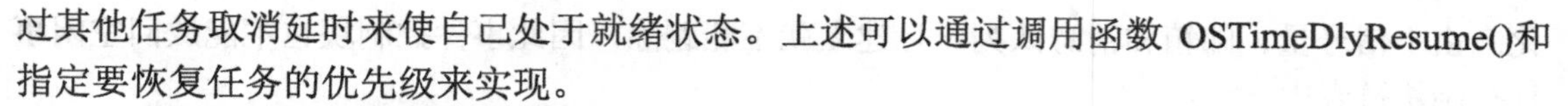

过其他任务取消延时来使自己处于就绪状态。上述可以通过调用函数 OSTimeDlyResume()和指定要恢复任务的优先级来实现。

3．系统时间的获取与设定

无论时钟节拍何时发生，μC/OS-II 都会将 32 位计数器加 1。这个计数器在用户调用 OSStart()初始化多任务和 4294967295 个节拍执行完一遍时，从 0 开始计数。用户可以通过调用 OSTimeGet()函数来获取该计数器的当前值，也可以通过调用 OSTimeSet()函数来改变该计数器的值。

注意：

在访问 OSTime()时，中断是关闭的，这是因为在大多数 8 位处理器上增加和复制一个 32 位的数都需要多条指令，为避免该读取操作被打断，所以关闭中断，以保证读到的 32 位计数值是正确的。

6.2.4 任务间的通信与同步

任务之间的通信机制是嵌入式操作系统的重要功能之一。μC/OS-II 提供了一个与任务控制块类似的事件控制块数据结构，以及信号量、消息邮箱和消息队列等通信机制。任务间通信分为低级通信和高级通信两种。低级通信只能传递状态和整数数值等控制信息，传送的信息量小，如信号量；高级通信能传送任意数量的数据，如共享内存、邮箱、消息队列等。

6.2.4.1 事件控制块

μC/OS-II 通过事件控制块（ECB）来管理每个具体事件，而通信信号也被视作为事件（Event）。任务（Task）和中断服务程序（ISR）之间的通信如图 6.9 所示。一个任务或中断服务程序可以通过 ECB 来向其他任务发信号（图 6.9a 中的 Signal）。一个任务可以等待其他任务或中断服务程序给它发送信号（图 6.9a 中的 Wait），不过只有任务可以等待事件的发生，中断服务程序不可以。对于等待状态的任务，还可以为它指定一个最长等待时间，以防止因为等待的事件没有发生而无限期地等下去。多个任务可以等待同一个事件的发生（图 6.9b），当该事件发生时，所有等待任务中优先级最高的任务得到该事件并进入就绪状态。图 6.9c 表示当事件控制块 ECB 是一个信号量时，任务可以等待它，也可以给它发送消息。

μC/OS-II 通过 OS_EVENT 数据结构来维护事件控制块的所有信息，该结构中包含了事件本身的定义，如用于信号量的计数器，用于指向邮箱的指针，以及指向消息队列的指针数组等，还定义了等待该事件的所有任务列表，具体定义如下：

```
typedef struct {
    void     *OSEventPtr;                    //指向消息或消息队列的指针
    INT8U    OSEventTbl[OS_EVNET-TBL_SIZE];  //等待任务列表
    INT8U    OSEventCnt;                     //计数器（当事件为信号量时）
    INT8U    OSEventType;                    //事件类型：信号量、邮箱等
    INT8U    OSEventGrp;                     //等待任务所在的组
} OS_EVENT;
```

事件控制块的总数由用户所需要的信号量、邮箱和消息队列的总数来决定。调用 OSInit()时，所有事件控制块被链接成一个单向链表，如图 6.10 所示。此时，该链表为空，当建立一个信号量、邮箱或消息队列时，就从该链表中取出一个空闲的事件控制块，并对它进行初始

化。由于信号量、邮箱和消息队列一旦建立就不能删除，因此事件控制块也不能放回空闲事件控制块链表中。

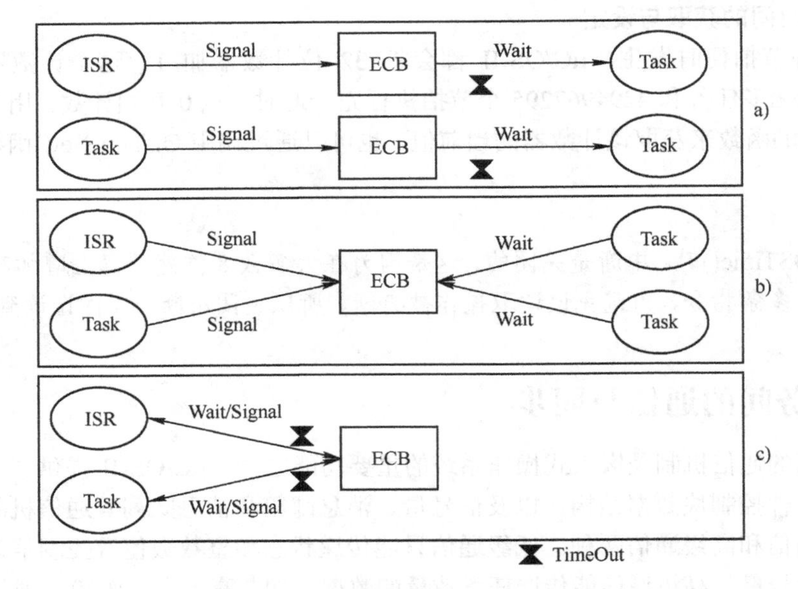

图 6.9　任务和中断服务程序之间的通信

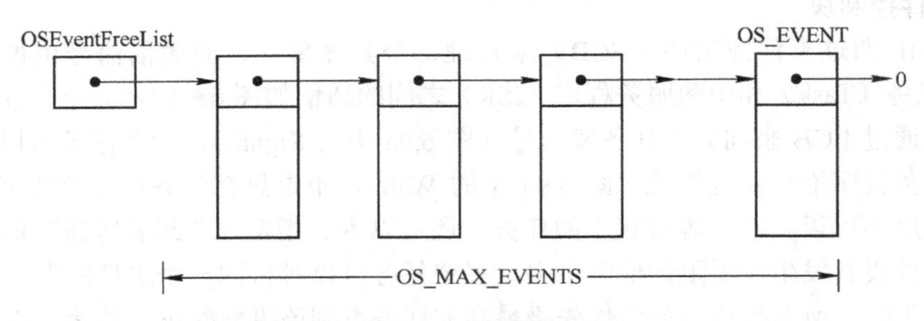

图 6.10　空闲事件控制块链表

对于事件控制块的操作有如下 4 种：

1）初始化一个事件控制块 OSEventWaitListInit()。

2）使一个任务进入就绪状态 OSEventTaskRdy()。

3）使一个任务进入等待该事件的状态 OSEventWait()。

4）因为等待超时而使一个任务进入就绪状态 OSEventTO()。

6.2.4.2　信号量

在多任务内核中使用的信号量（Semaphore）有 3 种情况：

1）控制共享资源的使用权（满足互斥条件）。

2）标志某事件的发生。

3）使两个任务的行为同步。

信号量可以是一个只有 0 或 1 的二进制型的，也可以是一个计数器型的，取值范围为 0～255 或 0～65535 等，用于某些资源可以同时为多个任务使用的情况。

在μC/OS-II 中，信号量由两部分组成：一部分是 16 位无符号整型信号量计数值；另一部分是由等待该信号量的任务组成的等待任务表。μC/OS-II 提供了 6 个对信号量进行操作的函数，它们是 OSSemCreate()、OSSemDel()、OSSemPend()、OSSemPost()、OSSemAccept()、OSSemQuery()，它们在任务通信中的关系如图 6.11 所示。图中 N 表示可用资源数。对于二进制信号量，N=1；如果信号量用于表示某事件的发生，那么数字 N 表示事件已经发生的次数。小沙漏⧗表示 OSSemPend()定义的超时时限。

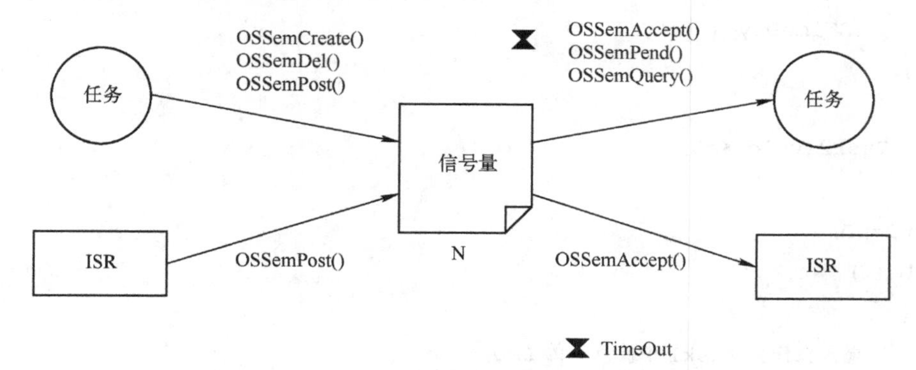

图 6.11　任务、ISR 和信号量的关系

由图 6.11 可知，OSSemPost()函数可以由任务或 ISR 调用，而 OSSemPend()和 OSSemQuery()函数只能由任务调用。OSSemDel()的功能是删除一个信号量，注意删除一个信号量前，必须首先删除操作该信号量的所有任务。OSSemAccept()是无等待地请求一个信号量。当一个任务请求一个信号量时，如果该信号量暂时无效，也可以让该任务返回，而不是进入睡眠等待状态。OSSemQuery()的功能是查询一个信号量的当前状态，得到该信号量任务列表和信号量当前计数值。

6.3　μC/OS-II 的程序设计模式

在基于嵌入式操作系统μC/OS-II 的应用程序开发过程中，开发人员需要考虑的是各个任务的用途或功能、任务的优先级、任务之间需要交换的数据，而无须关注任务之间的调度，因为这项工作由任务调度器来完成。

以下例子说明了基于μC/OS-II 的应用程序运行模式。

```
void main ( )
{
    OSInit ();
    OSTaskCreate (Task1,(void *) 0,pTask1Stk,0);
    OSTaskCreate (Task2,(void *) 0,pTask2Stk,1);
    OSTaskCreate (void (*task) (void*pd),void*pdata,OS_STK*ptos,INT8U prio);
    OSStart ();
}
void Task1(void *pD)
{
```

```
    pD=pD;
while(1)
    {
        点亮一个 LED;
        延时一段时间;
        OSTimeDly (5);
    }
}
void Task2(void *pD)
{
    pD=pD;
while(1)
    {
        熄灭在任务 Task1 中被点亮的 LED;
    }
}
```

对程序的一些说明：

1）在主函数中，调用μC/OS-II 的内核初始化函数 OSInit()，对操作系统进行必要的初始化工作；然后通过调用任务创建函数 OSTaskCreate()分别创建了两个任务。任务 Task1 的入口地址是 Task1，优先级为 0；任务 Task2 的入口地址是 Task2，优先级为 1。函数 OSTaskCreate()在创建完任务后，将所创建的任务置于就绪状态。随后调用函数 OSStart()启动多任务调度。

2）任务 Task1 中的 OSTimeDly()是μC/OS-II 内核提供的系统服务接口函数，调用该函数将使得该任务延时 5 个时钟节拍。

3）在本例中，OSStart()执行后，操作系统发现任务 Task1 的优先级最高，于是执行 Task1。而 Task2 暂时不能获得 CPU 的使用权。任务 Task1 点亮一个 LED 后，调用系统服务延时一段时间，此时该任务被挂起处于等待状态，于是任务 Task2 成为优先级最高的就绪态任务。于是任务 Task2 被执行，将 Task1 点亮的 LED 熄灭。当 5 个时钟节拍的延时时间结束时，Task1 重新被系统时钟节拍中断服务程序置为就绪态，又一次成为优先级最高的就绪态任务。这样任务 Task2 的状态被操作系统保存，然后任务 Task1 再次被执行，点亮 LED。这样的过程反复进行，程序运行的结果是 LED 灯不停地闪烁。

由上述示例可见，嵌入式操作系统的应用程序开发过程相对于无操作系统的应用程序开发大大简化，且任务级的响应时间也可以得到优化。

基于嵌入式操作系统的应用程序设计工作主要包括：

1）嵌入式操作系统的移植。

2）硬件驱动程序的设计。

3）任务的划分与优先级确定。

4）任务间的数据通信。

5）算法与流程。

6）其他需要设计的软件模块，包括人机交互界面等。

6.4 μC/OS-II 的移植

所谓移植就是使一个实时内核能在一个微处理器上运行。μC/OS-II 的大部分代码是用 C 语言编写的，这给移植工作带来了极大的方便，但仍有部分是通过汇编语言实现的，这部分和处理器硬件相关。

能够正常运行μC/OS-II，微处理器必须满足以下要求：

1）微处理器的 C 编译器能产生可重入型代码。

2）微处理器支持中断，且能够产生定时中断（10～100Hz）。

3）用 C 语言就可以开/关中断。

4）微处理器能支持一定数量的数据存储硬件堆栈。

5）微处理器有将堆栈指针以及其他 CPU 寄存器的内容读出、存储到堆栈或内存中的指令。

STM32F10x 系列微处理器和 Keil μVersion 满足上述要求，因此可以进行μC/OS-II 的移植。

6.4.1 μC/OS-II 的体系结构

移植之前，首先需要认识μC/OS-II 的体系结构，图 6.12 给出了μC/OS-II 的结构及与硬件的关系。根据微处理器的不同，一个移植实例可能需要编写或改写 50～300 行的代码。

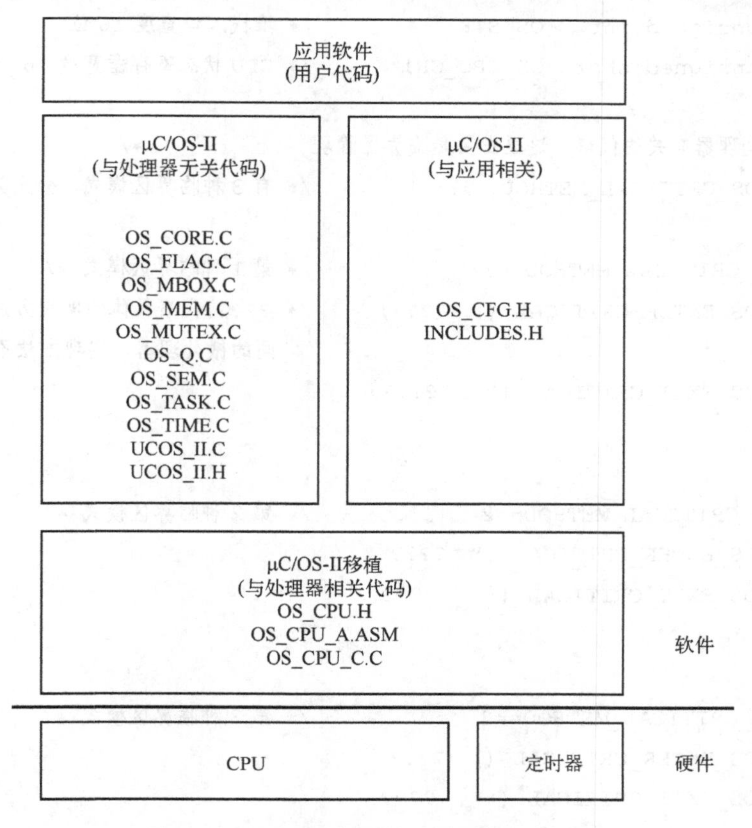

图 6.12 μC/OS-II 的结构及与硬件的关系图

μC/OS-II 移植需要修改代码的函数及数据类型等都在 OS_CPU.H、OS_CPU_A.ASM 和 OS_CPU_C.C 这 3 个文件中。

6.4.2 移植文件

1．OS_CPU.H

这个文件包含了用#define 语句定义的、与微处理器相关的常数、宏以及类型。该文件的关键代码如下：

```
/*   数据类型（与编译器有关）                          */
typedef unsigned char  BOOLEAN;               /* 布尔型变量    */
typedef unsigned char  INT8U;                 /* 无符号 8 位整数 */
typedef signed   char  INT8S;                 /* 有符号 8 位整数 */
typedef unsigned int   INT16U;                /* 无符号 16 位整数 */
typedef signed   int   INT16S;                /* 有符号 16 位整数 */
typedef unsigned long  INT32U;                /* 无符号 32 位整数 */
typedef signed   long  INT32S;                /* 有符号 32 位整数 */
typedef float          FP32;                  /* 单精度浮点    */
typedef double         FP64;                  /* 双精度浮点    */

typedef unsigned int   OS_STK;                /* 堆栈入口宽度 16 位      */
typedef unsigned short OS_CPU_SR;             /* CPU 状态寄存器宽度 16 位 */


/*     与处理器有关的代码，这里主要是临界区管理              */
#define OS_CRITICAL_METHOD  ??                /* 有 3 种临界区模式，分别为 1，2，3 */

#if   OS_CRITICAL_METHOD==1                   /* 第 1 种临界区模式 */
#define OS_ENTER_CRITICAL ()  ????;           /* ???? 代表具体的实现方法，根据不
                                                 同的微处理器，实现方法不同 */
#define OS_EXIT_CRITICAL ()    ????;
#endif

#if   OS_CRITICAL_METHOD==2                   /* 第 2 种临界区模式 */
#define OS_ENTER_CRITICAL ()  ????
#define OS_EXIT_CRITICAL ()    ????
#endif

#if   OS_CRITICAL_METHOD==3                   /* 第 3 种临界区模式 */
#define OS_ENTER_CRITICAL ()  ????
#define OS_EXIT_CRITICAL ()    ????
#endif
```

```
#define OS_STK_GROWTH    1          /* 定义堆栈的方向：1=向下递减，0=向上递增 */
#define OS_ASK_SW()     ????        /* 定义了从低优先级切换到高优先级任务的方法 */
```

2．OS_CPU_A.ASM

μC/OS-II 的移植实例，要求用户编写 4 个简单的汇编语言函数。

```
OSStartHighRdy();
OSCtxSw();
OSIntCtxSw();
OSTickISR();
```

（1）OSStartHighRdy()

OSStart()函数调用 OSStartHighRdy()来使就绪任务中优先级最高的任务开始运行。为方便理解，这里给出该函数的示意性代码。

```
void OSStartHighRdy(void)
{
    调用用户定义的OSTaskSwHook();
    OSRunning=TRUE;
    得到将要恢复运行任务的堆栈指针;
        Stack pointer=OSTCBHighRdy->OSTCBStkPtr;
    从新任务堆栈中恢复处理器的所有寄存器;
    执行中断返回指令;
}
```

（2）OSCtxSw()

中断服务子程序、陷阱或异常处理的向量地址必须指向 OSCtxSw()。如果当前任务调用 μC/OS-II 提供的功能函数，使得更高优先级任务进入就绪态，μC/OS-II 会通过向量地址找到 OSCtxSw()。

OSCtxSw()的示意性代码如下：

```
void OSCtxSw(void)
{
    保存处理器寄存器;
    在当前任务的任务控制块中保存当前任务的堆栈指针;
        OSTCBCur->OSTCBStkPtr=Stack pointer;
    OSTaskSwHook();
    OSTCBCur=OSTCBHighRdy;
    OSPrioCur=OSPrioHighRdy;
    得到将要重新开始运行的任务的堆栈指针;
        Stack pointer=OSTCBHighRdy->OSTCBStkPtr;
    从新任务的任务堆栈中恢复处理器所有寄存器的值;
    执行中断返回指令;
}
```

（3）OSTickISR()

这是时钟节拍中断服务子程序，用于给用户程序提供一个周期性的时钟源，来实现时间的延迟和超时功能。时钟节拍的频率为10～100Hz。

OSTickISR()的示意性代码如下：

```
void OSTickISR(void)
{
    保存处理器寄存器;
    调用 OSIntEnter()或直接给 OSIntNesting+1;
    if (OSIntNesting==1) {
        OSTCBCur->OSTCBStkPtr=Stack pointer;
    }
    给产生中断的设备清中断;
    重新允许中断（可选）;
    OSTimeTick();
    OSINtExit();
    恢复处理器寄存器;
    执行中断返回指令;
}
```

（4）OSIntCtxSw()

OSIntExit()调用OSIntCtxSw()，在中断服务程序(ISR)中执行任务切换功能。OSIntCtxSw()示意性代码如下：

```
void OSCtxSw(void)
{
    调用用户定义的 OSTaskSwHook();
    OSTCBCur=OSTCBHighRdy;
    OSPrioCur=OSPrioHighRdy;
    得到将要重新执行的任务的堆栈指针;
        Stack pointer=OSTCBHighRdy->OSTCBStkPtr;
    从新任务堆栈中恢复所有处理器寄存器;
    执行中断返回指令;
}
```

3．OS_CPU_C.C

μC/OS-II的移植实例，要求用户编写10个简单的C函数。

```
OSTaskStkInit();
OSTaskCreateHook();
OSTaskDelHook();
OSTaskSwHook();
OSTaskIdleHook();
OSTaskStatHook();
```

```
OSTimeTickHook();
OSInitHookBegin();
OSInitHookEnd();
OSTCBInitHook();
```

唯一必要的函数是OSTaskStkInit()，其他9个函数必须声明，但并不一定要包含任何代码。

（1）OSTaskStkInit()

这个函数的功能是初始化任务的栈结构。OSTaskStkInit()的示意性代码如下：

```
OS_STK * OSTaskStkInit (void        (*task) (void *pd),
                        void        *pdata;
                        OS_STK      *ptos;
                        INT16U       opt)
{
   模拟带参数（pdata）的函数调用;
   模拟ISR向量;
   按照预先设计的寄存器值初始化堆栈结构;
   返回栈顶指针给调用该函数的函数;
}
```

（2）OSTaskCreateHook()

添加任务时，OS_TCBInit()函数会调用OSTaskCreateHook()。当OSTaskCreateHook()被调用时，它会收到指向刚建立任务的任务控制块的指针。这样OSTaskCreateHook()就可访问任务控制块结构所有的成员了。

只用当OS_CFG.H中的OS_CPU_HOOKS_EN被置为1时才会产生OSTaskCreateHook()的代码。

（3）OSTaskDelHook()

在任务从就绪表或等待表中被删除后，OSTaskDel()会调用OSTaskDelHook()。将任务从μC/OS-II的内部有效任务链表中删除之前也会调用该函数。当该函数被调用时，会得到一个指向正在被删除任务的任务控制块指针，这样它可以访问该任务控制块所有结构成员。

（4）OSTaskSwHook()

进行任务切换时，会调用OSTaskSwHook()。OSTaskSwHook()可以直接访问OSTCBCur和OSTCBHighRdy，其中OSTCBCur指向将被切换出去的任务的任务控制块，而OSTCBHighRdy指向新任务的任务控制块。

（5）OSTaskIdleHook()

OSTaskIdle()函数可调用OSTaskIdleHook()函数，实现CPU的模式。

（6）OSTaskStatHook()

OSTaskStatHook()函数每秒都会被统计任务OSTaskStat()函数调用一次，可以用OSTaskStatHook()扩展统计任务的功能。

（7）OSTimeTickHook()

OSTimeTickHook()函数在每个时钟节拍都被OSTimeTick()调用。OSTimeTickHook()是在操作系统真正处理时钟节拍之前被调用的，以便于用户能先处理应急事务。

（8）OSInitHookBegin()

进入 OSInit()函数后，OSInitHookBegin()就被立即调用。这个函数使得用户可以将自己特定的代码也放在 OSInit()函数中。

（9）OSInitHookEnd()

OSInitHookEnd()与 OSInitHookBegin()类似，只是它在 OSInit()函数返回之前被调用。

（10）OSTCBInitHook()

OS_TCBInit()函数在调用 OSTackCreateHook()函数之前，会先调用 OSTCBInitHook()函数。因为用户可以在 OSTCBInitHook()中放入一些与初始化控制块 OS_TCB 有关的处理。OSTCBInitHook()也会收到指向新添加任务的任务控制块的指针，只是这个新添加任务的任务控制块大部分已经初始化完成，但还没有链接到已经建立任务的链表中。

6.4.3 测试移植代码

代码移植完毕，需要进行测试。移植是否成功的测试并不复杂，可以在没有应用程序的情况下测试，这样可以简化测试，同时如果出现问题，也可以迅速定位到问题是出在内核代码，而非应用程序。

测试移植代码的一般步骤包括：

1）确保 C 编译器、汇编编译器及连接器工作正常。

2）验证 OSTaskStkInit()和 OSStartHighRdy()函数。

3）验证 OSCtxSw()函数。

4）验证 OSIntCtxSw()和 OSTickISR()函数。

具体测试过程限于篇幅，不再详细给出。

本章小结

本章首先介绍了嵌入式实时操作系统的概念、嵌入式操作系统的分类以及常见的嵌入式操作系统。随后，以嵌入式实时操作系统μC/OS-II 为例，系统地介绍了μC/OS-II 的内核机制中内核结构、任务管理、时间管理和任务间通信与同步等基础概念。最后，用简单的例子，说明了基于μC/OS-II 操作系统的程序设计模式，以及应用程序的调度过程。通过本章的学习，应可以建立起嵌入式实时操作系统的基本理念，理解任务的优先级与调度，系统实时性与调度、任务间通信等概念，进而了解基于嵌入式操作系统的程序设计模式与一般方法。

思考题与习题

6-1 试比较进程与线程之间的区别。

6-2 嵌入式操作系统中，资源包含哪些要素？为保护多个进程共享资源的安全性，可以采取的措施有哪些？

6-3 设某个嵌入式操作系统采用基于优先级的抢占式调度策略，现有 A、B 和 C 三个任务，它们的优先级顺序是 A>B>C，试分析在三个任务运行过程中，可能出现的抢占情况。

6-4 简述操作系统的分类，及各种操作系统的适用场合与特点。

6-5 简述嵌入式操作系统μC/OS-II 中任务可能的状态，以及状态之间切换的条件。

6-6 简述嵌入式操作系统μC/OS-II 如何从就绪表中检索优先级最高的就绪态任务。

6-7 简述嵌入式操作系统μC/OS-II 中创建任务的方法。

6-8 简述嵌入式操作系统μC/OS-II 中任务实现延时的方法。

6-9 简述嵌入式操作系统μC/OS-II 所支持的任务间通信的机制，并比较它们的异同点。

6-10 设某嵌入式控制系统采用μC/OS-II 操作系统，系统有 3 个任务，任务 A 为系统初始化，只需在系统启动后运行一次；任务 B 为通信任务，负责接收上位机的指令信号，该指令信号将用于系统的闭环控制；任务 C 为控制任务，定时运行，周期为 20ms，主要功能是完成系统的闭环控制。请给出上述三个任务的示意代码（C 语言），并分析系统运行的过程。

6-11 设某嵌入式系统采用μC/OS-II 操作系统，该系统有两个任务，分别为生产者和消费者。生产者任务负责产生 1024 个整型数据，并将产生后的数据放入共享内存区域；消费者任务则将数据从共享内存区域取出，并加以显示。请为这两个任务选择合适的通信与同步机制，并尝试用示意代码（C 语言）写下来。

第7章 嵌入式控制系统案例分析

导读

本章以一个嵌入式控制系统——双轴伺服转台为例，介绍嵌入式控制系统设计的具体工作与流程，主要包括总体设计、控制方案的选择与设计、软硬件的详细设计、系统的调试与测试等。通过本章学习，读者应能够了解嵌入式控制系统设计的工作内涵及具体实施。

本章知识点

- 嵌入式控制系统的总体设计
- 嵌入式控制系统的控制律设计
- 嵌入式控制系统的详细设计
- 嵌入式控制系统的调试与测试

7.1 设计背景

最初的伺服转台是针对陀螺测试和姿态仿真的需求而发展起来的一种测试设备，是一种对精度、稳定性和可靠性都有较高要求的系统。随着现代科技的飞速发展，伺服转台的应用领域逐渐得到扩展，从原来的陀螺仪测试，逐渐向特殊设备的载体平台方向扩展。例如，在监控领域，伺服转台常常作为高清监控摄像头的载体，扩展了监控的视野和功能；在通信领域，伺服转台经常作为通信天线的载体，可以实现对同步卫星的精确对准，可保证通信质量，改善通信的效率；在新能源领域，太阳能电磁板的载体通常也是一种伺服转台，可以使得太阳能电池板比较精确地面向太阳，获得更大的转换效率和工作效率。

伺服转台有许多种类，根据不同的分类标准，其具体分类略有区别，主要的种类及分类标准如下：

从运动轴来分，伺服转台可以分为单轴转台、双轴（*X-Y* 轴）转台和三轴（*X-Y-Z* 轴）转台，如图 7.1 所示。单轴转台只有一个运动的轴，而双轴转台一般具有两个相互正交的运动轴，三轴转台的 3 个运动轴在空间上也是正交的。多轴转台的运动轴既可以单独运动，也可以协同动作，以满足不同的需求。

从工作方式来分，伺服转台可以分为电动和全自动转台等。电动伺服转台采用伺服电动机或步进电动机等作为转台的驱动元件，用户通过控制面板向伺服转台发送指令，使得伺服转台转动，本质上是电驱手控。全自动伺服转台采用伺服电动机作为驱动元件，伺服转台在控制系统的控制下可以全自动地工作，用户既可以通过控制面板控制伺服转台，也可以通过指挥装置直接发送指令，控制伺服转台转动，而无须手动操控。

从应用场合来区分，伺服转台可以分为伺服转台和稳定伺服平台。伺服转台一般只具有伺服转动的功能，安装于固定不动的载体（平台）上，即使载体是可以运动的，也是在载体停止后才工作，如图 7.2a 所示。某些场合小型的伺服转台也称为云台。稳定伺服平台除具有伺服转台所具有的功能外，还具有隔离载体扰动，可以在载体（如车辆、舰船等）运动的情况下，保持天线稳定指向或跟踪运动的目标，保持高效率的数据链接和通信，如图 7.2b 所示。

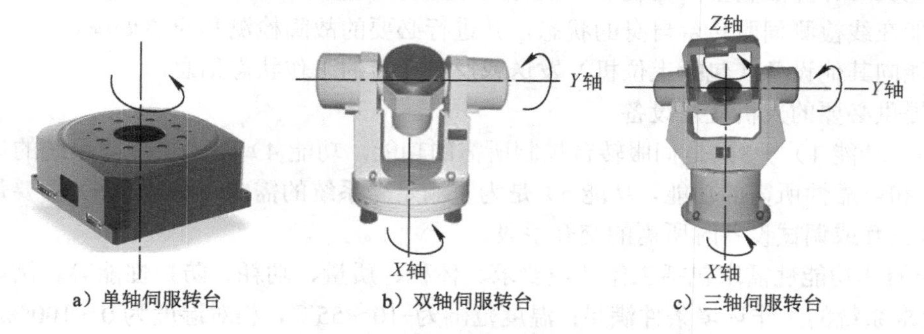

a）单轴伺服转台　b）双轴伺服转台　c）三轴伺服转台

图 7.1　按运动轴对伺服转台分类

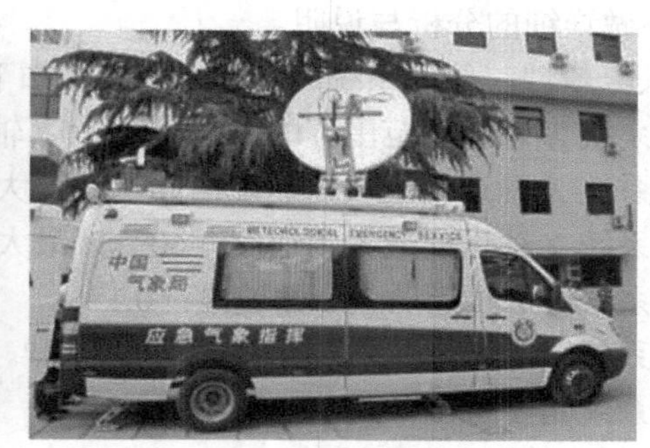

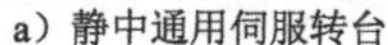
a）静中通用伺服转台　b）动中通用伺服转台

图 7.2　按应用场合对伺服转台分类

综上，伺服转台是一种应用广泛的自动控制系统。本章以一种民用的 *X-Y* 双轴伺服转台为例，介绍嵌入式控制系统的设计方法、步骤以及系统调试与测试等内容。

7.2　双轴伺服转台的需求分析

本章所探讨的双轴伺服转台含有 *X* 轴和 *Y* 轴两个运动轴。转台的负载可以围绕 *X* 轴做水平方向的旋转，因此 *X* 轴也称方位轴，而负载也可以在垂直于水平面的方向上绕 *Y* 轴旋转，因此 *Y* 轴也称俯仰轴或高低轴，其运动轴与方位轴在空间上是垂直的，参考图 7.1b。*X* 轴与 *Y* 轴的运动并不存在耦合关系，可以独立控制，只是两轴需要协同工作以使得装载于转台上的负载能够在空间上精确指向目标。

在绝大多数的应用场合中，双轴伺服转台的控制任务可以表述为：**使得 *X* 轴和 *Y* 轴两个伺服分系统能够跟随指令信号的变化，从而使得装载于转台之上的负载（如雷达天线、卫星通信天线等）能够精确地指向目标**。当目标是运动的（如无人机）时候，伺服转台的运动轴也必须能够以要求的精度跟随指令信号的变化。

不难理解，双轴伺服转台（以下在不至于引起混淆的情况下，将双轴伺服转台简称为系统）的基本功能需求如下：

1）能接收从其他设备（包括上位机）发送的指令信号。

2）能检测并采集转台 X 轴和 Y 轴的角度、角速度等信号。

3）能实时计算控制量，实现 X/Y 轴的闭环控制（包括力矩、速度、位置控制）。

4）能在线检测伺服转台自身的状态，并进行必要的故障检测和应急处理。

5）能向其他设备（包括上位机）发送或反馈自身的工作状态信息。

6）提供必要的人机交互设备。

其中，功能 1）～3）是伺服转台控制所需的功能，功能 4）是为了保障系统的运行，提高安全性和可靠性所需的功能，功能 5）是为了满足全系统的需求，而功能 6）主要是满足使用中人机交互或调试设备时所需的交互手段。

系统的非功能性需求包括工作环境要求、体积、质量、功耗、防护性能等。例如一般情况下，要求系统的工作环境条件满足：温度范围为−10～55℃，相对湿度为 0～100%。这些需求根据所需设计系统的使用地点、领域而确定，由于本章着重介绍系统设计工作，因此对这些需求不做详细的分析与说明。

不失一般性，假设系统的主要性能指标如下：

1）系统 X 轴运动范围：0～360°多圈；Y 轴运动范围：−10°～85°。

2）系统 X 轴运动最大角速度：90°/s，最大角加速度：$60°/s^2$。

3）系统 Y 轴运动最大角速度：60°/s，最大角加速度：$60°/s^2$。

4）系统 X/Y 轴运动最小角速度：0.1°/s。

5）系统跟踪精度：X/Y 轴跟踪误差≤0.1°。

6）系统角度检测分辨率≤0.01°。

7）系统故障响应时间≤0.1s。

8）系统连续工作时间≥2h。

以上系统性能指标也随着应用领域的不同有所调整，这里只是给出常用的性能指标项目，供设计参考。

在确定系统的功能需求、非功能性需求以及性能指标等要素后，可以开始可行性分析。根据前文所述，所谓可行性分析是确定上述功能、性能是否能够在现有的技术、市场、法律等条件下实现，有没有技术风险等。

由于上述技术指标等并非特别严苛，因此，技术上可行性的答案显而易见。对于市场等其他要素，有兴趣的读者可以自行完成。在此，限于篇幅，不详细介绍可行性分析的具体过程。

7.3 系统总体设计

系统总体设计的工作任务是根据系统定义阶段，主要是系统需求分析的结果，确定系统的总体结构、控制方案以及软硬件平台等事宜，为详细设计阶段做好总体的规划和准备。

7.3.1 系统总体结构

伺服转台的总体设计包括两个部分，即机械系统和电气控制系统。机械系统作为电气控制系统的载体和被控对象，是系统能够运行且满足性能指标要求的基础；而电气控制系统是整个系统的核心和灵魂，是系统能够满足性能指标要求的关键。这里集中讨论电气控制系统的总体设计。

电气控制系统的功能已在 7.2 节中给出，为确定系统的总体结构，首先需要明确的是系统控制结构方案。

由于双轴伺服转台的 X 轴和 Y 轴相互独立，在系统控制方案的设计中，可以其中一个轴的控制系统方案设计为例，另一个轴的设计类似。

注意：

对于某些特殊的伺服转台，两轴的运动控制要求存在较大的差异，此时系统控制方案的设计应有所区别。

7.3.1.1 控制系统结构

自动控制系统最常见的控制结构有开环控制、闭环控制和复合控制。

1．开环控制

所谓开环控制是指控制装置与被控对象之间只有顺向作用而没有反向联系的控制过程。开环控制系统的结构如图 7.3 所示，其中 $r(t)$表示输入指令信号，$u(t)$表示控制量，$y(t)$表示被控量。

图 7.3 开环控制系统结构图

开环控制的优点是结构简单，调整方便，成本低；缺点是系统没有自动修正偏差的能力，控制精度依赖于所用的器件和设备。因此开环控制适用于对控制精度要求不高、扰动影响较小的场合。

2．闭环控制

闭环控制又称反馈控制，是最常用的控制系统结构。反馈控制的基本原理是“利用偏差消除偏差”，系统结构如图 7.4 所示，其中 $e(t)$表示误差信号，也即偏差信号，其余符号含义和图 7.3 相同。

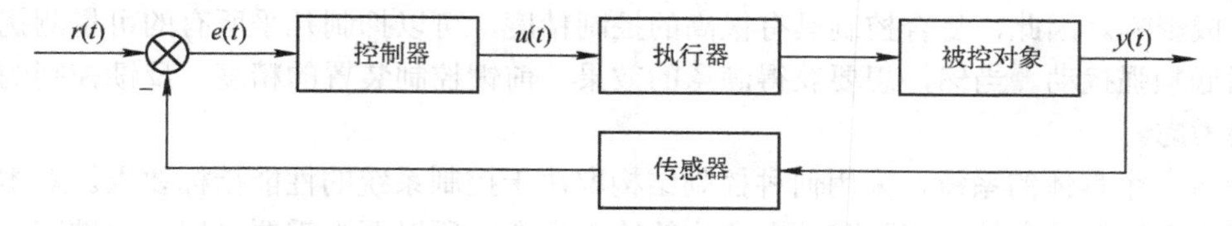

图 7.4 闭环控制系统结构图

闭环控制系统的控制作用来源于输入信号与被控量之间的偏差，因此通过控制器的作用理论上能够消除偏差信号，使得被控量完全复现输入信号，实现高精度的控制。反馈控制对闭环内部的扰动具有一定的抑制能力，因而闭环控制在绝大多数的场合均可以使用。

对比开环控制和闭环控制不难发现，闭环控制系统需要用传感器检测被控量，因而其结构比开环控制复杂。此外，闭环控制系统的设计还需要考虑稳定性等问题，系统的性能分析与设计相对比较烦琐。

3. 复合控制

复合控制是一种将按扰动或输入的开环控制和按偏差的闭环控制相结合的一种控制方式。它是在闭环控制回路的基础上，附加上一个输入信号或扰动信号（是破坏系统输入量和输出量之间预定规律的信号）的前馈控制通路。复合控制常见的结构如图 7.5 所示，其中 $n(t)$ 表示可测的扰动信号。需要指出的是，按照扰动补偿的复合控制能够实施的前提是需要补偿的扰动信号是可测的。

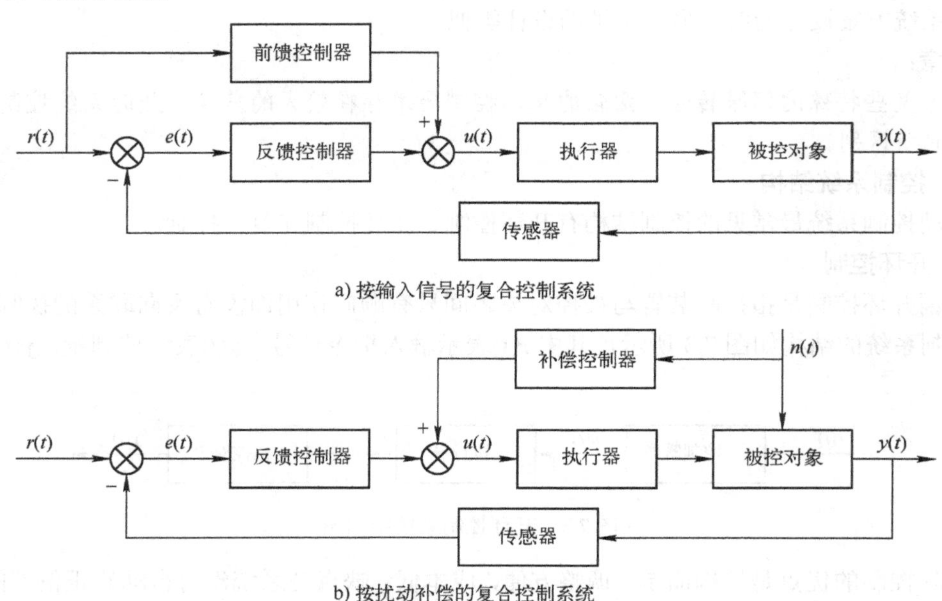

图 7.5　复合控制系统结构图

复合控制同时具有前馈（开环）控制和反馈控制，两者可以实现互补，如在前馈控制的基础上增加反馈控制，可以降低对前馈控制模型精度的要求，并可提高前馈控制对干扰信号的抑制能力；而在反馈作用的基础上添加的前馈控制可以进一步提高系统对输入信号的跟踪能力，或者提高系统对扰动信号的抑制能力。前馈控制实际上是开环控制，不会对闭环的稳定性造成影响。因此，复合控制具有很高的控制精度，可以抑制几乎所有的可量测扰动，其中包括低频强扰动。当然，想要获得满意的效果，前馈控制装置的精度、反馈控制的稳定性仍需要考虑。

针对一个具体的系统，采用何种控制结构取决于控制系统的性能指标要求。对本系统而言，因为需要以较高的精度跟踪动态变化的输入指令，所以至少需要采用反馈控制方式。以系统方位轴为例，其控制系统的结构如图 7.6 所示。

注意：

为了使得系统负载的视轴能够以较高精度跟踪运动的目标，系统应具备较高的加速度、速度和位置跟踪精度，因此系统的控制并没有采用单闭环结构，而是多闭环控制结构。引入多闭环的目的是通过内环进一步提高系统的快速性，改善系统的性能。当然，为了简化系统设计，系统构成采用了内置速度、电流调节器（控制器）的驱动器，以减轻微处理器的负担。

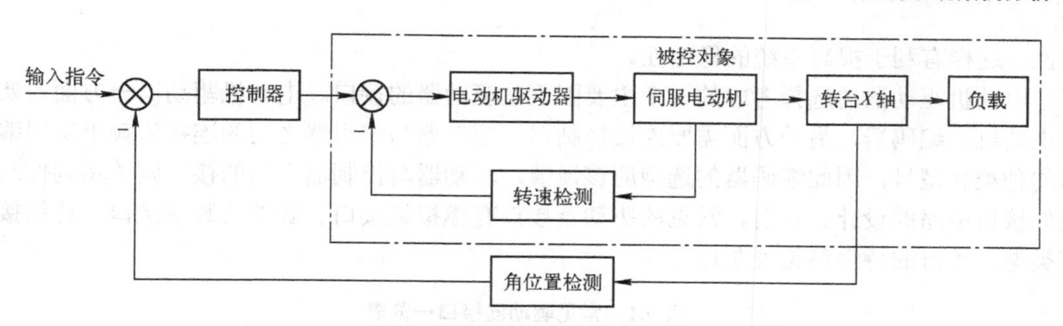

图 7.6 转台 X 轴（方位轴）控制系统结构图

7.3.1.2 主要硬件设备选型

明确电气控制系统的结构以后，可以开始主要硬件设备的选型。本系统中，主要的硬件设备包括：伺服电动机及其驱动器、转速/角位置传感器、控制器等。

1．伺服电动机及驱动器

伺服电动机作为系统的执行元件，其选型应该满足系统性能指标的要求。对于伺服系统而言，与伺服电动机选型有关的指标有：最大速度、最大加速度。此外，还需要考虑负载惯量、摩擦力等因素。通过这些因素，才可以确定所需电动机的功率、额定转矩、额定转速等关键参数。

以本节所探讨的伺服转台 X 轴为例，假设负载的转动惯量为 $0.7\text{kg}\cdot\text{m}^2$，摩擦力矩相对较小，可忽略不计。由性能指标可知系统 X 轴的最大加速度为 $60°/\text{s}^2$。由此，可计算所需要的电动机额定转矩。

由于电动机驱动力矩满足以下关系：

$$M = J_\Sigma \cdot \varepsilon \tag{7-1}$$

式中，M 为所需的电动机力矩，单位为 $\text{N}\cdot\text{m}$；J_Σ 为 X 轴上总的转动惯量（包含负载惯量、电动机的转动惯量在内），单位为 $\text{kg}\cdot\text{m}^2$；ε 为 X 轴最大加速度，单位为$°/\text{s}^2$。

本例中，$J_\Sigma = 0.7\text{kg}\cdot\text{m}^2$，$\varepsilon = 60°/\text{s}^2$，故可得：$M = 0.73\text{N}\cdot\text{m}$。由于计算时未考虑电动机本身的转动惯量（一般都在$(10^{-3}\sim10^{-5})\text{kg}\cdot\text{m}^2$ 数量级），忽略了摩擦力矩，在选择电动机时，可适当留出裕量，因此所选电动机的转矩应满足 $M > 0.9\text{N}\cdot\text{m}$。

而电动机功率与转矩、转速的关系为

$$P = \left(\frac{2\pi}{60}\right) \cdot M \cdot n \tag{7-2}$$

式中，P 为所需电动机的功率，单位为 kW；n 为最大转速，单位为 r/min。

本例中，$n = 60°/\text{s} = 15\text{r/min}$，可得：$P = 14.2\text{W}$。因此所选电动机的额定功率应满足 $P \geqslant 15\text{W}$。

电动机的额定转速只需大于系统所需的最大转速即可，因此所选电动机的额定转速 $n \geqslant 15\text{r/min}$。

对照上述参数，本例可选用低电压无刷直流电动机，电动机的供电电压可以考虑为 24V/36V，具体型号和参数不再给出。

对于电动机驱动器，推荐采用与电动机相同厂家的驱动器，以保证电动机与驱动器的兼容性，这样有利于提高系统的稳定性。

电动机驱动器的选择考虑的一个主要因素是驱动器的接口。电动机驱动器一方面需要连接电动机、编码器，另一方面需要连接控制器。驱动器与编码器之间的连接依赖于所用编码器的种类和型号，因此编码器的选型应该谨慎。驱动器与控制器之间的接口则关系到控制器硬件接口电路的设计。目前，常见的驱动器接口有模拟量接口、脉冲式数字接口、总线接口等类型，各自的特性参见表 7.1。

表 7.1　常见驱动器接口一览表

接口类型	接口定义	接口电气特性
模拟量接口	AI	模拟量输入
	AGND	模拟地
脉冲式数字接口	PLUS	数字脉冲输入
	DIR	方向
	GND	数字地
总线接口	RS-422	RS-422 串行通信接口
	CAN	CAN 总线接口
	FlaxRay	FlaxRay 总线接口

选择何种接口的驱动器，不仅关系到主控制器接口电路的设计，还可能影响到系统的性能。例如，模拟量接口与数字量接口和总线接口相比，存在比较容易受干扰的缺点，而数字接口不存在扰动，且在较为理想的环境下可以实现较高的精度。因而，需要根据具体的应用场合和性能指标选择合适的驱动器接口及驱动器。

2．角速度/角度传感器

伺服系统的闭环控制需要检测电动机和/或负载的角速度和角度，以反馈给速度调节器和位置控制器。

目前，角速度和角度的传感器主要有：光电码盘、旋转变压器等。

光电码盘是通过光电转换把（角）位移量变换成“数字代码”形式的电信号，它是数字量传感器。光电码盘的核心部件是码盘，码盘的制作精度决定传感器的精度。码盘用于测角（或角位移），分为增量式编码器和绝对式编码器两大类。增量式编码器是将位移转换成周期性的电信号，再把这个电信号转变成计数脉冲，用脉冲的个数表示位移的大小。绝对式编码器的每一个位置对应一个确定的数字码，因此它的数值只与测量的起始和终止位置有关，而与测量的中间过程无关。光电码盘的优点是没有触点磨损，因而转速高、频率响应高、稳定可靠、坚固耐用、精度高；其缺点是结构较复杂、价格较贵等。

旋转变压器是一种电磁式传感器，是一种测量角度用的小型交流电动机，用来测量旋转物体的转轴角位移和角速度，由定子和转子组成。其中定子绕组作为变压器的一次侧，接受励磁电压，励磁频率通常为 400Hz、3000Hz 及 5000Hz 等。转子绕组作为变压器的二次侧，通过电磁耦合得到感应电压。旋转变压器的工作原理和普通变压器基本相似，区别在于普通变压器的一次、二次绕组是相对固定的，所以输出电压和输入电压之比是常数，而旋转变压器的一次、二次绕组则随转子的角位移发生相对位置的改变，因而其输出电压的大小随转子角位移而发生变化，输出绕组的电压幅值与转子转角成正弦、余弦函数关系，或保持某一比例关系，或在一定转角范围内与转角成线性关系。旋转变压器是一种精密的角度、位置、速度检测装置，适用于所有使用旋转编码器的场合，特别是高温、严寒、潮湿、高速、高振动等旋转编码器无法正常工作的场合，可完全替代光电编码器。

角度/速度传感器的选型主要根据伺服系统的精度确定，一般而言希望传感器的精度能比所要求的精度高一个数量级。本例中，跟踪精度≤0.1°，最低速度为 0.1°/s，因此所选的传感器精度理想值在 0.01°、0.01°/s 以上。

当然，传感器的输出接口也是需要考虑的因素，但无论是哪种接口，都不会给硬件接口电路的设计带来多大麻烦，因此可以结合成本等因素加以选择。

3．微处理器选型

根据第 4 章所述微处理器的选型原则，可以粗略分析本系统中微处理器的性能要求。本系统中微处理器需要承担的任务主要有数据采集、控制策略、故障检测与处理、通信等，其中对实时性要求比较高的任务是数据采集、控制策略、故障检测与处理。这几项任务中，控制策略的计算量根据不同的策略有所变化，但伺服转台实际上并不需要十分复杂的算法，因此微处理器的计算量并不高。

综合应用环境等因素，本系统可以采用基于 ARM Cortex-M3 内核的 STM32F10x 系列微处理器，具体信号可根据接口电路对 I/O 端口、片内功能外设、封装形式等方面的需求来确定。

7.3.1.3 系统总体结构

确定主要部件后，系统的总体结构基本可以确定，如图 7.7 所示。

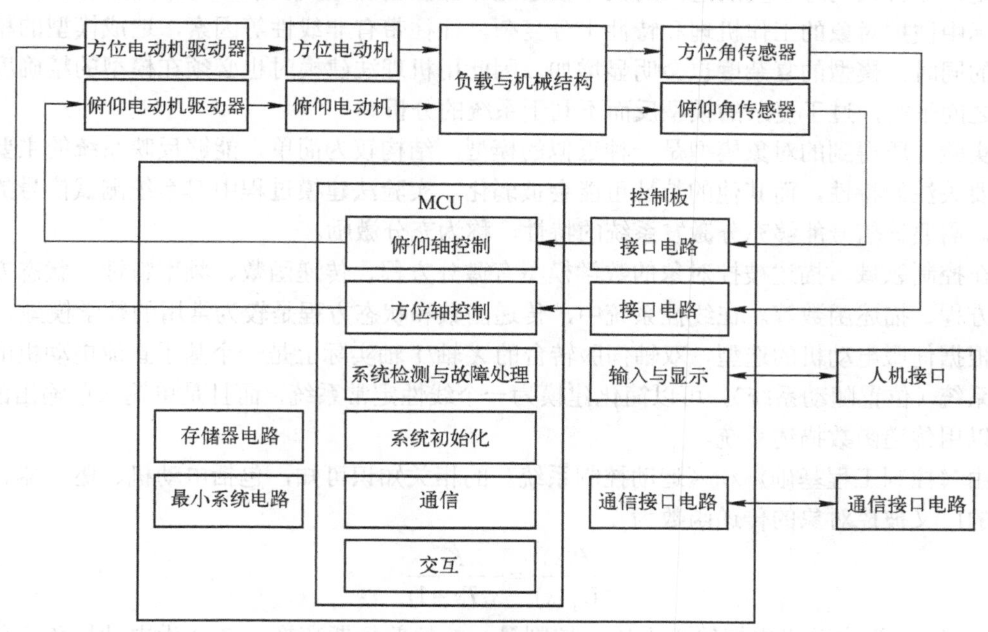

图 7.7 系统总体结构图

7.3.2 控制策略设计

控制策略指系统采用的控制律，这是控制系统能否实现预期性能指标的关键所在。控制律的设计通常是在自动控制理论的指导下进行的，一般从分析和了解被控对象的特性开始。

分析被控对象特性的目的是了解被控对象在没有实施控制情况下与预期性能指标之间的差距，以明确控制律设计的目标，掌握控制律设计的先验知识。而被控对象特性分析一般基于被控对象的数学模型展开。

综上，控制策略设计的具体步骤包括：

1）建立被控对象的数学模型。

2）被控对象特性分析。

3）控制策略设计。

4）系统仿真分析。

5）控制策略的优化与修改。

下面详细介绍其中的关键步骤。

7.3.2.1 建立被控对象的数学模型

被控对象的建模方法有两类：分析法和实验法。

分析法也称机理法，对系统各部分的运行机理进行分析，根据它们所依据的物理规律或化学规律分别列写相应的运动方程。

实验法又称系统辨识法，人为地给系统施加某种测试信号，记录其输出响应，并用适当的数学模型去逼近。

机理法的优点是比较精确，缺点是需要设计人员对系统有深刻了解，难度较大。需要指出的是，尽管人们总希望所建立的数学模型能够完全精确地反映被控对象的所有特性，但由于实际中被控对象的工作机理和特性十分复杂，往往带有非线性等因素，造成模型的精确度提升的同时，模型的复杂度也会明显增加。因此用机理法建模时也必须在模型的精确度和复杂度之间平衡，过于复杂的模型反而不利于系统的分析。

实验法所得到的对象模型是一种近似的模型，结构较为简单，能够反映系统的主要特性或需要关注的特性，而其他的特性可能会被弱化。实验法建模过程中对系统测试信号的要求较高，需要该信号能够充分激发系统的特性，称为充分激励。

在控制领域，描述被控对象的数学模型有微分方程、传递函数、频率特性、状态方程、差分方程、描述函数等。在线性系统中，传递函数和状态方程是较为常用的数学模型。

根据伺服电动机的选型，双轴伺服转台的 X 轴/Y 轴实际上是一个基于直流电动机的位置伺服系统（位置随动系统），可以简化建模为一个线性定常系统，而且是单输入单输出的，因此可以用传递函数描述系统。

由《控制工程基础》和《运动控制系统》的相关知识可知，包括电动机、驱动器、负载在内的广义被控对象的传递函数为

$$\frac{\theta(s)}{U_{\mathrm{f}}(s)}=\frac{K}{s(Ts+1)} \tag{7-3}$$

式中，$U_{\mathrm{f}}(s)$ 为电动机电枢输入电压（控制量）的拉普拉斯变换；$\theta(s)$ 为电动机角位移的拉普拉斯变换；K 为电动机的开环增益，$K=\dfrac{C_{\mathrm{m}}}{C_{\mathrm{m}}C_{\mathrm{e}}+BR}$；$T$ 为电动机的时间常数，单位为 s，$T=\dfrac{JR}{C_{\mathrm{m}}C_{\mathrm{e}}+BR}$；$C_{\mathrm{m}}$ 为转矩常数，单位为 N • m/A；C_{e} 为电动势系数，单位为 V • s/rad；B 为系统黏滞摩擦系数，单位为 N • m • s/rad；R 为电动机电枢电阻，单位为Ω；J 为电动机轴

上的总转动惯量，单位为 kg• m^2。

若已知电动机的参数（如表 7.2 所示），可以利用式（7-3）获得系统被控对象的传递函数，然后分析被控对象固有的特性。

表 7.2　电动机参数一览表

参数	值	参数	值
电动机电枢电阻 R	2.6Ω	黏滞摩擦系数 B	1.5×10^{-3}N • m • s/rad
总转动惯量	0.7kg• m^2	电动势系数 C_e	0.00767V • s/rad
转矩常数 C_m	0.00767N • m/A		

7.3.2.2　被控对象特性分析

被控对象特性分析的方法根据其数学模型而确定，总体而言有以下几种方法：

1．时域分析法

在时间域内对被控对象或控制系统进行分析的方法，一般以系统或对象的传递函数或微分方程为基础。

2．根轨迹法

分析线性定常系统的图解法，主要用于观察系统某一参数变化过程中，系统零极点位置的变化，从而间接地分析系统所表征的性能。

3．频率分析法

应用被控对象或系统的频率特性分析系统的性能，以系统或对象的频率特性为基础，主要技术手段有 Bode 图、对数频率特性曲线等。

4．相平面法

通过图解法研究一阶、二阶线性环节与非线性特性组合而成的非线性系统。

5．描述函数法

利用描述函数（一种非线性环节的等效线性化）研究非线性系统的频率响应特性。

6．状态空间法

利用系统的状态空间描述方法，研究系统特性的方法，是现代控制理论的数学基础。

上述方法中，根轨迹法、频率分析法通常用于线性定常系统，相平面法和描述函数法用于一类特殊的非线性系统，时域分析法和状态空间法原则上既可用于线性系统，也可用于非线性系统。当然，应用时域分析法分析非线性系统时需以微分方程描述被控对象和系统。

无论采用何种方法，分析的内容应包括以下几个方面：

1．稳定性

稳定性是一个系统可以投入使用的前提，因此控制系统的分析离不开稳定性。稳定性的分析固然可以利用诸多稳定性的判据，当然也可以利用特殊的输入信号响应曲线（如脉冲输入）来分析。例如，如图 7.8 所示为一个线性系统的脉冲响应曲线，由系统输出是否衰减至 0，可以判断该系统是否稳定。

2．瞬态性能

瞬态响应指系统在典型输入信号作用下，系统输出量从最初始状态到最终状态的响应过程，是系统响应的过渡过程。体现瞬态响应的性能指标有：延迟时间 t_d、上升时间 t_r、峰值时间 t_p、调节时间 t_s、超调量 $\sigma\%$、振荡次数 N 等。这些性能指标的定义如下，图示如图 7.9

所示。

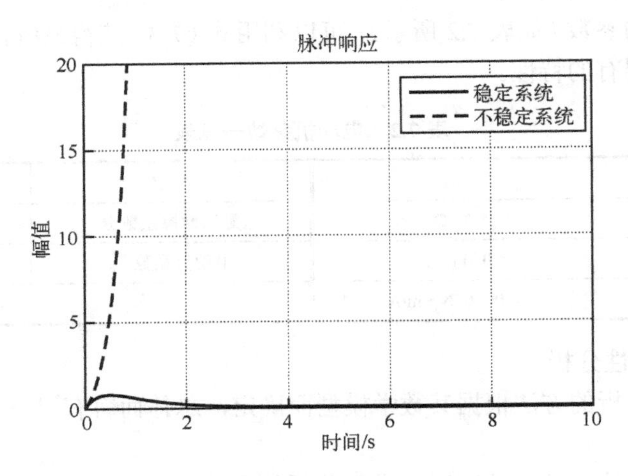

图 7.8　脉冲响应曲线

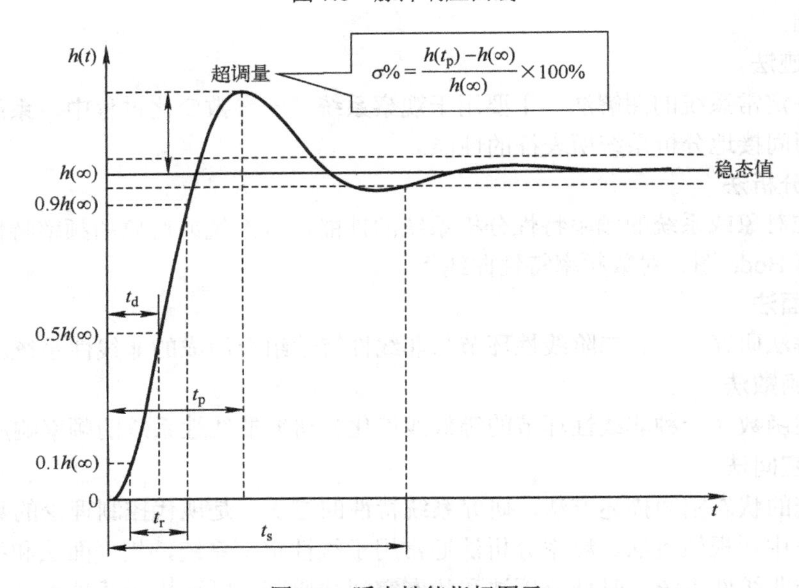

图 7.9　瞬态性能指标图示

1）**延迟时间 t_d**：指响应曲线第一次达到其终值的 50%所需的时间。

2）**上升时间 t_r**：指响应从终值的 10%上升到终值的 90%所需的时间（对于有振荡的系统来说，上升时间可定义为从零第一次上升到终值所需的时间）。

3）**峰值时间 t_p**：指响应超过其终值到达第一个峰值所需的时间。

4）**调节时间 t_s**：指响应到达并保持在允许的误差范围（终值的±5%或±2%）内所需的最短时间。

5）**超调量 $\sigma\%$**：指响应的最大偏离值与终值的百分数，即 $\sigma\%=\dfrac{h(t_p)-h(\infty)}{h(\infty)}\times100\%$，其中 $h(t_p)$ 为响应的峰值，$h(\infty)$ 为响应的稳态值。

6）**振荡次数 N**：在调整时间 t_s 内系统响应曲线的振荡次数。

3．稳态性能

稳态性能指系统在典型输入信号作用下，当时间 t 趋向于无穷时，系统输出量的表现方式，是控制精度或抗干扰能力的一种度量。

稳态性能指标为稳态误差，定义为

$$e_{ss}(\infty)=\lim_{t\to\infty}e(t)$$

式中，$e_{ss}(\infty)$ 为稳态误差，即系统响应进入稳态阶段后误差的值。

在实际系统中，稳态误差并不是一个恒值。例如：系统跟踪正弦输入信号 $r(t)=A\sin\omega t$，系统的输出是 $y(t)=A_0\sin(\omega t+\phi_0)$，由于输入和输出信号在幅值和相位上都有差，因此系统的稳态误差也是一个时变的量，此时可以描述为 $e_{ss}(t),t>t_s$。针对这种情形，通常通过考量稳态误差的最大值和最小值、稳态误差的均值、稳态误差的均方值或稳态误差绝对值的最大值等指标替代稳态误差，来衡量系统的跟踪精度。

4．其他需要关注的性能

在了解上述基本性能的基础上，根据不同的应用场景，还可能需要分析扰动抑制性能、鲁棒性、灵敏度等。限于篇幅，这些性能指标的定义不再详细给出。

7.3.2.3　控制策略的设计

在了解被控对象特性的基础上，可以开始考虑系统所需的控制策略。

控制策略设计的一般流程如图 7.10 所示。由图可见，在进行对象特性分析的基础上，针对未校正系统与性能指标要求之间的差异，进行初步的算法类型选择。这里的算法类型主要指：

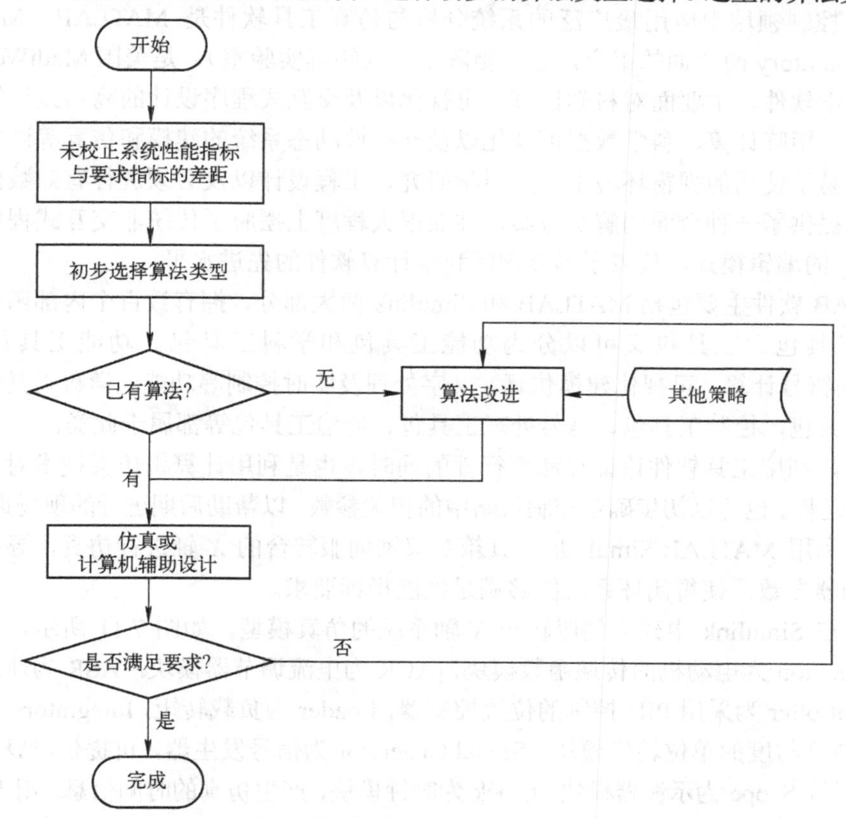

图 7.10　控制策略设计流程图

1）基于经典控制理论的经典控制策略，如超前校正、滞后校正、测速反馈、PID 控制等。

2）基于现代控制理论的控制策略，如状态反馈、最优控制、预测控制等。

3）新兴控制策略，如鲁棒控制、自适应控制、模糊控制、人工神经网络、专家控制等。

当确定策略类型后，可以考虑已有的算法是否能够满足系统的需求。如果可以找到满足系统需求的算法，则采用已有的算法，这样可以将已有的算法模块移植到现在的系统，加速开发进度。如果已有的算法还不能满足系统的需求，则可以考虑在已有策略的基础上改进。

控制策略的改进途径主要有两种：

1）对现有策略的结构和参数进行适应性的改进。

2）融合其他的控制策略，使得两种控制策略互补，形成一种更具效力的控制策略。

第 2）种策略在实际控制系统的设计中很常见。例如：许多学者和工程师对 PID 控制策略进行了改进，PID 控制与其他的控制策略相结合，形成了诸如自适应 PID、自整定 PID、神经网络 PID、模糊 PID、神经网络 PID 等若干改进型 PID，这些控制策略往往可以取得比常规 PID 控制器更优越的控制性能，也能够适应更多的系统。

控制策略设计完成后，需要进行论证和验证，确定控制策略的可行性以及是否能够满足系统设计要求。验证的方法可以采用理论分析法，借助于加入控制策略后的闭环系统数学模型，分析校正后系统的性能指标。但这种方法不适用于较为复杂的系统。目前，验证策略可行性更为有效、直观的方法是借助工具软件，采用仿真技术进行验证。

7.3.2.4 仿真分析

目前，控制领域中应用最广泛的系统分析与仿真工具软件是 MATLAB。MATLAB 是 matrix 和 laboratory 两个词的组合，意为矩阵工厂（矩阵实验室），是美国 MathWorks 公司出品的商业数学软件，主要面对科学计算、可视化以及交互式程序设计的高科技计算环境。它将数值分析、矩阵计算、科学数据可视化以及非线性动态系统的建模和仿真等诸多强大功能集成在一个易于使用的视窗环境中，为科学研究、工程设计以及必须进行有效数值计算的众多科学领域提供了一种全面的解决方案，并在很大程度上摆脱了传统非交互式程序设计语言（如 C/C++）的编辑模式，代表了当今国际科学计算软件的先进水平。

MATLAB 软件主要包括 MATLAB 和 Simulink 两大部分，拥有数百个内部函数的主包和三十几种工具包。工具包又可以分为功能工具包和学科工具包。功能工具包用来扩充 MATLAB 的符号计算、可视化建模仿真、文字处理及实时控制等功能。学科工具包是专业性比较强的工具包，控制工具包、信号处理工具包、通信工具包等都属于此类。

实际上，利用工具软件论证算法可行性的同时，也是利用计算机仿真技术对算法进行完善和改进的过程。也可以初步确定控制策略中的相关参数，以帮助后期进行的现场调试和修改。

例如：利用 MATLAB/Simulink 工具箱对双轴伺服转台的 X 轴进行仿真，寻找一组合适的 PID 控制器参数，使得闭环系统能够满足性能指标要求。

首先，在 Simulink 中建立伺服转台 X 轴系统的仿真模型，如图 7.11 所示，其中 BLDC Transfer Function 为电动机的传递函数模块，ACR 为电流调节器模块，ASR 为速度调节器模块，PID Controller 为采用 PID 控制的位置控制器，Loader 为负载转矩，Integrator 为积分环节，rad2deg 为弧度与度的单位转换模块，Signal Generator 为信号发生器，可提供阶跃、斜坡和正弦等测试信号，Scope 为示波器模块，Clock 为时钟模块，产生仿真的时间信息，用于绘制图形。

在本例中，在完成仿真模型的搭建后，可以开始对系统及控制器进行仿真。仿真时，在设定一组控制器参数后，利用示波器模块观察控制系统的输出和误差曲线，以此为依据调整控制器的参数，直至性能指标满足或达到最优。

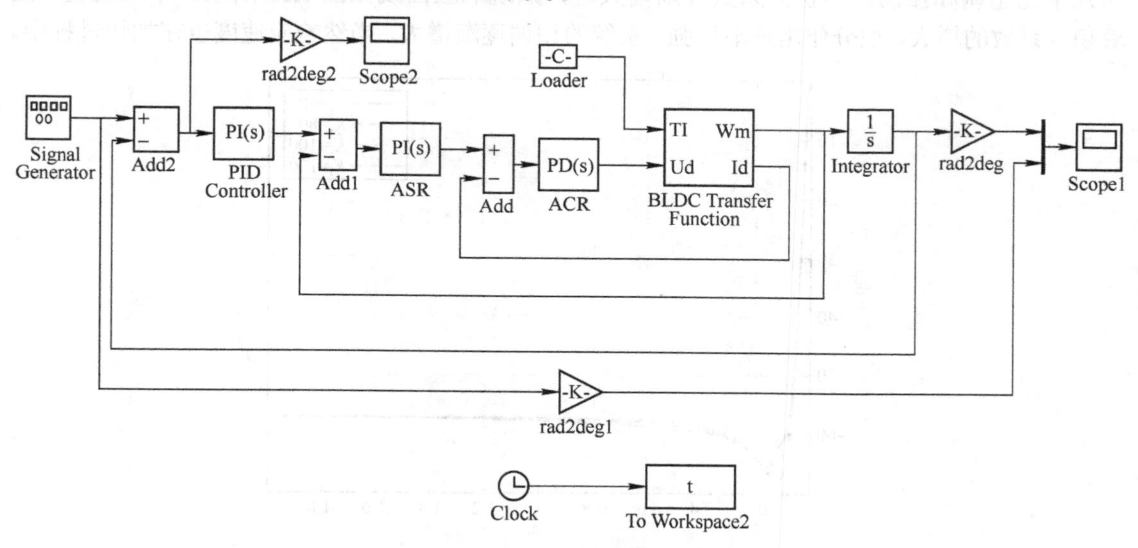

图 7.11　伺服转台 X 轴系统的 Simulink 仿真模型

常用的仿真过程介绍如下。

1. 阶跃信号

选择输入信号为阶跃信号 $r(t)=1\text{rad}=57.3°$，主要目的是调整控制器参数，使得系统动态性能指标满足要求。这里，PID 控制器参数可以采用人工调整法。

首先将积分系数和微分系数设为 0，比例系数由小到大变化。如图 7.12 所示，当比例系数 K_p 从 10 增大到 90 时，系统响应出现了超调和振荡，且随着比例系数的增大，超调呈增大趋势，振荡次数也随之增加。当然，可以看到在这段参数范围内，系统并没有失稳，且调节时间逐渐减小，说明系统的响应速度在加快。

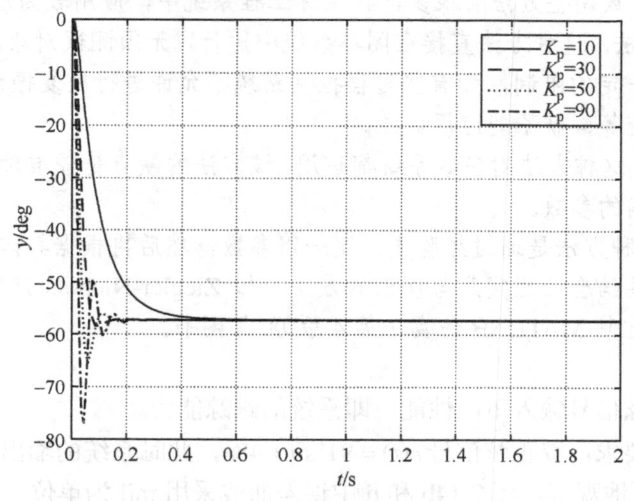

图 7.12　纯比例控制时转台 X 轴的输出曲线

其次，选择并固定合适的比例系数，然后投入积分控制。积分系数在调整过程中也是由一个较小的初值逐步增大。本例中，可以选取 $K_p=25$，此时在纯比例作用的情况下，系统响应几乎无超调和振荡。当积分系数逐渐增大时，系统响应曲线如图 7.13 所示。不难发现，随着积分系数的增大，积分作用逐渐增强，系统的超调逐渐增大，当然响应速度也在加快过程中。

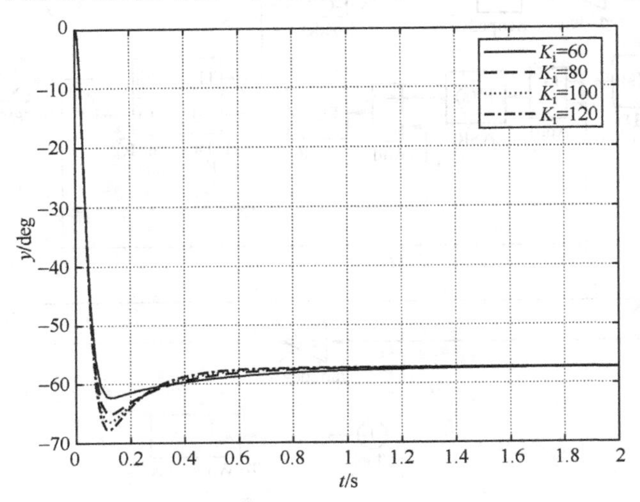

图 7.13　比例-积分控制时转台 X 轴的输出曲线

最后，如果系统的超调量和调节时间不能同时满足性能指标要求，可以考虑选择并固定比例和积分系数，投入微分作用，通过微分的动态阻尼作用，降低超调量。微分作用的投入过程是由强逐渐减弱，直至指标满足为止。

进一步，可以对上述参数进行精调，通过反复地试凑，当比例系数 $K_p=15.8$，积分系数 $K_i=112.2$ 时，系统阶跃响应的超调量 $\sigma\%=5.2\%$，调节时间 $t_s\leqslant 1\text{s}$（误差允许范围为±2%），此时系统输出曲线和误差曲线如图 7.14a 和 b 所示。

注意：

PID 控制器的参数调整方法有很多，在实际工程系统中，应用较为广泛的有：

1）临界比例度法。这种方法直接在闭环系统中进行，无须测试对象的动态特性，简单方便，但这种方法有一定的限制，如有些过程控制系统不允许进行反复振荡实验，像锅炉给水系统和燃烧控制系统等，就不能应用此法。

2）衰减曲线法。这种方法对多数系统都适用，该方法的缺点是较难确定 4:1 的衰减程度，从而也难以获得准确的参数。

3）经验法。这种方法是通过经验先设定一组参数，然后再根据具体情况调整参数。

此外，还有一些结合工程实践与理论的方法，如 Ziegler-Nichols 法等。有兴趣的读者可以参阅《先进 PID 控制 MATLAB 仿真（第 4 版）》等图书。

2．正弦信号

验证系统在正弦信号输入下的性能，即系统的跟踪能力。

根据性能指标要求，取正弦信号 $r(t)=91°\sin 1.48t$，此时系统的输出和误差如图 7.14c 和 d 所示，为了更清晰地观察，图 7.14b 和 d 中误差曲线采用 mil 为单位，1mil ≈ 0.06°。

由图 7.14 可知，在 PI 控制作用下，系统阶跃响应的动态性能比较理想，但跟踪正弦信号的稳态误差较大（$|e_\infty|=30.5\text{mil}\approx 1.8°$），尚不能满足性能指标的要求。

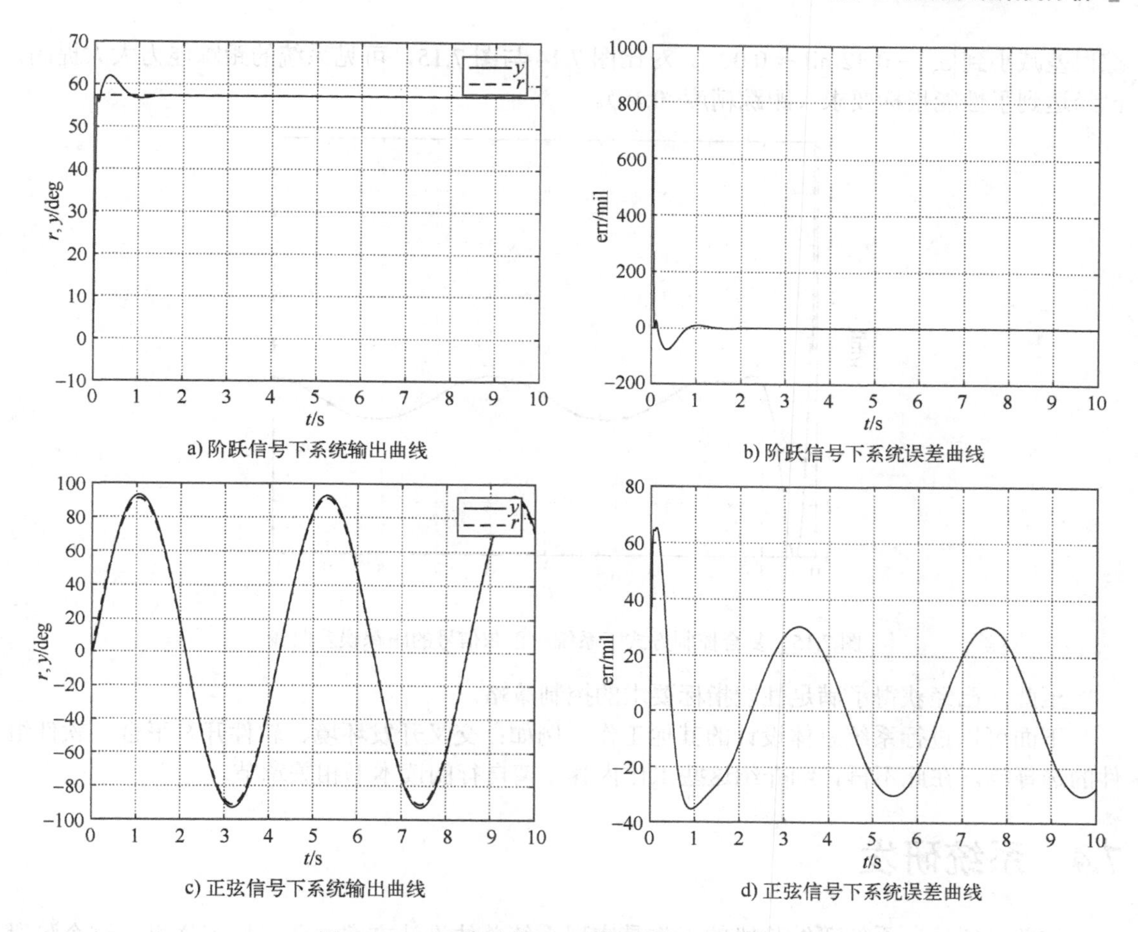

a) 阶跃信号下系统输出曲线
b) 阶跃信号下系统误差曲线
c) 正弦信号下系统输出曲线
d) 正弦信号下系统误差曲线

图 7.14　正弦信号作用下系统的输出与误差曲线

针对上述问题，结合前面叙述的伺服系统的数学模型与经典控制理论知识可知：当采用 PI（D）控制时，系统为 II 型系统，其等效开环传递函数形式为

$$G(s)=\frac{K(K_{\mathrm{p}}s+K_{\mathrm{i}})}{s^2(Ts+1)}$$

II 型系统尽管可以无静差跟踪斜坡输入，但跟踪加速度输入是存在静差的，其稳态误差为 $\frac{R}{K}$，其中，R 为加速度信号 $r(t)=Rt^2$ 的系数。而正弦信号中不仅含有加速度分量，还含有更高阶次的信号分量，因此当正弦信号中所包含的加速度分量（即正弦信号的二阶导数幅值）较大时，系统必定存在稳态误差。

虽然经典控制理论给出的理论结果为：只要在系统的前向通道设置 v 个串联积分环节，必可消除系统在输入信号 $r(t)=\sum_{i=1}^{v-1}R_i t^i$ 作用下的误差；但正弦信号中 $i\geqslant 3$ 的信号分量依然存在，更为重要的是 III 型及以上的系统是本质的不稳定系统。

因此，需要通过加入其他的控制策略，才能减小跟踪误差。本例中，一种既简单又有效的方法是利用复合控制方式，即在 PID 控制的基础上增加按输入信号的前馈控制策略。

在加入前馈控制后，系统在相同正弦信号输入作用下的跟踪误差曲线如图 7.15 所示，跟

踪误差减小到$|e_{\infty}| = 0.42\text{mil} \approx 0.02°$。对比图 7.14 与图 7.15，可见系统的跟踪能力大大提高，已经达到了性能指标要求（跟踪精度<0.1°）。

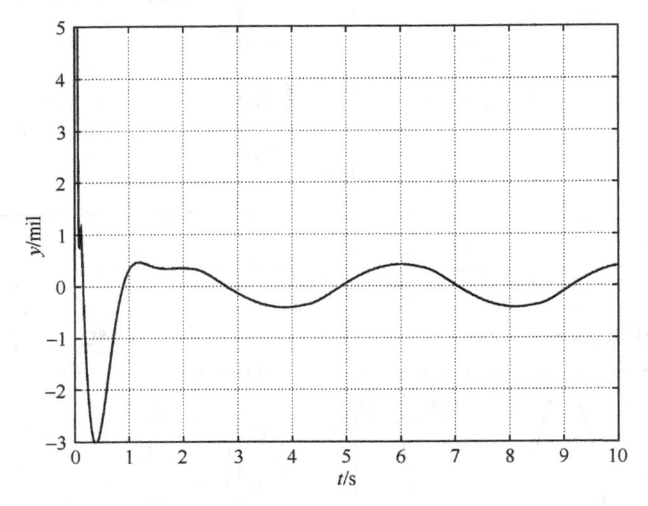

图 7.15　复合控制方式下系统对正弦信号的跟踪误差曲线

至此，已经获得了满足性能指标要求的控制策略。

下面可以进行系统总体设计的其他工作，例如：交叉开发环境、软件开发平台、软件组件的选择等，在此不再详细介绍这些工作内容，请自行阅读本书相关章节。

7.4　系统研发

如前文所述，系统研发阶段的工作是实现系统总体设计方案，研发原理样机。这个阶段所需要完成的工作如本书 4.1.2 节所述，采用软硬件协同设计方法，从硬件概要设计和软件概要设计开始，逐步实施。本小节主要介绍硬件概要设计和软件概要设计。

7.4.1　硬件概要设计

硬件概要设计是按照系统总体设计方案，对硬件电路的功能模块进行划分，确定硬件电路之间的接口以及硬件电路和外设之间的接口。硬件概要设计又称硬件总体设计，是设计电路原理图之前，对设计思路进行细化和完善的一个过程，对原理图设计的正确性、完整性有决定性作用。

在本章讨论的案例——双轴伺服转台系统中，在系统总体设计阶段已经明确了系统的总体结构，并对主要硬件设备和芯片进行了选型，因此硬件概要设计的主要工作是对该系统的硬件电路进行功能模块的划分和接口的定义。需要指出的是，系统的电动机、驱动器、编码器等设备为外购件，需要设计的硬件电路主要是以 STM32 为核心的控制板的硬件电路。

对于控制板的功能模块划分，控制板作为系统控制装置的硬件，是系统软件的载体，所以微处理器及支持微处理器运行的电路是必需的电路功能模块。为实现对电动机等外设的控制，控制板还需要连接电动机驱动器、电源、操作面板等外设，故这些外设的接口电路也是控制板必不可少的电路模块。控制系统也需要人机交互接口，该接口是与其他系统交互信息的通信接口，电源是控制板所需要的电路模块。此外，为提高系统的电磁兼容性、可靠性和安全性，需要加入隔离模块（如光电隔离）。

根据上述分析，可得双轴伺服转台控制板的功能模块如图 7.16 所示。

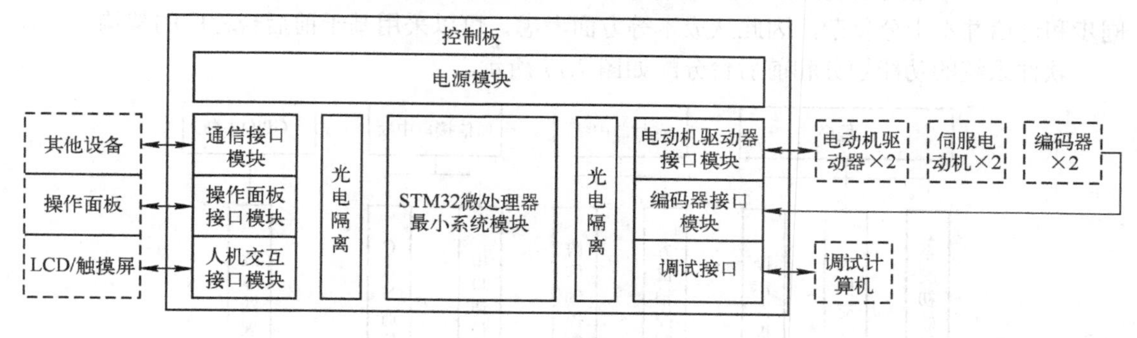

图 7.16　控制板概要设计 1

虽然根据系统控制板所需完成的功能，给出了功能模块的划分，但并没有对微处理器的接口做分配。为顺利完成原理图的设计，必须评估和分配微处理器的接口。根据 7.3.1 节中主要设备的选型，可以分配微处理器接口，结果如表 7.3 所示。当然，这些接口是通过隔离电路与外设接口芯片或接口来连接的。

表 7.3　微处理器接口分配表

微处理器引脚	接口模块	外设部件
PWM0&1	PLUS×2	电动机驱动器×2
DIO×2	DIR×2	
USART1&2	RS-422	编码器
USART0	RS-232	调试接口
CAN0	CAN	通信接口
DIO×5	DIO	操作面板
FSMC	LCD	LCD 屏
SPI	触摸屏	触摸屏

根据上述概要设计，可以进一步选取接口电路所需的集成芯片，如光电耦合器、CAN 接口等，即可逐步完善设计思想，最终构成原理图。

关于原理图设计的原则和具体方法，可参考第 4 章的相关内容。

7.4.2　软件概要设计

与硬件设计类似，软件在开始编码之前需要经过软件概要设计、算法设计、流程设计等一系列的文档编制。

注意：

设计文档的编制是不能忽视的一项工作，这项工作不仅可用于测试和审核，保证设计的正确性和有效性，对工作的继承也有十分重要的作用。

软件概要设计的主要内容有确定软件架构、划分功能模块并确定模块之间的接口、数据结构等事宜。

常用的软件架构包括：轮询系统、前后台程序和基于嵌入式实时操作系统等。

本例中，考虑到系统虽然有实时性要求，也有多个用户任务存在，但任务之间的优先级、同步和通信并不十分复杂，因此从成本等方面考虑，可以采用基于前后台程序的架构。

软件系统的功能划分和前后台分配如图 7.17 所示。

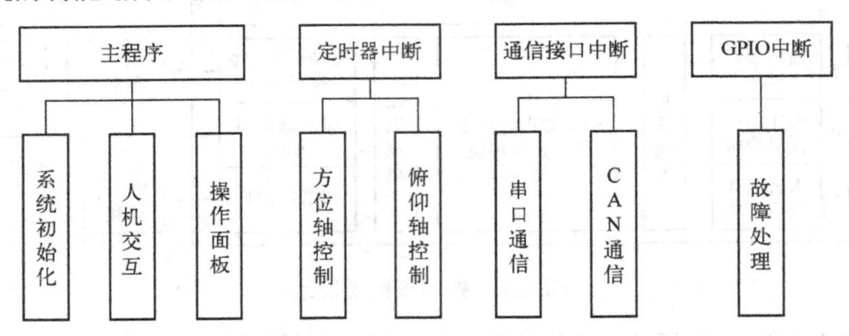

图 7.17　软件概要设计

关于软件概要设计的几点说明：

1）主程序主要包括 3 个功能模块，其中系统初始化模块的任务是完成微处理器片内外设、与控制板相连接的外设、全局变量的初值等初始化工作。这个功能模块一般只在系统上电后运行一次。人机交互模块主要是对 LCD 和触摸屏的操作，包括在 LCD 屏上显示必要的菜单、信息，检测触摸屏是否有操作等，属于软实时的任务，但需要在系统运行期间不定期地运行。操作面板主要是对面板上按钮之类的操作进行检测和响应，是与人机交互模块类似的软实时任务。这两个模块在系统完成初始化后，运行于 while（TRUE）{}的循环内。

2）根据模块所完成的功能，分别将方位轴/俯仰轴控制设计为定时器中断服务程序，按照时间定期激活并完成控制任务；与其他系统、调试计算机的通信设计为通信接口中断服务程序，有数据到来时，响应中断并完成数据接收任务；故障处理设计为 GPIO 中断服务程序，这部分 GPIO 端口连接驱动器的故障信号端，当驱动器发生故障时，触发 GPIO 中断，进入中断服务程序完成紧急处理和联锁保护等动作。

3）在优先级方面，故障处理的优先级应是最高的，这关系到系统和用户的安全性；控制任务的优先级应高于通信的优先级，这是系统的核心任务。

完成软件的模块划分后，需要设计的是各模块的算法、流程以及接口等。以方位轴控制模块为例，需要完成的工作有读取指令信号、读取系统输出、计算误差、计算控制量以及对数据和控制量进行必要的预处理。所需要设计的算法包括控制算法、滤波算法等。这里控制算法在 7.3.2 节已经进行了讨论，滤波算法则可以采用均值滤波等常用算法，提高采集输出信号的信噪比。

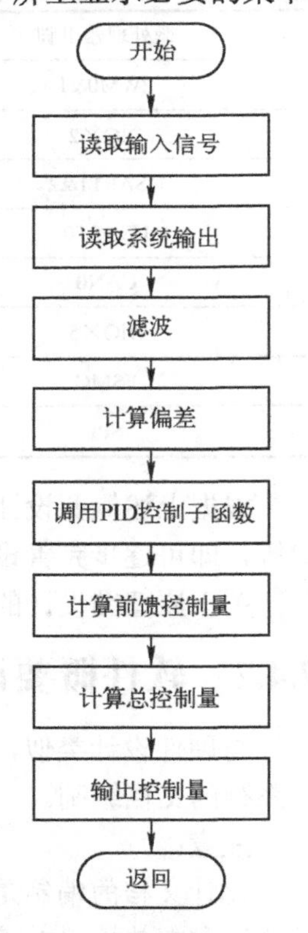

图 7.18　方位轴控制模块的软件流程

方位轴控制模块的软件流程如图 7.18 所示。必须注意的是，在

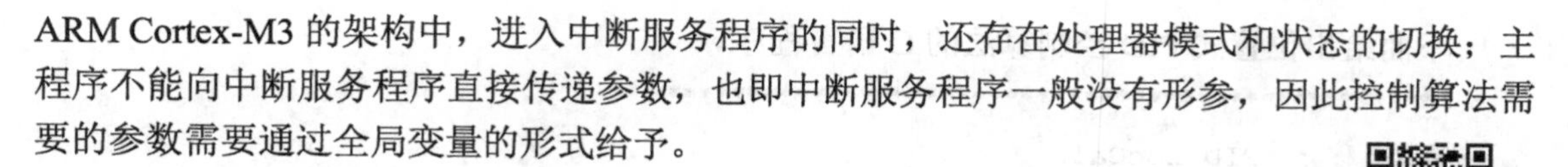

ARM Cortex-M3 的架构中，进入中断服务程序的同时，还存在处理器模式和状态的切换；主程序不能向中断服务程序直接传递参数，也即中断服务程序一般没有形参，因此控制算法需要的参数需要通过全局变量的形式给予。

7.4.3 控制算法设计

回顾方位轴控制模块的流程，可以发现其调用了 PID 控制算法子程序，完成 PID 控制量的计算。由于该算法在俯仰轴控制模块中也需要使用，将此设计为子程序有利于提高代码的复用性。

数字 PID 控制算法分为位置式和增量式，其表达式如下：

位置式 PID：
$$u(k)=K_{\mathrm{p}}e(k)+K_{\mathrm{i}}\sum_{j=0}^{k}e(j)+K_{\mathrm{d}}\frac{e(k)-e(k-1)}{T} \tag{7-4}$$

增量式 PID：
$$\Delta u(k)=K_{\mathrm{p}}(e(k)-e(k-1))+K_{\mathrm{i}}e(k)+K_{\mathrm{d}}\frac{e(k)-2e(k-1)+e(k-2)}{T} \tag{7-5}$$

式中，$u(k)$ 为当前控制量；K_{p}、K_{i}、K_{d} 分别为比例系数、积分系数和微分系数；$e(k)$、$e(k-1)$、$e(k-2)$ 分别为当前误差、前一周期误差和前二周期误差；T 为采样周期（控制周期），也即定时器中断的周期，常用单位为 ms。

上述表达式也可以简写为

位置式 PID：
$$u(k)=K_{\mathrm{p}}e(k)+K_{\mathrm{i}}\sum_{j=0}^{k}e(j)+K_{\mathrm{d}}(e(k)-e(k-1)) \tag{7-6}$$

增量式 PID：
$$\Delta u(k)=K_{\mathrm{p}}(e(k)-e(k-1))+K_{\mathrm{i}}e(k)+K_{\mathrm{d}}(e(k)-2e(k-1)+e(k-2)) \tag{7-7}$$

式中变量和参数的含义没有发生变化，只是将关于采样周期的信息隐藏到微分系数中。

位置式 PID 控制算法计算时要对 $e(k)$ 进行累加，计算机运算工作量大。增量式 PID 控制算法每次计算并输出控制量的增量，其优点有：

1）误动作时影响小，必要时可用逻辑判断的方法去掉出错数据。

2）手动/自动切换时冲击小，便于实现无扰动切换。当计算机故障时，仍能保持原值。

3）算式中不需要累加。

缺点有：积分截断效应大，有稳态误差；溢出的影响大。

本节以位置式 PID 为例，介绍如何实现 PID 控制算法。

首先定义 PID 控制的数据结构：

```
typedef struct
{
    float Kp;                    //比例系数（Proportional）
    float Ki;                    //积分系数（Integral）
    float Kd;                    //微分系数（Derivative）
    float Ek;                    //当前误差
    float Ek1;                   //前一次误差 e(k-1)
    float LocSum;                //累计积分位置
}PID_LocTypeDef;
```

下面给出位置式PID控制算法的C语言程序。

```
/*************************************************
函数名称： PID_LocCalc
功    能： 位置PID控制算法
参    数： RefInput ------ 给定值（期望值）
          Output   ------ 输出值（反馈值）
          PID      ------- PID数据结构
返 回 值： PIDConVar -------- PID位置
*************************************************/
float PID_LocCalc (float RefInput,float Output,PID_LocTypeDef *PID)
{
    PIDConVar;                                   //局部变量：控制量

    PID->Ek=RefInput-Output;                     //计算当前误差
    PID->LocSum+=PID->Ek;                        //计算误差的累加值
    PIDConVar=PID->Kp*PID->Ek+(PID->Ki*PID->LocSum)+PID->Kd*
              (PID->Ek-PID->Ek1);                //计算控制量
    PID->Ek1=PID->Ek;                            //更新上一周期误差值，用于下一周期计算
    return PIDConVar;                            //返回控制量
}
```

其余软件设计请读者参考第5章自行设计。

7.5 系统测试

在完成研发工作后，系统的原理样机已经诞生。从原理样机到产品批量生产，还需要经过测试、改进、小批量试制、内部测试等一系列的过程。本节主要介绍原理样机的调试与测试，这部分工作的目的是验证经过系统研发后的原理样机是否能够达到预期的目标，即是否实现了系统总体设计阶段规划的功能、达到了预期的性能指标，是否存在着在系统定义阶段没有发现的问题。

本节所介绍的系统测试并不是对系统部件（如电路板）的测试，而是对系统整体功能和性能指标的测试。

7.5.1 测试设备

由于嵌入式控制系统是一个以嵌入式计算机为核心的综合系统，系统测试工作涉及的部件可能包括机、电、光等设备，需要大量的设备和工具。

嵌入式控制系统测试所需的通用设备包括：示波器、逻辑分析仪、信号发生器、频谱仪、功率分析仪、热成像仪、万用表、高低温测试箱、振动测试台等测量设备，如图7.19所示。当然，还可能需要一些针对具体系统研发的专用测试设备。最简单的专用测试设备是一台配备了专用测试电路的测试计算机，在计算机上运行系统专用的测试程序，通过测试电路生成

系统测试所需的信号，并通过该电路测量或接收系统的输出信号，最后通过测试程序计算各项性能指标。

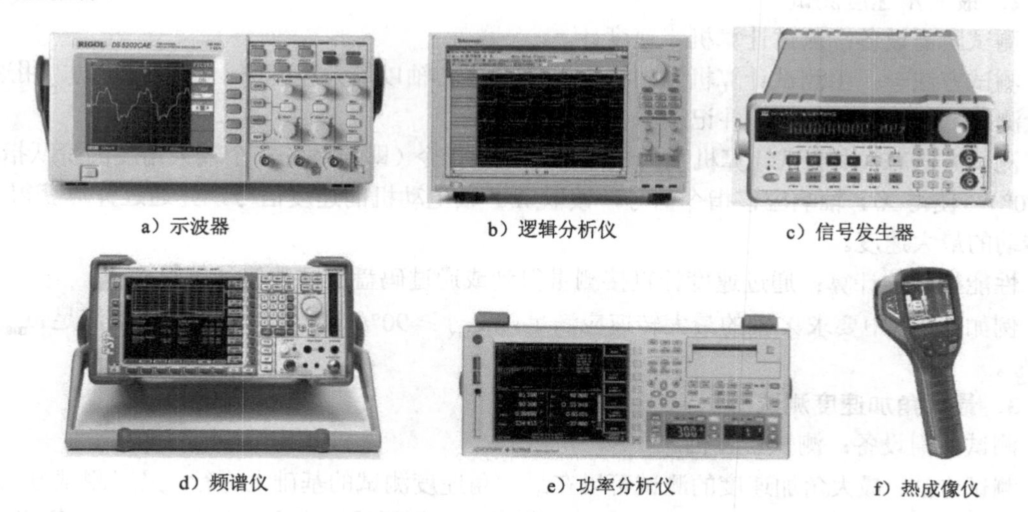

a）示波器　b）逻辑分析仪　c）信号发生器

d）频谱仪　e）功率分析仪　f）热成像仪

图 7.19　常用的通用测试设备

7.5.2　测试方法

嵌入式控制系统测试常用的方法是黑盒测试法，也称功能测试，是通过测试来检测每个功能是否都能正常使用。在测试中，把系统看作一个不能打开的黑盒子，在完全不考虑内部结构和内部特性的情况下，对系统接口进行测试，检查功能是否符合需求规格说明书的规定，系统是否能适当地接收输入信号而产生正确的输出信息。

从测试的流程，系统测试一般分为单项功能测试和整体功能测试两个阶段。

单项功能测试指按照功能需求分析列出的项目，对单个功能及相关性能指标进行测试；而整体功能测试指模拟系统的实际使用或将待测系统投入真实使用场合，测试系统的功能和性能指标是否满足指标要求。

以双轴伺服转台的测试为例，单项功能的测试可包括：

1）X/Y 轴的工作范围。

2）X/Y 轴的最大速度。

3）X/Y 轴的最大加速度。

4）角度检测精度。

5）重复定位精度等。

本例中，上述部分指标的常用测试方法如下。

1．工作范围测试

测试所需设备：测试计算机。

测试方法：由测试计算机发出指令，使得 X/Y 轴向一个方向慢速转动，直至该轴转动到机械限位后停止，此时读取由 X/Y 轴角位置传感器返回的角度值 φ_1；然后发出指令，使得 X/Y 轴向另一个方向转动，直至机械限位后停止，然后读取角度传感器的值 φ_2。

性能指标的计算：观察 φ_1、φ_2 是否达到了要求。

例如：本例中要求 Y 轴运动范围：−10°～85°，则 φ_1、φ_2 应满足：$\varphi_1 \leqslant -10°, \varphi_2 \geqslant 85°$。

2．最大角速度测试

测试所需设备：测试计算机、速度计。

测试方法一：由测试计算机发出指令，使得 X/Y 轴以最大速度向一个方向转动，用速度计检测 X/Y 轴转动的速度，并记录。

测试方法二：由测试计算机发出较大角度调转指令（即给系统一个较大角度的阶跃指令，如 90°），使得 X/Y 轴响应该指令信号，读取 X/Y 轴电动机的速度信号，并通过计算获得 X/Y 轴转动的最大速度。

性能指标的计算：通过速度计直接测量得到或通过码盘反馈数值计算得到。

例如：本例中要求 X 轴的最大转速应满足：$\omega_{\max} \geqslant 90°/\mathrm{s}$，$Y$ 轴的最大转速应满足 $\omega_{\max} \geqslant 60°/\mathrm{s}$。

3．最大角加速度测试

测试所需设备：测试计算机。

测试方法：最大角加速度的测试可以在最大角速度测试的基础上进行，采用测试方法二，并将系统阶跃响应过程中的速度数据进行全程记录，然后通过求取速度的差分，计算出系统响应过程中的角加速度 $a(k), k=1,\cdots,N$。

性能指标的计算：通过速度值的差分计算系统响应过程中的最大角加速度 $a_{\max}$。

例如：本例中，计算得到的最大角加速度应满足：$a_{\max} \geqslant 60°/\mathrm{s}^2$。

4．角度检测精度测试

测试所需设备：测试计算机。

测试方法：测试计算机发出指令使得转台以极低转速旋转，记录角度传感器的数据 $\theta_j, j=1,\cdots,N$。有时，为了避免高压电气设备对角度检测精度测试的影响，使用手动方式，使得转台以极低转速转动，然后读取并记录角度传感器的数据。

性能指标的计算：计算相邻两次角度数据的变化值。

例如：本例中相邻两次角度数值的变化值应满足 $\max\{\Delta\theta_i = \theta_{i+1} - \theta_i, i=1,\cdots,N\} \leqslant 0.1°$。

5．重复定位精度测试

测试所需设备：测试计算机、测角仪。

测试方法：测试计算机发出指令使得转台从不同的角度向同一个角度 $\theta_i^*, i=1,\cdots,M$ 转动，待转台停止转动后，测量转台所在的角度值 $\theta_{i,n}, n=1,\cdots,M'$，其中 i 取不同的值，表示测试重复定位精度的角度并不是一个点，而是在工作范围内的 M 个点。

性能指标的计算：计算测角仪测的角度与指令角度的偏差。

例如：本例中，重复定位的角度偏差 $\theta_{\mathrm{e\_max}} = \max\left\{\theta_{i,n} - \theta_i^*, i=1,\cdots,M\right\} \leqslant 0.1°$（指标数据）。

在单项指标测试结束后，可以开始综合性能指标的测试。

6．综合性能指标测试

这里以模拟测试为例，首先需要将伺服转台安装于测试台架上，并在伺服转台上安装测试用的专用设备。例如：在伺服转台工作范围内放飞一个飞行轨迹可以控制的无人靶机作为目标，如图 7.20 所示。该目标以规定的速度在指定区域飞行，在目标飞行过程中，让系统处于跟踪目标的自动控制状态，通过专用测试设备检测系统对目标的跟踪和瞄准情况（见

图 7.21)，并由此计算出目标点与实际跟踪点之间的空间角度偏差$\Delta\theta = (\Delta\theta_x, \Delta\theta_y)$，然后根据 X 轴和 Y 轴偏差的数据，分别计算系统整体的性能指标是否满足要求。

图 7.20　无人机靶机

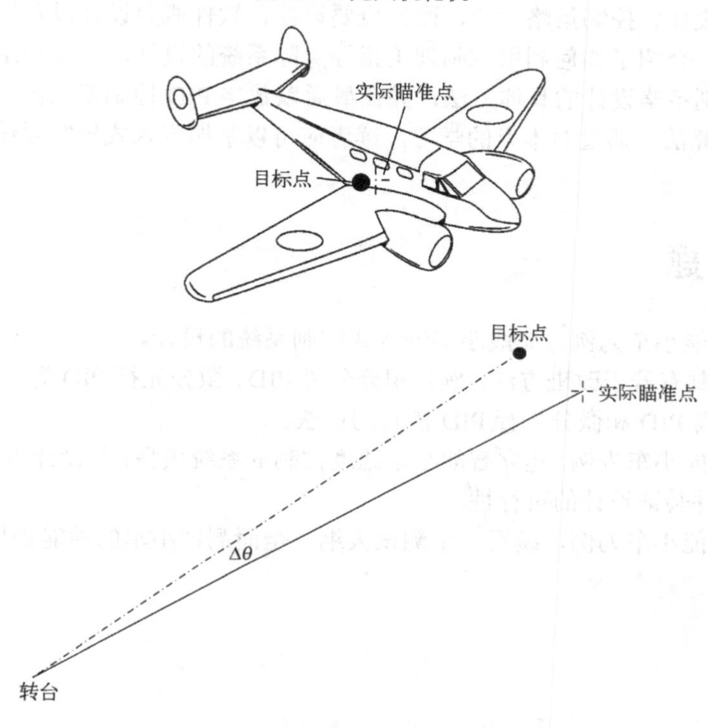

图 7.21　跟踪误差曲线示意图

例如：本例中测试 X 轴的跟踪误差曲线如图 7.22 所示，从所记录的数据中不难计算到伺服转台 X 轴的跟踪最大误差为$\Delta\theta_{x,max} = 0.085°$，满足系统设计初期的预期指标要求。

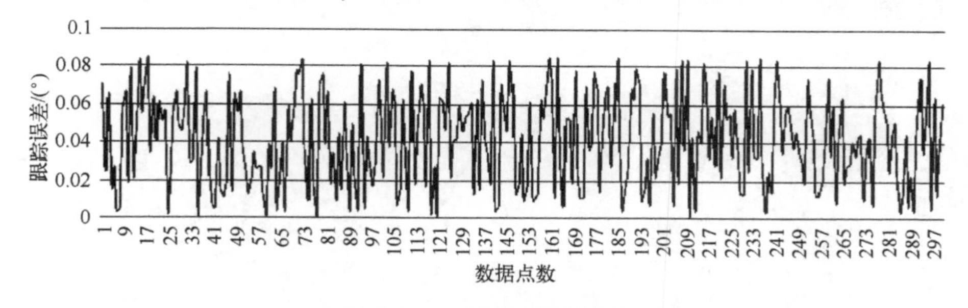

图 7.22　X 轴跟踪误差曲线

利用类似的方法和技术手段，可以对系统其他几项技术指标进行测试。在此不再一一介绍。完成模拟测试后，系统还要进入实际使用环境进行进一步的测试，这些测试不仅包含模拟测试的指标，还包括其他的指标，例如平均无故障时间等。实际应用中测试周期较长，以暴露绝大多数的设计、生产、加工等方面的问题，这样正式上市的产品出现问题的可能性就越小。这个作用是模拟测试和仿真计算无法替代的。

本章小结

本章以双轴伺服转台为例，详细介绍了嵌入式控制系统的设计，具体包括系统设计需求分析、总体结构设计、控制策略设计、硬件概要设计、软件概要设计以及控制算法设计。在控制策略设计中，介绍了如何利用控制理论指导实际系统的设计，以及利用现代仿真工具进行系统仿真和控制策略设计的具体方法，并在最后以数字 PID 控制器为例，介绍了如何利用 C 语言实现控制算法。通过对本章的学习，读者应可以掌握嵌入式控制系统的具体设计方法和基本技巧。

思考题与习题

7-1 试以智能小车为例，完成小车嵌入式控制系统的设计。

7-2 PID 控制有若干改进方法，例如积分分离 PID、微分先行 PID 等，请自行查阅资料，分别写出积分分离 PID 和微分先行 PID 控制的算法。

7-3 试以智能小车为例，建立智能小车速度控制的系统模型，并设计小车速度控制算法，最后利用仿真软件验证设计的可行性。

7-4 试以智能小车为例，编写一个测试大纲，全面测试小车的性能指标。

附　录

Appendix

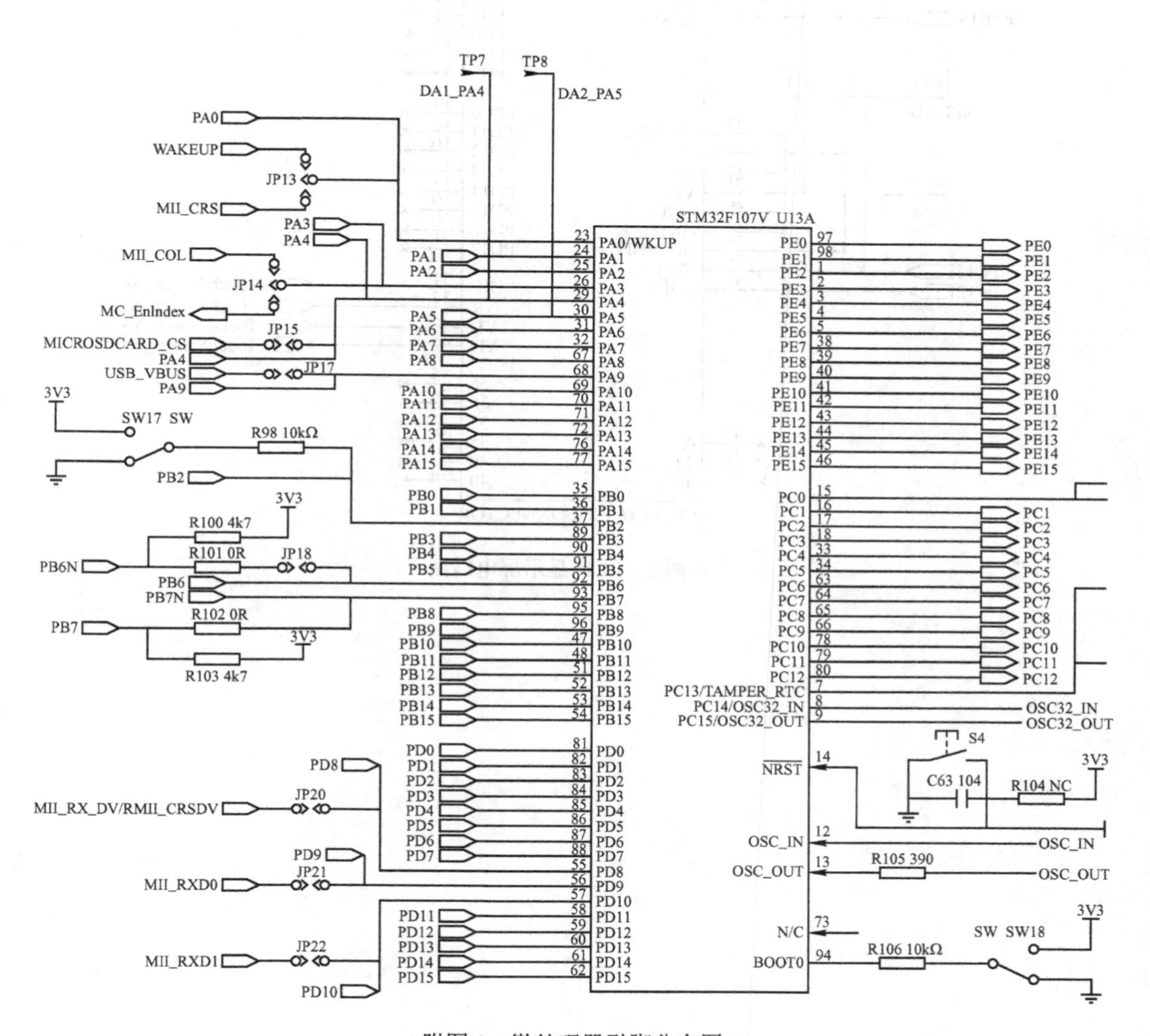

附图 1　微处理器引脚分布图

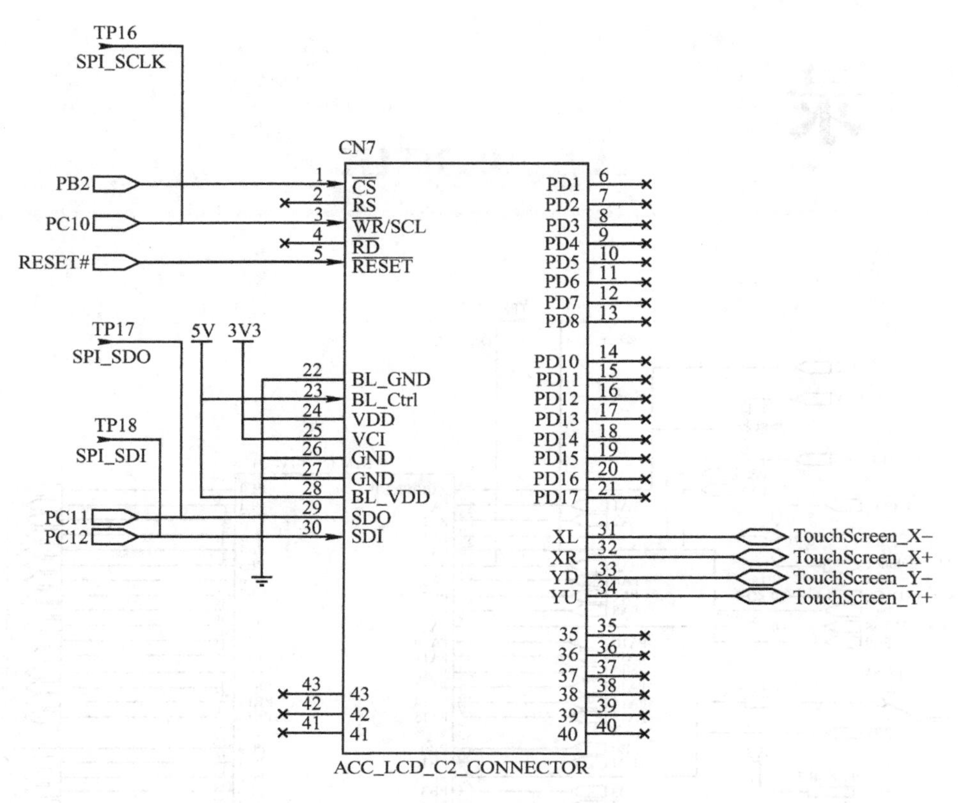

附图 2　LCD 显示屏电路图

参考文献

[1] WANG JC. Real-time Embedded Systems[M]. New Jersey: Willey, 2018.

[2] YIU J. ARM Cortex-M3 权威指南：第 2 版[M]. 吴常玉，程凯，译. 北京：清华大学出版社，2014.

[3] YIU J. ARM Cortex-M3 与 Cortex-M4 权威指南：第 3 版[M]. 吴常玉，曹孟娟，王丽红，译. 北京：清华大学出版社，2015.

[4] 张勇. ARM Cortex-M3 嵌入式开发与实践：基于 LPC1788 和μC/OS-II[M]. 北京：清华大学出版社，2015.

[5] 陈志旺，等. STM32 嵌入式微控制器快速上手[M]. 2 版. 北京：电子工业出版社，2012.

[6] 郑亮，郑上海，等. 嵌入式系统开发与实践：基于 STM32F10x 系列[M]. 北京：北京航空航天大学出版社，2015.

[7] 卢有亮. 基于 STM32 的嵌入式系统原理与设计[M]. 北京：机械工业出版社，2018.

[8] 张勇，夏家莉，陈滨，等. 嵌入式实时操作系统μC/OS-III 应用技术：基于 ARM Cortex-M3 LPC1788[M]. 北京：北京航空航天大学出版社，2013.

[9] CATSOULIS J. 嵌入式硬件设计[M]. 2 版. 徐君明，陈振林，郭天杰，译. 北京：中国电力出版社，2007.

[10] LABROSSE J J. 嵌入式实时操作系统μC/OS-II：第 2 版[M]. 邵贝贝，译. 北京：北京航空航天大学出版社，2003.

[11] LI Q. 嵌入式系统的实时概念[M]. 王安生，译. 北京：北京航空航天大学出版社，2004.

[12] DOUGLASS B P. 嵌入式与实时系统开发：使用 UML、对象技术、框架与模式[M]. 柳翔，译. 北京：机械工业出版社，2005.

[13] 桑楠，雷航，崔金钟，等. 嵌入式系统原理及应用开发技术[M]. 2 版. 北京：高等教育出版社，2002.

[14] 刘火良，杨森. STM32 库开发实战指南：基于 STM32F103[M]. 2 版，北京：机械工业出版社，2017.

[15] BAKOS J D. ARM 嵌入式系统编程与优化[M]. 梁元宇，译. 北京：机械工业出版社，2017.

[16] WHITE E. Making Embedded Systems（影印版）[M]. 南京：东南大学出版社，2012.

[17] 廖义奎. Cortex-M3 之 STM32 嵌入式系统设计[M]. 北京：中国电力出版社，2012.

[18] 胡寿松. 自动控制原理[M]. 6 版. 北京：科学出版社，2013.

[19] DROF R C, BISHOP R H. Modern Control Systems：Twelfth Edition,（影印版）[M]. 北京：电子工业出版社，2018.

[20] LEWIS D W. 嵌入式软件基础：C 语言与汇编的融合[M]. 陈宗斌，译. 北京：高等教育出版社，2008.

[21] DOUGLASS B P. C 嵌入式编程设计模式[M]. 刘旭东，译. 北京：机械工业出版社，2012.

[22] 侯殿有. 嵌入式系统开发基础：基于 ARM9 微处理器 C 语言程序设计[M]. 5 版. 北京：清华大学出版社，2019.

[23] 岡村ディフ. OP 放大电路设计[M]. 王玲，等译. 北京：科学出版社，2015.

[24] MATTHEW S. 高质量 PCB 设计入门[M]. 邢闻，译. 北京：机械工业出版社，2015.

[25] 邵小桃. 电磁兼容与 PCB 设计[M]. 北京：清华大学出版社，2017.

[26] MONTROSE M I. 电磁兼容的印制电路板设计：第 2 版[M]. 吕英华，译. 北京：机械工业出版社，2008.

[27] 刘金琨. 先进 PID 控制 MATLAB 仿真[M]. 4 版. 北京：电子工业出版社，2016.